U0328882

全国优秀数学教师专著系列

# 数贝偶拾——奥数题研究

To Discover the Mathematical Essence With Inspiration

—Olympic Mathematical Problems Study

● 蒋明斌 著

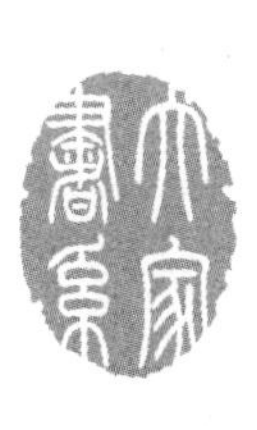

HITP
哈爾濱工業大學出版社
HARBIN INSTITUTE OF TECHNOLOGY PRESS

## 内 容 简 介

本书汇集了国内外奥林匹克数学竞赛试题的证明、加强及推广. 这些奥林匹克数学竞赛试题构思独特、新颖别致、灵活深邃、内容广、内涵深. 本书既可作为数学奥林匹克竞赛师生的一份重要资料,又可作为数学爱好者了解数学奥林匹克竞赛的一个窗口.

本书适合于高中师生及广大数学爱好者参考使用.

**图书在版编目(CIP)数据**

奥数题研究/蒋明斌著. —哈尔滨:哈尔滨工业大学出版社,2014.4

(数贝偶拾)

ISBN 978-7-5603-4557-4

Ⅰ.①奥… Ⅱ.①蒋… Ⅲ.①中学数学课-高中-题解 Ⅳ.①G634.605

中国版本图书馆 CIP 数据核字(2013)第 310016 号

策划编辑 刘培杰 张永芹
责任编辑 张永芹 刘家琳
封面设计 孙茵艾
出版发行 哈尔滨工业大学出版社
社　　址 哈尔滨市南岗区复华四道街 10 号 邮编 150006
传　　真 0451-86414749
网　　址 http://hitpress.hit.edu.cn
印　　刷 哈尔滨市石桥印务有限公司
开　　本 787mm×1092mm 1/16 印张 17.25 字数 345 千字
版　　次 2014 年 4 月第 1 版 2014 年 4 月第 1 次印刷
书　　号 ISBN 978-7-5603-4557-4
定　　价 48.00 元

# 序言

中国社会科学院农村研究所研究员党国英认为:

> 冯小刚的电影《1942》触动了国人的神经.直到今天,集体饥饿的记忆还在严重地影响着国人的职业选择行为.人们把找工作叫找饭碗,把失业叫饭碗砸了.最好的工作不是自己认为最有趣的工作,而是最有保障的工作.相反,在农产品相对成本低,食物相对便宜的国家,例如美国,人们把吃饭不当一回事,便把兴趣作为职业选择的第一决定因素,如此创新潜力也就被更大地开发出来.

教师这个职业是一个相当古老的职业.这个职业中的很多人都是把它当作一个饭碗,但本书的作者蒋先生显然不是,他是把这项职业当成了一项事业来做,而且是很神圣的事业.微信中一位老农说得好:如果一件事,你今天做,明天还得做,那是工作;如果一件事,你今天做,明天还想做,那它就是事业.蒋先生做中学数学教育这件事,一做就是近30年,没有热爱,不视其为事业是很难坚持的.

在近30年的教学实践中,蒋先生边干边钻研发表了200多篇论文,而且大多发表在所谓的"核心期刊"上.如北师大的《数学通报》,华中师大的《数学通讯》,华东师大的《数学教学》,天津师大的《中等数学》.当然有些杂志现在早已停刊,如湖南教育出版社主办的由欧阳维城老先生担任主编的《数学竞赛》杂志,它是我国迄今为止,唯一一本专门刊登数学竞赛高端文章的杂志,因故停刊,着实可惜.

作家于坚曾说过:

> 专业首先要有量.如果到今天还是"一本书主义",这一百年就白过了.专业精神正是资本主义最基本的一种精神.这不是你愿不愿意接受的问题,它是你的命运,如果你不是一个工匠式专业的写作,那你的写作会被淘汰.

对于初等数学论文的写作来说:质和量缺一不可,没有一定的量就不会达到一定的质.值得耐人寻味的是,如此高产的作者的知名度并不大,且仅限于圈内.

歌手朴树的父亲是北大教授叫濮祖荫,前些年他去做一次空间物理的讲座,主办方介绍,"这是朴树的爸爸."下面二三十位研究生齐刷刷鼓掌.这种事不只一次发生.

空间物理界的同行说:你现在没有你儿子出名了.其实朴树的学历仅是高中毕业.

这就是中国目前的现状,中国年青人对周杰伦的喜爱和熟悉程度远远超过了华罗庚、陈省身、丘成桐.虽然在大多数人的眼中这再正常不过了,但这绝对是中国的不幸.不过对于热爱初数研究的蒋先生来说这可能倒是一件幸事.在没有关注的环境中往往能研究出一点真正有价值的东西,自己认为自己成功就可以,或圈内同行认可就够了,何必再苛求社会的认可.

高晓松在2011年3月27日21:55发了一条微博:

> 其实没几个孩子长大真成功了,而且成功是命,无法教育.所以最需要最实用的教育是:如何在没能成功的人生里随遇而安,心安理得地混过漫长的岁月而不怨天尤人.这时候,那些"没用"的东西就变得弥足珍贵.

高晓松这里所说的"没用"的东西当然是指音乐,亦或还包括文学和艺术,对于痴迷数学的人来说,也包括数学(非应试类).

蒋先生的初数研究面很宽,题材很多,但笔者认为不等式是其中的精华,不等式的本质是排序.相信许多人都听到过这样的说法:泼洗澡水时不要把婴儿一起泼了出去(Don't throw the baby out with the bath water).老实讲我们最初听到这种表述时,就觉得疑点甚多.婴儿怎么会如此之脏?洗澡水会混浊得连孩子在里面也看不清吗？天下竟有这么粗心大意的家长？留美经济学博士，中央电视台女播音员李瑞英之夫张宇燕研究员给出了一个专业解释，他认为：此“典”不仅有出处，而且从“逻辑上”推测，恐怕还有相当多的经验基础呢！

据说在1 500年以前，绝大多数的英国人一年之中只是在5月洗一次澡．那时候洗澡这项相当奢侈的“服务”，是一家人在盛满热水的大盆里按“长幼尊卑”的顺序共同享用的．入浴时家中的男性长者为先，其次是成年男子，接下来为妇女，然后才轮到孩子们．依此次序，最后一位洗澡的应是家中年龄最小的成员，而且很可能就是一两岁的婴儿．当时的欧洲家庭规模都不小，经过一年时间人的肮脏程度不难想象，根据分工给婴儿洗澡的活儿大多由妇女承担，而倒水这样的重体力活则由家中的壮劳力干．“能见度”很低的洗澡水恰好又赶上天色较暗，即使不太粗心的父亲或叔伯，都完全有可能在泼洗澡水时“犯错误”．

不等式的研究属于顶天立地型，下可接中学数学之地气，上可攀世界现代数学研究之高峰．

本书的文章发表的时间跨度很大，早期的发表于20世纪80年代，近期的发表于近几年．笔者也是从那时开始数学论文写作的，那个时代中学数学教学研究十分红火．上海教育出版社还专门出版了一套《初等数学论丛》丛书，像莫绍奎、常庚哲、单壿、蒋生、苏淳等大家都积极投稿，但后来也夭折了．

20世纪80年代理想主义的盛行，除了压抑后的政治清明，还有“现代化”这么一个让人兴奋的东西．它似乎言之凿凿地会在未来的某个时候出现．其在政治、社会、经济方面的伟大抱负，给了人们明确的心理预期．不需要心理防御，活在这种魅化的理想中，人是幸福的，人能够超越世俗生活，是因为既可以赋予现在的生活以意义，又可以相信会有更好的生活．

但它很快烟消云散．20世纪90年代，马上对这种理想主义进行了祛魅．被确定的未来，其确定性开始暗淡，而“现代化”被还原成世俗的物质主义，以及阶层的博弈进程．这样的政治社会背景，不再适合20世纪80年代的那种理想的存在，它已显得是多么的天真可笑．

此后的社会演化过程，不过是加剧了20世纪90年代露出历史地表的那些东西：越来越物质主义；越来越功利、浮躁；越来越短视．

蒋先生早年在农村学校，那种耕读生活令人向往．据浙大的一位生物学家回忆：1940年，浙大理学院迁至离遵义75公里的湄潭县，苏步青老师一家十口（那时他还带着一位从平阳家乡来的女亲戚，他家里人都称她为表姐）住在湄潭南门外的破庙中（朝贺寺）．庙很小，搬走了四大天王和弥勒佛等一批神像才能入住．苏先生对这位生物学家说：

> 白天忙着教课和家务，里里外外，马不停蹄，夜里先要张罗家务，等到一家人陆续入睡后，夜阑人静，万籁俱寂，他才开始专心写研究论文．钢笔

**在纸上写着算式,笔尖接触白纸,发出一些微动的声响,好像音弦演奏的乐曲,对自己既是一种陶冶,也是一种慰籍,心情也十分舒畅了.**

在山水之间耕读,是一种有着高度文化抱负和理想追求的农耕生活方式,是中国传统文化的价值取向,是士阶层的精神寄托.清高、怀远、超脱,淡然是士人格的理想境界.古代士人的山水情怀与耕读生活的结合,士人的精神移民与士人的大同理想的文化移植,造就了一个农业文明中充满诗意的乡村自治的文化形态.

近日有一本叫《自由》的小说热卖,它的作者是美国一个当红的作家叫乔纳森·弗兰岑,他应该40多岁,为了写作,他从闹市搬到一个悬崖旁边住,写作的时候把自己的耳朵捂上,眼睛也蒙上,在完全的寂静和黑暗当中写作,他写的《自由》这本书有600多页.中国美女作家蒋方舟评价说:我个人觉得最理想的写作环境应该是平静,能够拒绝得了诱惑的.

本书的书名是笔者给起的,源自于笔者中学时读过的一本秦牧的《艺海拾贝》印象深刻,颇觉贴切,但愿作者和读者都能接受!

**刘培杰**

**2013年12月17日**

**于哈工大**

# 前言

20世纪80年代第四个年头，作者从四川一所师范学院数学系毕业，分配到一所农村中学任教，为了尽快熟悉中学数学教学工作，作者阅读了大量的参考书，订阅了十多种数学期刊．通过研读，结合自己的教学，尝试着将一些研究成果撰写成论文，投稿到有关刊物，自1985年第一篇论文在《中学理科参考》上发表，至今二十多年中，在《数学通报》、《数学教学》、《中等数学》、《数学通讯》、《中学数学》、《中学教研》、《中学数学研究》、《数学传播》（中国台湾）、《数学教育》（中国香港）、《数学竞赛》、《数学奥林匹克与数学文化》等书刊上发表了论文200多篇，现从中选出120篇编成本书．

本书包括奥数题研究、高考数学题研究和初等数学研究共三卷，第一卷收录了对奥数题的解法、背景、推广、加强等方面研究的论文41篇；第二卷收录了对高考数学题的解法、背景、推广等方面研究的论文25篇；第三卷收录了涉及函数、数列、不等式、圆锥曲线等初等数学研究论文54篇．这些都是作者随机研究的成果，所谓随机研究就是从教学中自己找问题进行研究．教师天天在课堂，天天和学生打交道，可供研究的问题很多,只要我们处处留心,多思善想,定会发现问题,再想办法解决问题,这一过程就是研究.新课程理念中有一个观点就是教师要做研究者,把教学过程作为研究过程,教师在教学及研究过程中实现自我发展.在第三卷书末有一篇作者的体会"谈谈如何撰写数学教研论文"可供参考.研究初等数学也是作者的业余爱好,这些成果是作者在数学大海中偶尔拾得的几个小小贝壳.作者原打算将"奥数题.高考题.初等数学研究"作为书名,刘培杰先生建议将三卷书名分别改为"数贝偶拾——奥数题研究、数贝偶拾——高考数学题研究、数贝偶拾——初等数学研究",作者正暗合此意,欣然采纳.

值本书出版之际,作者对多年来在教学及初等数学研究中给予支持关心的领导、老师及同行表示衷心的感谢!特别要感谢我的老师——西华师范大学康纪权教授的帮助与鼓励,感谢天津宝坻的杨世明先生的指导,还要感谢哈尔滨工业大学出版社的刘培杰先生和其他编辑们,刘培杰先生为本书的出版付出了很多心血,百忙之中为本书作序,其他编辑老师,为本书的出版也付出了辛勤的劳动.

因本人水平有限,书中可能有许多错误与不足,敬请同行不吝赐教,有关意见或建议发至 scpajmb@ tom. com.

蒋明斌

2011 年 10 月

# 目录

# 一道普南特数学竞赛题的背景与推广

第50届普南特数学竞赛的 A－3 题为：

**题1**　设 $Z$ 是复数，$i^2=-1$，若

$$11Z^{10}+10iZ^9+10iZ-11=0 \tag{1}$$

求证：$|Z|=1$.

笔者见到此题后，立即想到笔者拟的一个题目（见《数学通讯》1989年第12期征解题44）：

**题2**　设复系数一元 $n$ 次方程

$$a_nZ^n+a_{n-1}Z^{n-1}+\cdots+a_1Z+a_0=0(a_n\cdot\overline{a_0}\neq 0) \tag{2}$$

的所有根的模都小于1，求证：方程

$$\begin{aligned}&(a_n+\lambda\overline{a_0})Z^n+(a_{n-1}+\lambda\overline{a_1})Z^{n-1}+\cdots+\\&(a_1+\lambda\overline{a_{n-1}})Z+(a_0+\lambda\overline{a_n})=0\end{aligned} \tag{3}$$

的所有根的模都等于1，其中 $|\lambda|=1$，$\overline{a_i}$ 与 $a_i$ 共轭$(i=1,2,\cdots,n)$.

其构思基于如下结论：

**命题1**　若 $|Z_0|<1$，则

$$|Z|>1\Leftrightarrow|Z-Z_0|>|1-\overline{Z_0}Z|$$

$$|Z|<1\Leftrightarrow|Z-Z_0|<|1-\overline{Z_0}Z|$$

这由 $|Z-Z_0|^2-|1-\overline{Z_0}Z|^2=(|Z|^2-1)(1-|Z_0|^2)$ 即得.

**命题2**　若

$$a_nZ^n+a_{n-1}Z^{n-1}+\cdots+a_1Z+a_0=a_n(Z-Z_1)(Z-Z_2)\cdots(Z-Z_n) \tag{4}$$

则

$$\overline{a_0}Z^n+\overline{a_1}Z^{n-1}+\cdots+\overline{a_{n-1}}Z+\overline{a_n}=\overline{a_n}(1-\overline{Z_1}Z)(1-\overline{Z_2}Z)\cdots(1-\overline{Z_n}Z) \tag{5}$$

事实上，在式(4)两边取共轭后，再以 $\overline{\dfrac{1}{Z}}$ 代 $Z$ 即得式(5).

对照题2的证明，题1可简证如下：式(1)即

$$Z^9\left(Z+\frac{10}{11}i\right)=1-\frac{10}{11}iZ \tag{6}$$

设 $Z_0=-\frac{10}{11}\mathrm{i}$，显然 $\overline{Z_0}=\frac{10}{11}\mathrm{i}$，$|Z_0|<1$，式(6)两边取模有

$$|Z|^9|Z-Z_0|=|1-\overline{Z_0}Z|\Leftrightarrow|Z|^9=\frac{|1-\overline{Z_0}Z|}{|Z-Z_0|}$$

假设 $|Z|\neq1$，若 $|Z|>1$，由命题1有

$$|Z-Z_0|>|1-\overline{Z_0}Z|\Rightarrow|Z|^9=\frac{|1-\overline{Z_0}Z|}{|Z-Z_0|}<1\Leftrightarrow|Z|<1$$

这与 $|Z|>1$ 矛盾；若 $|Z|<1$，由命题1有

$$|Z-Z_0|<|1-\overline{Z_0}Z|\Rightarrow|Z|^9=\frac{|1-\overline{Z_0}Z|}{|Z-Z_0|}>1\Leftrightarrow|Z|>1$$

这与 $|Z|<1$ 矛盾. 故 $|Z|=1$. 证毕.

由以上证明，不难看出此题的背景是命题1，以上题1，题2同出一源；同时这两个题目还可以统一推广为：

**题3** 设复系数一元 $n$ 次方程

$$a_nZ^n+a_{n-1}Z^{n-1}+\cdots+a_1Z+a_0=0(a_n\cdot\overline{a_0}\neq0)\tag{7}$$

的所有根的模都小于1，求证：方程

$$\begin{aligned}&(a_nZ^k+\lambda\overline{a_0})Z^n+(a_{n-1}Z^k+\lambda\overline{a_1})Z^{n-1}+\cdots+\\&(a_1Z^k+\lambda\overline{a_{n-1}})Z+(a_0Z^k+\lambda\overline{a_n})=0\end{aligned}\tag{8}$$

的所有根的模都等于1，其中 $|\lambda|=1$，$\overline{a_i}$ 与 $a_i$ 共轭 $(i=1,2,\cdots,n)$，$k\in\mathbf{N}$.

取 $k=9$，$a_1=11$，$a_0=10\mathrm{i}$，$\lambda=-1$，则式(8)变为式(1)，题3变为题1；取 $k=0$，题3就是题2. 可见题3是题1，题2的推广.

**证明** 设方程(7)的 $n$ 个根为 $Z_i(i=1,2,\cdots,n)$，令

$$P(Z)=a_nZ^n+a_{n-1}Z^{n-1}+\cdots+a_1Z+a_0=a_n(Z-Z_1)(Z-Z_2)\cdots(Z-Z_n)$$

由命题2，有

$$\begin{aligned}Q(Z)=\overline{a_0}Z^n+\overline{a_1}Z^{n-1}+\cdots+\overline{a_{n-1}}Z+\overline{a_n}=\\\overline{a_n}(1-\overline{Z_1}Z)(1-\overline{Z_2}Z)\cdots(1-\overline{Z_n}Z)\end{aligned}$$

方程(8)可以改写为

$$Z^kP(Z)+\lambda Q(Z)=0\Leftrightarrow$$

$$a_nZ^k(Z-Z_1)(Z-Z_2)\cdots(Z-Z_n)=\overline{a_n}(1-\overline{Z_1}Z)(1-\overline{Z_2}Z)\cdots(1-\overline{Z_n}Z)$$

两边取模，易得

$$|Z|^k=\frac{|1-\overline{Z_1}Z||1-\overline{Z_2}Z|\cdots|1-\overline{Z_n}Z|}{|Z-Z_1||Z-Z_2|\cdots|Z-Z_n|}\tag{9}$$

假设 $|Z|\neq1$，若 $|Z|>1$，则 $|Z|^k\geqslant1$，注意到 $|Z_i|<1$，由命题1及

式(9) 有

$$|Z-Z_i|>|1-\overline{Z}_iZ|\ (i=1,2,\cdots,n)\Rightarrow|Z|^k<1$$

这与$|Z|^k\geqslant 1$矛盾;若$|Z|<1$,则$|Z|^k\leqslant 1$,由命题1及式(9) 有

$$|Z-Z_i|<|1-\overline{Z}_iZ|\ (i=1,2,\cdots,n)\Rightarrow|Z|^k>1$$

这与$|Z|^k\leqslant 1$矛盾. 故$|Z|=1$. 证毕.

# 第46届国际数学奥林匹克试题三的证明、加强与推广

## 1 引 言

2005年7月在墨西哥梅里达(MERIDA)举行的第46届国际数学奥林匹克(IMO)第一天的试题三为:设 $x,y,z$ 为正数且 $xyz \geqslant 1$. 求证

$$\frac{x^5-x^2}{x^5+y^2+z^2}+\frac{y^5-y^2}{x^2+y^5+z^2}+\frac{z^5-z^2}{x^2+y^2+z^5}\geqslant 0 \tag{1}$$

这道由韩国提供的不等式试题成为本届 IMO 中得分率最低的一题,所有参赛选手的平均得分仅为0.92分,得满分者只有55位(占10.87%),得零分的高达417位(占82.41%),足见此题的难度. 穆尔多瓦(Moldova)选手 Boreico Iurie 因此题的解法获得了组委会授予的特别奖.

本文拟给出此题的证明、加强与推广.

## 2 证明与加强

证明本题的关键是构造"零件不等式",将"零件不等式"组装即得所证不等式. 若不然,而通过"去分母化为整式不等式"的方法来证明,可能要困难得多.

对于几项和的对称分式不等式来讲,所谓构造"零件不等式",实际上就是将和式中的每一项放缩成分母相同、分子可轮换的式子. 具体如何放缩往往需要经过猜测、直觉、推理等.

此外,在证明不等式(1)时,还需要注意到条件 $xyz\geqslant 1$ 可变形为 $\frac{1}{x}\leqslant yz$ 或 $x\geqslant \frac{1}{yz}$,从而达到换元或消元的目的.

**证明1** 首先证明"零件不等式"

$$\frac{x^5-x^2}{x^5+y^2+z^2}\geqslant \frac{x^2-\frac{1}{2}(y^2+z^2)}{x^2+y^2+z^2} \tag{2}$$

由 $x^3(x^3-1)(x^2+y^2+z^2)-(x^3-1)(x^5+y^2+z^2)=(x^3-1)^2(y^2+z^2)\geqslant 0$,有

$$\frac{x^5-x^2}{x^5+y^2+z^2}\geqslant \frac{x^2-\frac{1}{x}}{x^2+y^2+z^2} \tag{3}$$

又由 $xyz\geqslant 1$,有$\frac{1}{x}\leqslant yz\leqslant\frac{y^2+z^2}{2}$,那么

$$\frac{x^5-x^2}{x^5+y^2+z^2}\geqslant\frac{x^2-\frac{1}{x}}{x^2+y^2+z^2}\geqslant\frac{x^2-\frac{1}{2}(y^2+z^2)}{x^2+y^2+z^2}$$

即不等式(2) 成立. 同理,有

$$\frac{y^5-y^2}{x^2+y^5+z^2}\geqslant\frac{y^2-\frac{1}{2}(z^2+x^2)}{x^2+y^2+z^2}$$

$$\frac{z^5-z^2}{x^2+y^2+z^5}\geqslant\frac{z^2-\frac{1}{2}(x^2+y^2)}{x^2+y^2+z^2}$$

三式相加,有

$$\frac{x^5-x^2}{x^5+y^2+z^2}+\frac{y^5-y^2}{x^2+y^5+z^2}+\frac{z^5-z^2}{x^2+y^2+z^5}\geqslant$$

$$\frac{x^2-\frac{1}{2}(y^2+z^2)}{x^2+y^2+z^2}+\frac{y^2-\frac{1}{2}(z^2+x^2)}{x^2+y^2+z^2}+\frac{z^2-\frac{1}{2}(x^2+y^2)}{x^2+y^2+z^2}=0$$

故不等式(1) 成立.

**注** 前面提到的摩尔多瓦(Moldova) 选手 Boreico Iurie 获特别奖的解法其基本思路与证明 1 相同,他先证明的式(3).

**证明2** 由

$$\frac{x^5-x^2}{x^5+y^2+z^2}=1-\frac{x^2+y^2+z^2}{x^5+y^2+z^2}$$

知不等式(1) 等价于

$$\frac{1}{x^5+y^2+z^2}+\frac{1}{x^2+y^5+z^2}+\frac{1}{x^2+y^2+z^5}\leqslant\frac{3}{x^2+y^2+z^2}\tag{4}$$

注意到 $yz\geqslant\frac{1}{x}$,并应用柯西不等式,有

$$(x^5+y^2+z^2)(yz+y^2+z^2)\geqslant$$

$$(x^5+y^2+z^2)\left(\frac{1}{x}+y^2+z^2\right)\geqslant$$

$$(x^2+y^2+z^2)^2\Rightarrow$$

$$\frac{1}{x^5+y^2+z^2}\leqslant\frac{yz+y^2+z^2}{(x^2+y^2+z^2)^2}\leqslant$$

$$\frac{\frac{y^2+z^2}{2}+y^2+z^2}{(x^2+y^2+z^2)^2}=\frac{3}{2}\frac{y^2+z^2}{(x^2+y^2+z^2)^2}\Leftrightarrow$$

$$\frac{1}{x^5+y^2+z^2} \leqslant \frac{3}{2}\frac{y^2+z^2}{(x^2+y^2+z^2)^2} \tag{5}$$

同理,有

$$\frac{1}{x^2+y^5+z^2} \leqslant \frac{3}{2}\frac{z^2+x^2}{(x^2+y^2+z^2)^2}$$

$$\frac{1}{x^2+y^2+z^5} \leqslant \frac{3}{2}\frac{x^2+y^2}{(x^2+y^2+z^2)^2}$$

三式相加,有

$$\frac{1}{x^5+y^2+z^2}+\frac{1}{x^2+y^5+z^2}+\frac{1}{x^2+y^2+z^5} \leqslant$$

$$\frac{3}{2}\frac{y^2+z^2}{(x^2+y^2+z^2)^2}+\frac{3}{2}\frac{z^2+x^2}{(x^2+y^2+z^2)^2}+\frac{3}{2}\frac{x^2+y^2}{(x^2+y^2+z^2)^2}=$$

$$\frac{3}{x^2+y^2+z^2}$$

即不等式(4) 成立,故不等式(1) 成立.

**注** 本题的命题者韩国的 Hojoo Lee 先生提供的解答的基本思路与上述证明 2 类似,他先将不等式(1) 化为等价的

$$\frac{x^2+y^2+z^2}{x^5+y^2+z^2}+\frac{x^2+y^2+z^2}{x^2+y^5+z^2}+\frac{x^2+y^2+z^2}{x^2+y^2+z^5} \leqslant 3 \tag{6}$$

然后用柯西不等式得到$\frac{x^2+y^2+z^2}{x^5+y^2+z^2} \leqslant \frac{yz+y^2+z^2}{x^2+y^2+z^2}$,同理得出另两式,三式相加得

$$\frac{x^2+y^2+z^2}{x^5+y^2+z^2}+\frac{x^2+y^2+z^2}{x^2+y^5+z^2}+\frac{x^2+y^2+z^2}{x^2+y^2+z^5} \leqslant 2+\frac{yz+zx+xy}{x^2+y^2+z^2} \leqslant 3$$

即式(6) 成立.

**证明 3** 由证明 2 知,要证明不等式(1),只需证明不等式(5),注意到 $x \geqslant \frac{1}{yz}$,有

$$\frac{1}{x^5+y^2+z^2}=\frac{1}{x\cdot x^4+y^2+z^2} \leqslant \frac{1}{\frac{x^4}{yz}+y^2+z^2} \leqslant$$

$$\frac{1}{\frac{2x^4}{y^2+z^2}+y^2+z^2}=\frac{y^2+z^2}{2x^4+(y^2+z^2)^2}=$$

$$\frac{y^2+z^2}{\frac{2}{3}(x^2+y^2+z^2)^2+\frac{1}{3}(2x^2-y^2-z^2)^2} \leqslant$$

$$\frac{3}{2}\frac{y^2+z^2}{(x^2+y^2+z^2)^2}$$

即
$$\frac{1}{x^5+y^2+z^2}\leqslant\frac{3}{2}\frac{y^2+z^2}{(x^2+y^2+z^2)^2}$$

以下同证明2.

**证明4** 注意到不等式(1) 等价于

$$\frac{x^5}{x^5+y^2+z^2}+\frac{y^5}{x^2+y^5+z^2}+\frac{z^5}{x^2+y^2+z^5}\geqslant$$
$$\frac{x^2}{x^5+y^2+z^2}+\frac{y^2}{x^2+y^5+z^2}+\frac{z^2}{x^2+y^2+z^5} \tag{7}$$

我们证明更强的

$$\frac{x^5}{x^5+y^2+z^2}+\frac{y^5}{x^2+y^5+z^2}+\frac{z^5}{x^2+y^2+z^5}\geqslant 1\geqslant$$
$$\frac{x^2}{x^5+y^2+z^2}+\frac{y^2}{x^2+y^5+z^2}+\frac{z^2}{x^2+y^2+z^5} \tag{8}$$

为证式(8) 左边的不等式,先证"零件不等式"

$$\frac{x^5}{x^5+y^2+z^2}\geqslant\frac{x^4}{x^4+y^4+z^4} \tag{9}$$

由

$$\frac{x^5}{x^5+y^2+z^2}-\frac{x^4}{x^4+y^4+z^4}=x^5\cdot\frac{y^4+z^4-\frac{1}{x}(y^2+z^2)}{(x^5+y^2+z^2)(x^4+y^4+z^4)}\geqslant$$
$$x^5\cdot\frac{y^4+z^4-yz(y^2+z^2)}{(x^5+y^2+z^2)(x^4+y^4+z^4)}\geqslant$$
$$x^5\cdot\frac{y^4+z^4-\frac{1}{2}(y^2+z^2)^2}{(x^5+y^2+z^2)(x^4+y^4+z^4)}=$$
$$\frac{x^5}{2}\frac{(y^2-z^2)^2}{(x^5+y^2+z^2)(x^4+y^4+z^4)}\geqslant 0$$

知不等式(9) 成立. 同理,有

$$\frac{y^5}{x^2+y^5+z^2}\geqslant\frac{y^4}{x^4+y^4+z^4},\ \frac{z^5}{x^2+y^2+z^5}\geqslant\frac{z^4}{x^4+y^4+z^4}$$

三式相加即得式(8) 左边的不等式.

应用前面已证的不等式(5),有

$$\frac{x^2}{x^5+y^2+z^2}\leqslant\frac{3}{2}\frac{x^2y^2+z^2x^2}{(x^2+y^2+z^2)^2} \tag{10}$$

同理,有

$$\frac{y^2}{x^2+y^5+z^2} \leqslant \frac{3}{2} \frac{y^2z^2+x^2y^2}{(x^2+y^2+z^2)^2}$$

$$\frac{z^2}{x^2+y^2+z^5} \leqslant \frac{3}{2} \frac{z^2x^2+y^2z^2}{(x^2+y^2+z^2)^2}$$

三式相加得

$$\frac{x^2}{x^5+y^2+z^2}+\frac{y^2}{x^2+y^5+z^2}+\frac{z^2}{x^2+y^2+z^5} \leqslant$$

$$\frac{3(x^2y^2+y^2z^2+z^2x^2)}{(x^2+y^2+z^2)^2} \leqslant \frac{(x^2+y^2+z^2)^2}{(x^2+y^2+z^2)^2}=1$$

即式(8)右边的不等式成立,因而不等式(8)成立,故不等式(1)成立.

**注** 前面我们证明不等式(1),(4),(8),是通过分别构造了“零件不等式”(2),(5),(9),(10)来实现的,这使我们回想起2001年在美国华盛顿举行的第42届国际数学奥林匹克(IMO42)中,也是由韩国Hojoo Lee先生提供的那道脍炙人口的不等式试题(即IMO42-2):设$a,b,c>0$,求证

$$\frac{a}{\sqrt{a^2+8bc}}+\frac{b}{\sqrt{b^2+8ca}}+\frac{c}{\sqrt{c^2+8ab}} \geqslant 1 \tag{11}$$

此题的命题者提供的证法同样是先证“零件不等式”

$$\frac{a}{\sqrt{a^2+8bc}} \geqslant \frac{a^{\frac{3}{4}}}{a^{\frac{3}{4}}+b^{\frac{3}{4}}+c^{\frac{3}{4}}}$$

同理得出另两式,三式相加即得式(11).

由此可以看出,IMO46-3与IMO42-2表面上似乎不同,其证法何其相似,从这个意义上讲这两道试题同出一源.只是IMO46-3的命题者在证明式(1)时,先对式(1)作代数变形化成等价不等式(6)后,再巧妙应用柯西不等式得出“零件不等式”

$$\frac{x^2+y^2+z^2}{x^5+y^2+z^2} \leqslant \frac{yz+y^2+z^2}{x^2+y^2+z^2}$$

另外IMO42-2用常规方法(即去分母去根号的方法)容易证出,而IMO46-3用常规方法(即去分母的方法)就困难得多,这也就是IMO46-3得分率低,而IMO42-2得分率并不低的原因所在.

当然用去分母的方法证明此题并不是不可行,只是运算量较大,且需要较强的代数变形能力,本次竞赛中获得金牌的中国台湾选手王琨杰同学就是用此法证出了本题:

**证明5** 记$\sum x^my^n=x^my^n+y^mz^n+z^mx^n$,$\sum x^my^nz^k=x^my^nz^k+y^mz^nx^k+z^mx^ny^k$,$\sum x^m=x^m+y^m+z^m$,将式(1)左边通分展开并化简可得,所证明不等式等价于

$$3x^5y^5z^5+2\sum x^7y^5+2\sum x^5y^7+\sum x^9+\sum x^5y^2z^2\geqslant$$
$$\sum x^5y^5z^2+\sum x^5y^4+\sum x^4y^5+\sum x^6+\sum x^4y^2+\sum x^2y^4+3x^2y^2z^2 \quad (12)$$

由算术 - 几何平均值不等式有

$$\frac{1}{4}(x^5y^5z^5+x^5y^5z^5+x^7y^5+x^5y^7)\geqslant\sqrt[4]{x^{22}y^{22}z^{10}}=x^5y^5z^2\sqrt{xyz}\geqslant x^5y^5z^2$$

对 $x,y,z$ 轮换求和得

$$\frac{3}{2}x^5y^5z^5+\frac{1}{4}\sum x^7y^5+\frac{1}{4}\sum x^5y^7\geqslant\sum x^5y^5z^2 \quad (12-1)$$

由均值不等式有

$$\frac{1}{3}(x^7y^5+x^5y^7+x^5y^2z^2)\geqslant\sqrt[3]{x^{17}y^{14}z^2}=x^5y^4\sqrt[3]{(xyz)^2}\geqslant x^5y^4$$

交换 $x,y$ 得

$$\frac{1}{3}(x^5y^7+x^7y^5+y^5x^2z^2)\geqslant x^4y^5$$

两式相加得

$$\frac{2}{3}x^7y^5+\frac{2}{3}x^5y^7+\frac{1}{3}x^5y^2z^2+\frac{1}{3}y^5x^2z^2\geqslant x^5y^4+x^4y^5$$

对 $x,y,z$ 轮换求和得

$$\frac{2}{3}\sum x^7y^5+\frac{2}{3}\sum x^5y^7+\frac{2}{3}\sum x^5y^2z^2\geqslant\sum x^5y^4+\sum x^4y^5 \quad (12-2)$$

由均值不等式有

$$\frac{1}{3}(x^9+x^9+x^2y^2z^2)\geqslant\sqrt[3]{x^{20}y^2z^2}=x^6\sqrt[3]{(xyz)^2}\geqslant x^6$$

对 $x,y,z$ 轮换求和得

$$\frac{2}{3}\sum x^9+x^2y^2z^2\geqslant\sum x^6 \quad (12-3)$$

由均值不等式有

$$\frac{1}{6}(x^7y^5+x^5y^7+x^9+x^5y^2z^2+2x^2y^2z^2)\geqslant\sqrt[6]{x^{30}y^{18}z^6}=x^4y^2xyz\geqslant x^4y^2$$

交换 $x,y$ 得

$$\frac{1}{6}(x^5y^7+x^7y^5+y^9+x^2y^5z^2+2x^2y^2z^2)\geqslant x^2y^4$$

两式相加得

$$\frac{1}{3}x^7y^5+\frac{1}{3}x^5y^7+\frac{1}{6}(x^9+y^9)+\frac{1}{6}(x^5y^2z^2+x^2y^5z^2)+\frac{2}{3}x^2y^2z^2\geqslant$$
$$x^4y^2+x^2y^4$$

对 $x,y,z$ 轮换求和得

$$\frac{1}{3}\sum x^7y^5+\frac{1}{3}\sum x^5y^7+\frac{1}{3}\sum x^9+\frac{1}{3}\sum x^5y^2z^2+2x^2y^2z^2\geqslant$$
$$\sum x^4y^2+\sum x^2y^4 \tag{12-4}$$

又

$$\frac{3}{4}(\sum x^7y^5+\sum x^5y^7)\geqslant\frac{3}{4}\cdot 6\cdot\sqrt[6]{x^{24}y^{24}z^{24}}=\frac{9}{2}x^2y^2z^2(xyz)^2\geqslant\frac{9}{2}x^2y^2z^2 \tag{12-5}$$

以及

$$\frac{3}{2}x^5y^5z^5\geqslant\frac{3}{2}x^2y^2z^2 \tag{12-6}$$

将式(12 - 1),(12 - 2),(12 - 3) ,(12 - 4),(12 - 5),(12 - 6) 相加即得式(12),因而不等式(1) 成立.

## 3 推 广

将不等式(1),(8) 推广到 $n$ 个字母的情形,得到:

**命题 1** 设 $x_i>0(i=1,2,\cdots,n)$, $x_1x_2\cdots x_n\geqslant 1$,则

$$\sum_{i=1}^{n}\frac{x_i^{2n-1}-x_i^{n-1}}{x_i^{2n-1}+\sum\limits_{j=1,j\neq i}^{n}x_j^{n-1}}\geqslant 0 \tag{13}$$

$$\sum_{i=1}^{n}\frac{x_i^{2n-1}}{x_i^{2n-1}+\sum\limits_{j=1,j\neq i}^{n}x_j^{n-1}}\geqslant 1\geqslant\sum_{i=1}^{n}\frac{x_i^{n-1}}{x_i^{2n-1}+\sum\limits_{j=1,j\neq i}^{n}x_j^{n-1}} \tag{14}$$

**注记 1** 在命题 1 中取 $n=3$,由式(13), 式(14) 即得式(1),式(8). 所以命题 1 是不等式(1),(8) 的推广.

**证明** 显然不等式(14) 是式(13) 的加强,故只需证明式(14).

为证明式(14) 左边的不等式,先证明

$$\frac{x_i^{2n-1}}{x_i^{2n-1}+\sum\limits_{j=1,j\neq i}^{n}x_j^{n-1}}\geqslant\frac{(x_i^{n-1})^2}{\sum\limits_{j=1}^{n}(x_j^{n-1})^2} \tag{15}$$

$$\text{式}(15)\Leftrightarrow\sum_{j=1}^{n}(x_j^{n-1})^2-\frac{1}{x_i}(x_i^{2n-1}+\sum_{j=1,j\neq i}^{n}x_j^{n-1})\geqslant 0\Leftrightarrow$$

$$\sum_{j=1}^{n}(x_j^{n-1})^2-\frac{1}{x_i}\sum_{j=1,j\neq i}^{n}x_j^{n-1}\geqslant 0 \tag{16}$$

由

$$\frac{1}{x_i}\leqslant\prod_{j=1,j\neq i}^{n}x_j\leqslant\frac{1}{n-1}\sum_{j=1,j\neq i}^{n}x_j^{n-1}$$

又由柯西不等式有

$$(n-1)\sum_{j=1,j\neq i}^{n}(x_j^{n-1})^2 \geqslant \left(\sum_{j=1,j\neq i}^{n}x_j^{n-1}\right)^2$$

所以

$$\sum_{j=1,j\neq i}^{n}(x_j^{n-1})^2-\frac{1}{x_i}\sum_{j=1,j\neq i}^{n}x_j^{n-1}\geqslant$$

$$\sum_{j=1,j\neq i}^{n}(x_j^{n-1})^2-\frac{1}{n-1}\left(\sum_{j=1,j\neq i}^{n}x_j^{n-1}\right)^2=$$

$$\frac{1}{n-1}\left[(n-1)\sum_{j=1,j\neq i}^{n}(x_j^{n-1})^2-\left(\sum_{j=1,j\neq i}^{n}x_j^{n-1}\right)^2\right]\geqslant 0$$

即不等式(16)成立,因而不等式(15)成立. 于是

$$\sum_{i=1}^{n}\frac{x_i^{2n-1}}{x_i^{2n-1}+\sum_{j=1,j\neq i}^{n}x_j^{n-1}}\geqslant\sum_{i=1}^{n}\frac{(x_i^{n-1})^2}{\sum_{j=1}^{n}(x_j^{n-1})^2}=1$$

即式(14)左边的不等式成立. 又由 $x_1x_2\cdots x_n\geqslant 1$,有 $\prod_{j=1,j\neq i}^{n}x_j\geqslant\frac{1}{x_i}$,由柯西不等式有

$$\left(x_i^{2n-1}+\sum_{j=1,j\neq i}^{n}x_j^{n-1}\right)\left(\prod_{j=1,j\neq i}^{n}x_j+\sum_{j=1,j\neq i}^{n}x_j^{n-1}\right)\geqslant$$

$$\left(x_i^{2n-1}+\sum_{j=1,j\neq i}^{n}x_j^{n-1}\right)\left(\frac{1}{x_i}+\sum_{j=1,j\neq i}^{n}x_j^{n-1}\right)\geqslant\left(\sum_{j=1}^{n}x_j^{n-1}\right)^2$$

所以

$$\frac{1}{x_i^{2n-1}+\sum_{j=1,j\neq i}^{n}x_j^{n-1}}\leqslant\frac{\prod_{j=1,j\neq i}^{n}x_j+\sum_{j=1,j\neq i}^{n}x_j^{n-1}}{\left(\sum_{j=1}^{n}x_j^{n-1}\right)^2}\leqslant$$

$$\frac{\frac{1}{n-1}\sum_{j=1,j\neq i}^{n}x_j^{n-1}+\sum_{j=1,j\neq i}^{n}x_j^{n-1}}{\left(\sum_{j=1}^{n}x_j^{n-1}\right)^2}=$$

$$\frac{n}{n-1}\cdot\frac{\sum_{j=1,j\neq i}^{n}x_j^{n-1}}{\left(\sum_{j=1}^{n}x_j^{n-1}\right)^2}$$

即

$$\frac{1}{x_i^{2n-1}+\sum_{j=1,j\neq i}^{n}x_j^{n-1}}\leqslant\frac{n}{n-1}\frac{\sum_{j=1,j\neq i}^{n}x_j^{n-1}}{\left(\sum_{j=1}^{n}x_j^{n-1}\right)^2}\tag{17}$$

于是

$$\frac{x_i^{n-1}}{x_i^{2n-1}+\sum_{j=1,j\neq i}^{n}x_j^{n-1}}\leqslant\frac{n}{n-1}\frac{x_i^{n-1}\left(\sum_{j=1}^{n}x_j^{n-1}-x_i^{n-1}\right)}{\left(\sum_{j=1}^{n}x_j^{n-1}\right)^2}=$$

$$\frac{n}{n-1}\frac{x_i^{n-1}\left(\sum_{j=1}^{n}x_j^{n-1}\right)-\left(x_i^{n-1}\right)^2}{\left(\sum_{j=1}^{n}x_j^{n-1}\right)^2}$$

对 $i$ 求和得

$$\sum_{i=1}^{n}\frac{x_i^{n-1}}{x_i^{2n-1}+\sum_{j=1,j\neq i}^{n}x_j^{n-1}}\leqslant\sum_{i=1}^{n}\frac{n}{n-1}\frac{x_i^{n-1}\left(\sum_{j=1}^{n}x_j^{n-1}\right)-\left(x_i^{n-1}\right)^2}{\left(\sum_{j=1}^{n}x_j^{n-1}\right)^2}=$$

$$\frac{n}{n-1}\frac{\left(\sum_{j=1}^{n}x_j^{n-1}\right)^2-\sum_{j=1}^{n}\left(x_j^{n-1}\right)^2}{\left(\sum_{j=1}^{n}x_j^{n-1}\right)^2}$$

要证式(14)右边的不等式，只需证明

$$n\left(\sum_{j=1}^{n}x_j^{n-1}\right)^2-n\sum_{j=1}^{n}\left(x_j^{n-1}\right)^2\leqslant(n-1)\left(\sum_{j=1}^{n}x_j^{n-1}\right)^2\Leftrightarrow$$

$$n\sum_{j=1}^{n}\left(x_j^{n-1}\right)^2\geqslant\left(\sum_{j=1}^{n}x_j^{n-1}\right)^2$$

由柯西不等式知后一个不等式成立，所以式(14)右边的不等式成立. 故不等式(14)成立.

**注记2**　不等式(13)的一种直接证明：因为

$$\frac{x_i^{2n-1}-x_i^{n-1}}{x_i^{2n-1}+\sum_{j=1,j\neq i}^{n}x_j^{n-1}}-\frac{x_i^{2n-1}-x_i^{n-1}}{x_i^{n}\sum_{j=1}^{n}x_j^{n-1}}=\frac{x_i^{n-1}\left(x_i^{n-1}-1\right)^2\sum_{j=1,j\neq i}^{n}x_j^{n-1}}{\left(x_i^{2n-1}+\sum_{j=1,j\neq i}^{n}x_j^{n-1}\right)\left(x_i^{n}\sum_{j=1}^{n}x_j^{n-1}\right)}\geqslant 0$$

由此并注意到

$$\frac{1}{x_i}\leqslant\prod_{j=1,j\neq i}^{n}x_j\leqslant\frac{1}{n-1}\sum_{j=1,j\neq i}^{n}x_j^{n-1}$$

则

$$\frac{x_i^{2n-1}-x_i^{n-1}}{x_i^{2n-1}+\sum\limits_{j=1,j\neq i}^{n}x_j^{n-1}}\geqslant\frac{x_i^{n-1}-\frac{1}{x_i}}{\sum\limits_{j=1}^{n}x_j^{n-1}}\geqslant\frac{x_i^{n-1}-\frac{1}{n-1}\sum\limits_{j=1,j\neq i}^{n}x_j^{n-1}}{\sum\limits_{j=1}^{n}x_j^{n-1}}$$

所以

$$\sum_{i=1}^{n}\frac{x_i^{2n-1}-x_i^{n-1}}{x_i^{2n-1}+\sum\limits_{j=1,j\neq i}^{n}x_j^{n-1}}\geqslant\sum_{i=1}^{n}\frac{x_i^{n-1}-\frac{1}{n-1}\sum\limits_{j=1,j\neq i}^{n}x_j^{n-1}}{\sum\limits_{j=1}^{n}x_j^{n-1}}=$$

$$\frac{\sum\limits_{i=1}^{n}x_i^{n-1}-\frac{1}{n-1}(n-1)\sum\limits_{j=1}^{n}x_j^{n-1}}{\sum\limits_{j=1}^{n}x_j^{n-1}}=0$$

即不等式(13)成立.

**注记3** 不等式(13)等价于

$$\sum_{i=1}^{n}\frac{1}{x_i^{2n-1}+\sum\limits_{j=1,j\neq i}^{n}x_j^{n-1}}\leqslant\frac{n}{\sum\limits_{j=1}^{n}x_j^{n-1}}\tag{18}$$

这可由前面已证得的式(17)对 $i$ 求和即得.

## 4 进一步的推广

作替换 $x_i^{n-1}\to x_i(i=1,2,\cdots,n)$,则式(13),(14),(18)分别等价于

$$\sum_{i=1}^{n}\frac{x_i^{\frac{2n-1}{n-1}}-x_i}{x_i^{\frac{2n-1}{n-1}}+\sum\limits_{j=1,j\neq i}^{n}x_j}\geqslant 0\tag{19}$$

$$\sum_{i=1}^{n}\frac{x_i^{\frac{2n-1}{n-1}}}{x_i^{\frac{2n-1}{n-1}}+\sum\limits_{j=1,j\neq i}^{n}x_j}\geqslant 1\geqslant\sum_{i=1}^{n}\frac{x_i}{x_i^{\frac{2n-1}{n-1}}+\sum\limits_{j=1,j\neq i}^{n}x_j}\tag{20}$$

$$\sum_{i=1}^{n}\frac{1}{x_i^{\frac{2n-1}{n-1}}+\sum\limits_{j=1,j\neq i}^{n}x_j}\leqslant\frac{n}{\sum\limits_{j=1}^{n}x_j}\tag{21}$$

其中 $x_i>0(i=1,2,\cdots,n)$, $x_1x_2\cdots x_n\geqslant 1$.

下面考虑式(19),(20),(21)的进一步推广,首先推广式(19),(21)得到:

**命题2** 设 $x_i>0(i=1,2,\cdots,n)$, $x_1x_2\cdots x_n\geqslant 1,p\geqslant 1$,则

$$\sum_{i=1}^{n}\frac{x_i^p-x_i}{x_i^p+\sum\limits_{j=1,j\neq i}^{n}x_j}\geqslant 0 \tag{22}$$

$$\sum_{i=1}^{n}\frac{1}{x_i^p+\sum\limits_{j=1,j\neq i}^{n}x_j}\leqslant\frac{n}{\sum\limits_{j=1}^{n}x_j} \tag{23}$$

**注记** 在命题2中取$p=\frac{2n-1}{n-1}=2+\frac{1}{n-1}$,由式(22),(23)即得式(19),(21);又取$n=3,p=\frac{5}{2},x_1=x^2,x_2=y^2,x_3=z^2$,由式(22)即得式(1). 可见命题2是式(19),(21)的推广,当然也是式(1)的推广.

**证明** 显然式(22)与式(23)等价,因此只需证明式(22),下面证明中$p=2+\frac{1}{n-1}$成为两种情形的分界处.

(1)当$1\leqslant p\leqslant 2+\frac{1}{n-1}$时,首先证明

$$\frac{x_i^p-x_i}{x_i^p+\sum\limits_{j=1,j\neq i}^{n}x_j}\geqslant\frac{x_i-x_i^{2-p}}{\sum\limits_{j=1}^{n}x_j} \tag{24}$$

因为,式(24)等价于

$$(\sum_{j=1}^{n}x_j)x_i(x_i^{p-1}-1)\geqslant(x_i^p+\sum_{j=1,j\neq i}^{n}x_j)x_i^{2-p}(x_i^{p-1}-1)\Leftrightarrow$$

$$(x_i^{p-1}-1)[(\sum_{j=1}^{n}x_j)x_i^{p-1}-(x_i^p+\sum_{j=1,j\neq i}^{n}x_j)]\geqslant 0\Leftrightarrow$$

$$(x_i^{p-1}-1)^2\sum_{j=1,j\neq i}^{n}x_j\geqslant 0$$

后一式显然成立,所以式(24)成立.

对式(24)两边求和,有

$$\sum_{i=1}^{n}\frac{x_i^p-x_i}{x_i^p+\sum\limits_{j=1,j\neq i}^{n}x_j}\geqslant\sum_{i=1}^{n}\frac{x_i-x_i^{2-p}}{\sum\limits_{j=1}^{n}x_j}=\frac{1}{\sum\limits_{j=1}^{n}x_j}(\sum_{i=1}^{n}x_i-\sum_{i=1}^{n}x_i^{2-p})$$

因此,要证式(22),只需证明

$$\sum_{i=1}^{n}x_i\geqslant\sum_{i=1}^{n}x_i^{2-p} \tag{25}$$

为证式(25),先证如下:

**引理** 设$x_i>0(i=1,2,\cdots,n)$,$x_1x_2\cdots x_n\geqslant 1,0\leqslant t\leqslant 1$,则

$$\sum_{i=1}^{n}x_i\geqslant\sum_{i=1}^{n}x_i^t \tag{26}$$

**证明** 当 $t=0$ 时,由 $x_1x_2\cdots x_n\geqslant 1$,知

$$\sum_{i=1}^{n}x_i\geqslant n\sqrt[n]{x_1x_2\cdots x_n}\geqslant n=\sum_{i=1}^{n}x_i^t$$

即式(26)成立.

当 $1\geqslant t>0$ 时,由幂平均不等式,有

$$\frac{\sum_{i=1}^{n}x_i}{n}\geqslant\left(\frac{\sum_{i=1}^{n}x_i^t}{n}\right)^{\frac{1}{t}}\Leftrightarrow\left(\frac{\sum_{i=1}^{n}x_i}{n}\right)^t\geqslant\frac{\sum_{i=1}^{n}x_i^t}{n}$$

又

$$\frac{\sum_{i=1}^{n}x_i}{n}\geqslant\sqrt[n]{x_1x_2\cdots x_n}\geqslant 1,0<t\leqslant 1$$

所以

$$\frac{\sum_{i=1}^{n}x_i}{n}\geqslant\left(\frac{\sum_{i=1}^{n}x_i}{n}\right)^t\Leftrightarrow\frac{\sum_{i=1}^{n}x_i}{n}\geqslant\frac{\sum_{i=1}^{n}x_i^t}{n}$$

即式(26)成立.

现回到式(25)的证明:

1)当 $1\leqslant p\leqslant 2$ 时,有 $0\leqslant 2-p\leqslant 1$,由引理,有 $\sum_{i=1}^{n}x_i\geqslant\sum_{i=1}^{n}x_i^{2-p}$,即式(25)成立.

2)当 $2\leqslant p\leqslant 2+\frac{1}{n-1}$ 时,因 $p-2\geqslant 0$,及由 $x_1x_2\cdots x_n\geqslant 1$ 有 $\frac{1}{x_i}\leqslant\prod_{j=1,j\neq i}^{n}x_j$,所以

$$x_i^{2-p}=\frac{1}{x_i^{p-2}}\leqslant(\prod_{j=1,j\neq i}^{n}x_j)^{p-2}=\prod_{j=1,j\neq i}^{n}x_j^{p-2}\leqslant\frac{\sum_{j=1,j\neq i}^{n}x_j^{(n-1)(p-2)}}{n-1}\Leftrightarrow$$

$$\sum_{i=1}^{n}x_i^{2-p}\leqslant\sum_{i=1}^{n}\frac{\sum_{j=1,j\neq i}^{n}x_j^{(n-1)(p-2)}}{n-1}=\sum_{i=1}^{n}x_i^{(n-1)(p-2)}$$

因为 $2\leqslant p\leqslant 2+\frac{1}{n-1}$,所以 $0\leqslant(n-1)(p-2)\leqslant 1$,由引理有 $\sum_{i=1}^{n}x_i\geqslant\sum_{i=1}^{n}x_i^{(n-1)(p-2)}$,所以

$$\sum_{i=1}^{n}x_i\geqslant\sum_{i=1}^{n}x_i^{(n-1)(p-2)}\geqslant\sum_{i=1}^{n}x_i^{2-p}$$

即式(25)成立.

综上可知,当 $1 \leqslant p \leqslant 2 + \frac{1}{n-1}$ 时,不等式(22)成立.

(2)当 $p \geqslant 2 + \frac{1}{n-1}$ 时,设 $k$ 为待定常数,使

$$\frac{x_i^p - x_i}{x_i^p + \sum_{j=1,j\neq i}^{n} x_j} \geqslant \frac{x_i^k - \frac{1}{n-1}\sum_{j=1,j\neq i}^{n} x_j^k}{\sum_{j=1}^{n} x_j^k} \tag{27}$$

因为式(27)等价于

$$(n-1)(x_i^p - x_i)\sum_{j=1}^{n} x_j^k \geqslant (n-1)x_i^k(x_i^p + \sum_{j=1,j\neq i}^{n} x_j) - (x_i^p + \sum_{j=1,j\neq i}^{n} x_j)\sum_{j=1,j\neq i}^{n} x_j^k \Leftrightarrow$$

$$(n-1)x_i^p x_i^k - (n-1)x_i x_i^k + (n-1)(x_i^p - x_i)\sum_{j=1,j\neq i}^{n} x_j^k \geqslant$$

$$(n-1)x_i^k x_i^p + (n-1)x_i^k \sum_{j=1,j\neq i}^{n} x_j - (x_i^p - x_i)\sum_{j=1,j\neq i}^{n} x_j^k - (\sum_{j=1}^{n} x_j)\sum_{j=1,j\neq i}^{n} x_j^k \Leftrightarrow$$

$$n(x_i^p - x_i)\sum_{j=1,j\neq i}^{n} x_j^k \geqslant [(n-1)x_i^k - \sum_{j=1,j\neq i}^{n} x_j^k]\sum_{j=1}^{n} x_j \Leftrightarrow$$

$$\frac{nx_i}{\sum_{j=1}^{n} x_j}(x_i^{p-1} - 1) \geqslant \frac{(n-1)x_i^k}{\sum_{j=1,j\neq i}^{n} x_j^k} - 1 \tag{28}$$

由 $\prod_{i=1}^{n} x_i \geqslant 1, p \geqslant 2$,有 $(\prod_{i=1}^{n} x_i)^{\frac{p-1}{n}} \geqslant 1$,要使式(28)成立,只需

$$\frac{nx_i}{\sum_{j=1}^{n} x_j}\left(\frac{x_i^{p-1}}{(\prod_{j=1}^{n} x_j)^{\frac{p-1}{n}}} - 1\right) \geqslant \frac{(n-1)x_i^k}{\sum_{j=1,j\neq i}^{n} x_j^k} - 1 \tag{29}$$

令 $a_j = \frac{x_j}{x_i}(j = 1,2,\cdots,n)$,显然 $a_i = 1$,式(29)等价于

$$\frac{n}{1 + \sum_{j=1,j\neq i}^{n} a_j}\left(\frac{1}{(\prod_{j=1,j\neq i}^{n} a_j)^{\frac{p-1}{n}}} - 1\right) \geqslant \frac{1}{\frac{1}{n-1}\sum_{j=1,j\neq i}^{n} a_j^k} - 1 \tag{30}$$

令 $A = \frac{1}{n-1}\sum_{j=1,j\neq i}^{n} a_j^k$, $B = (\prod_{j=1,j\neq i}^{n} a_j)^{\frac{p-1}{n}}$,则式(30)等价于

$$\frac{n}{1 + \sum_{j=1,j\neq i}^{n} a_j}\left(\frac{1}{B} - 1\right) \geqslant \frac{1}{A} - 1 \tag{31}$$

由均值不等式,有

$$A = \frac{1}{n-1}\sum_{j=1,j\neq i}^{n} a_j^k \geqslant (\prod_{j=1,j\neq i}^{n} a_j)^{\frac{k}{n-1}}$$

为使 $A \geqslant B$,可取$\frac{k}{n-1}=\frac{p-1}{n}$,即 $k=\frac{(n-1)(p-1)}{n}$,这时

$$A \geqslant B > 0 \Rightarrow \frac{1}{B}-1 \geqslant \frac{1}{A}-1$$

1) 当 $\prod_{j=1,j\neq i}^{n} a_j \geqslant 1$ 时,则

$$B=\left(\prod_{j=1,j\neq i}^{n} a_j\right)^{\frac{p-1}{n}} \geqslant 1 \Rightarrow 0 \geqslant \frac{1}{B}-1 \geqslant \frac{1}{A}-1$$

要证式(31),只需证

$$\frac{n}{1+\sum_{j=1,j\neq i}^{n} a_j} \leqslant 1 \Leftrightarrow \sum_{j=1,j\neq i}^{n} a_j \geqslant n-1$$

这由 $\sum_{j=1,j\neq i}^{n} a_j \geqslant (n-1)\left(\prod_{j=1,j\neq i}^{n} a_j\right)^{\frac{1}{n-1}} \geqslant n-1$ 知显然成立,因而式(31) 成立.

2) 当 $\prod_{j=1,j\neq i}^{n} a_j \leqslant 1$ 时,则 $B \leqslant 1$. 若 $A \geqslant 1$,则式(31) 显然成立;若 $0 < A \leqslant 1$,则$\frac{1}{B}-1 \geqslant \frac{1}{A}-1 \geqslant 0$,要证式(31),只需证

$$\frac{n}{1+\sum_{j=1,j\neq i}^{n} a_j} \geqslant 1 \Leftrightarrow \sum_{j=1,j\neq i}^{n} a_j \leqslant n-1 \tag{32}$$

因为 $p \geqslant 2+\frac{1}{n-1}$,则 $k=\frac{(n-1)(p-1)}{n} \geqslant 1$,由幂平均不等式有

$$\left(\frac{1}{n-1}\sum_{j=1,j\neq i}^{n} a_j^k\right)^{\frac{1}{k}} \geqslant \frac{1}{n-1}\sum_{j=1,j\neq i}^{n} a_j \Leftrightarrow$$

$$\left(\frac{1}{n-1}\sum_{j=1,j\neq i}^{n} a_j\right)^{k} \leqslant \frac{1}{n-1}\sum_{j=1,j\neq i}^{n} a_j^k = A \leqslant 1$$

所以

$$\left(\frac{1}{n-1}\sum_{j=1,j\neq i}^{n} a_j\right)^{k} \leqslant 1 \Leftrightarrow \frac{1}{n-1}\sum_{j=1,j\neq i}^{n} a_j \leqslant 1 \Leftrightarrow \sum_{j=1,j\neq i}^{n} a_j \leqslant n-1$$

即式(32) 成立.

因此,当 $p \geqslant 2+\frac{1}{n-1}$ 时,取 $k=\frac{(n-1)(p-1)}{n}$,有

$$\frac{x_i^p - x_i}{x_i^p+\sum_{j=1,j\neq i}^{n} x_j} \geqslant \frac{x_i^k - \frac{1}{n-1}\sum_{j=1,j\neq i}^{n} x_j^k}{\sum_{j=1}^{n} x_j^k}$$

对 $i$ 求和,有

$$\sum_{i=1}^{n}\frac{x_i^p-x_i}{x_i^p+\sum\limits_{j=1,j\neq i}^{n}x_j}\geqslant\sum_{i=1}^{n}\frac{x_i^k-\frac{1}{n-1}\sum\limits_{j=1,j\neq i}^{n}x_j^k}{\sum\limits_{j=1}^{n}x_j^k}=$$

$$\frac{1}{(n-1)\sum\limits_{j=1}^{n}x_j^k}\sum_{i=1}^{n}(nx_i^k-\sum_{j=1}^{n}x_j^k)=0$$

即不等式(22)成立. 证毕.

**注记** 上述证明中,第一种情形构造的"零件不等式"(24)受启发于前面证明1中的"零件不等式"(3)(也就是Boreico Iurie获特别奖的证法中首先证明的);第二种情形构造的"零件不等式"(27)受启发于前面证明1中的"零件不等式"(2).

再来推广不等式(20),得到:

**命题3** 设 $x_i>0(i=1,2,\cdots,n)$, $x_1x_2\cdots x_n\geqslant 1$,则:

(1) 当 $p\geqslant 1$ 时

$$\sum_{i=1}^{n}\frac{x_i^p}{x_i^p+\sum\limits_{j=1,j\neq i}^{n}x_j}\geqslant 1 \tag{33}$$

(2) 当 $-\frac{1}{n-1}\leqslant p<1$ 时

$$\sum_{i=1}^{n}\frac{x_i^p}{x_i^p+\sum\limits_{j=1,j\neq i}^{n}x_j}\geqslant 1 \tag{34}$$

(3) 当 $1\leqslant p<n-\frac{1}{n-1}$ 时

$$\sum_{i=1}^{n}\frac{x_i}{x_i^p+\sum\limits_{j=1,j\neq i}^{n}x_j}\leqslant 1 \tag{35}$$

(4) 当 $-1\leqslant p<1$ 时

$$\sum_{i=1}^{n}\frac{x_i}{x_i^p+\sum\limits_{j=1,j\neq i}^{n}x_j}\geqslant 1 \tag{36}$$

**证明** (1) 由 $p\geqslant 1$, $x_1x_2\cdots x_n\geqslant 1$,有 $(x_1x_2\cdots x_n)^{\frac{p-1}{n}}\geqslant 1$,因此

$$\frac{x_i^p}{x_i^p+\sum\limits_{j=1,j\neq i}^{n}x_j}\geqslant\frac{x_i^p}{x_i^p+(x_1x_2\cdots x_n)^{\frac{p-1}{n}}\sum\limits_{j=1,j\neq i}^{n}x_j}=\frac{x_i^k}{x_i^k+(\prod\limits_{j=1,j\neq i}^{n}x_j)^{\frac{p-1}{n}}\sum\limits_{j=1,j\neq i}^{n}x_j}$$

其中 $k=\frac{(n-1)p+1}{n}\geqslant 1$.

由均值不等式及幂平均不等式有

$$\left(\prod_{j=1,j\neq i}^{n} x_j\right)^{\frac{p-1}{n}} \cdot \sum_{j=1,j\neq i}^{n} x_j \leqslant \left(\frac{\sum\limits_{j=1,j\neq i}^{n} x_j}{n-1}\right)^{\frac{(n-1)(p-1)}{n}} \cdot \sum_{j=1,j\neq i}^{n} x_j =$$

$$\left(\frac{1}{n-1}\right)^{\frac{(n-1)(p-1)}{n}} \cdot \left(\sum_{j=1,j\neq i}^{n} x_j\right)^{\frac{(n-1)(p-1)}{n}+1} =$$

$$(n-1)\left(\frac{\sum\limits_{j=1,j\neq i}^{n} x_j}{n-1}\right)^{k} \leqslant$$

$$(n-1)\frac{\sum\limits_{j=1,j\neq i}^{n} x_j^k}{n-1} = \sum_{j=1,j\neq i}^{n} x_j^k$$

即

$$\left(\prod_{j=1,j\neq i}^{n} x_j\right)^{\frac{p-1}{n}} \sum_{j=1,j\neq i}^{n} x_j \leqslant \sum_{j=1,j\neq i}^{n} x_j^k$$

所以

$$\frac{x_i^p}{x_i^p + \sum\limits_{j=1,j\neq i}^{n} x_j} \geqslant \frac{x_i^k}{x_i^k + \sum\limits_{j=1,j\neq i}^{n} x_j^k} = \frac{x_i^k}{\sum\limits_{j=1}^{n} x_j^k}$$

于是

$$\sum_{i=1}^{n} \frac{x_i^p}{x_i^p + \sum\limits_{j=1,j\neq i}^{n} x_j} \geqslant \sum_{i=1}^{n} \frac{x_i^k}{\sum\limits_{j=1}^{n} x_j^k} = 1$$

即不等式(33)成立.

(2)由 $-\frac{1}{n-1} \leqslant p < 1$ ,$x_1x_2\cdots x_n \geqslant 1$,有 $0 < (x_1x_2\cdots x_n)^{\frac{p-1}{n}} < 1$,因此

$$\frac{x_i^p}{x_i^p + \sum\limits_{j=1,j\neq i}^{n} x_j} \leqslant \frac{x_i^p}{x_i^p + (x_1x_2\cdots x_n)^{\frac{p-1}{n}} \sum\limits_{j=1,j\neq i}^{n} x_j} = \frac{x_i^k}{x_i^k + \left(\prod\limits_{j=1,j\neq i}^{n} x_j\right)^{\frac{p-1}{n}} \sum\limits_{j=1,j\neq i}^{n} x_j}$$

其中 $k = \frac{(n-1)p+1}{n}$(由 $-\frac{1}{n-1} < p < 1$,知 $0 < k < 1$).

由均值不等式,并注意到 $\frac{p-1}{n} < 0$,有

$$\prod_{j=1,j\neq i}^{n} x_j \leqslant \frac{\sum\limits_{j=1,j\neq i}^{n} x_j}{n-1} \Leftrightarrow \left(\prod_{j=1,j\neq i}^{n} x_j\right)^{\frac{p-1}{n}} \geqslant \left(\frac{\sum\limits_{j=1,j\neq i}^{n} x_j}{n-1}\right)^{\frac{(n-1)(p-1)}{n}}$$

又 $0 < k < 1$,由幂平均不等式有

$$\left(\frac{\sum\limits_{j=1,j\neq i}^{n} x_j^k}{n-1}\right)^{\frac{1}{k}} \leqslant \frac{\sum\limits_{j=1,j\neq i}^{n} x_j}{n-1} \Leftrightarrow \frac{\sum\limits_{j=1,j\neq i}^{n} x_j^k}{n-1} \leqslant \left(\frac{\sum\limits_{j=1,j\neq i}^{n} x_j}{n-1}\right)^{k}$$

所以

$$\begin{aligned}
\left(\prod_{j=1,j\neq i}^{n} x_j\right)^{\frac{p-1}{n}} \cdot \sum_{j=1,j\neq i}^{n} x_j &\geqslant \left(\frac{\sum\limits_{j=1,j\neq i}^{n} x_j}{n-1}\right)^{\frac{(n-1)(p-1)}{n}} \cdot \sum_{j=1,j\neq i}^{n} x_j = \\
&\left(\frac{1}{n-1}\right)^{\frac{(n-1)(p-1)}{n}} \cdot \left(\sum_{j=1,j\neq i}^{n} x_j\right)^{\frac{(n-1)(p-1)}{n}+1} = \\
&(n-1)\left(\frac{\sum\limits_{j=1,j\neq i}^{n} x_j}{n-1}\right)^{k} \geqslant \\
&(n-1)\frac{\sum\limits_{j=1,j\neq i}^{n} x_j^k}{n-1} = \sum_{j=1,j\neq i}^{n} x_j^k
\end{aligned}$$

即

$$\left(\prod_{j=1,j\neq i}^{n} x_j\right)^{\frac{p-1}{n}} \sum_{j=1,j\neq i}^{n} x_j \geqslant \sum_{j=1,j\neq i}^{n} x_j^k$$

所以

$$\frac{x_i^p}{x_i^p + \sum\limits_{j=1,j\neq i}^{n} x_j} \leqslant \frac{x_i^k}{x_i^k + \sum\limits_{j=1,j\neq i}^{n} x_j^k} = \frac{x_i^k}{\sum\limits_{j=1}^{n} x_j^k}$$

于是

$$\sum_{i=1}^{n} \frac{x_i^p}{x_i^p + \sum\limits_{j=1,j\neq i}^{n} x_j} \leqslant \sum_{i=1}^{n} \frac{x_i^k}{\sum\limits_{j=1}^{n} x_j^k} = 1$$

即不等式(34) 成立.

(3) 设 $r = x_1x_2\cdots x_n, y_i = \frac{x_i}{r} > 0(i = 1,2,\cdots,n)$,显然 $y_1y_2\cdots y_n = 1, r \geqslant 1$,注意到 $p \geqslant 1 \Leftrightarrow p - 1 \geqslant 0 \Rightarrow r^{p-1} \geqslant 1$,那么

$$\sum_{i=1}^{n} \frac{x_i}{x_i^p + \sum\limits_{j=1,j\neq i}^{n} x_j} = \sum_{i=1}^{n} \frac{ry_i}{r^p y_i^p + r\sum\limits_{j=1,j\neq i}^{n} x_j} = \sum_{i=1}^{n} \frac{y_i}{r^{p-1} y_i^p + \sum\limits_{j=1,j\neq i}^{n} x_j} \leqslant \sum_{i=1}^{n} \frac{y_i}{y_i^p + \sum\limits_{j=1,j\neq i}^{n} x_j}$$

要证式(35),只需证:当 $p \geqslant 1, y_1y_2\cdots y_n = 1$,有

$$\sum_{i=1}^{n} \frac{y_i}{y_i^p + \sum\limits_{j=1,j\neq i}^{n} x_j} \leqslant 1$$

设存在实数 $k$($k$ 为待定常数),使

$$\frac{y_i}{y_i^p+\sum_{j=1,j\neq i}^{n}y_j}\leqslant\frac{\sum_{j=1,j\neq i}^{n}y_j^k}{(n-1)\sum_{j=1}^{n}y_j^k}\Leftrightarrow\frac{(n-1)y_i}{y_i^p+\sum_{j=1,j\neq i}^{n}y_j}+\frac{y_i^k}{\sum_{j=1}^{n}y_j^k}\leqslant 1 \tag{37}$$

设 $t=\sqrt[n-1]{\prod_{j=1,j\neq i}^{n}y_j}$,则 $\sum_{j=1,j\neq i}^{n}y_j\geqslant(n-1)t$, $\sum_{j=1,j\neq i}^{n}y_j^p\geqslant(n-1)t^p$,要使式(37)成立,只需

$$\frac{(n-1)y_i}{y_i^p+(n-1)t}+\frac{y_i^k}{y_i^k+(n-1)t^k}\leqslant 1$$

由 $y_1y_2\cdots y_n=1$,有 $y_i=\frac{1}{t^{n-1}}$,则 $\frac{1}{y_i}=t^{n-1}$,此不等式等价于

$$\frac{(n-1)\frac{1}{y_i^{p-1}}}{1+(n-1)t\cdot\frac{1}{y_i^p}}+\frac{1}{1+(n-1)t^k\cdot\frac{1}{y_i^k}}\leqslant 1\Leftrightarrow$$

$$\frac{(n-1)t^{(n-1)(p-1)}}{1+(n-1)t^{1+(n-1)p}}+\frac{1}{1+(n-1)t^{kn}}\leqslant 1\Leftrightarrow$$

$$\frac{(n-1)t^{(n-1)(p-1)}}{1+(n-1)t^{1+(n-1)p}}\leqslant 1-\frac{1}{1+(n-1)t^{kn}}=\frac{(n-1)t^{kn}}{1+(n-1)t^{kn}}\Leftrightarrow$$

$$(n-1)t^{1+(n-1)p}-(n-1)t^{(n-1)(p-1)}-t^{(n-1)(p-1)-nk}+1\geqslant 0\Leftrightarrow$$

$$(n-1)t^{n+l}-(n-1)t^{l}-t^{l-nk}+1\geqslant 0 \tag{38}$$

其中 $l=(n-1)(p-1)\geqslant 0$. 取 $k=\frac{(n-1)(p-1)}{n}$,那么,式(38)即

$$(n-1)t^{n+l}-(n-1)t^{l}-t^{n(n-1)}+1\geqslant 0\Leftrightarrow$$

$$(n-1)t^{l}(t^{n}-1)-(t^{n(n-1)}-1)\geqslant 0\Leftrightarrow$$

$$(n-1)t^{l}(t^{n}-1)-(t^{n}-1)(t^{n(n-2)}+t^{n(n-3)}+\cdots+t^{n}+1)\geqslant 0\Leftrightarrow$$

$$(t^{n}-1)[(t^{l}-t^{n(n-2)})+(t^{l}-t^{n(n-3)})+\cdots+(t^{l}-t^{n})+(t^{l}-1)]\geqslant 0 \tag{39}$$

当 $l=(n-1)(p-1)\geqslant n(n-2)\Leftrightarrow p\geqslant n-\frac{1}{n-1}$ 时,$(t^{l}-t^{n(n-2)})$,$(t^{l}-t^{n(n-3)})$,$\cdots$,$(t^{l}-t^{n})$,$(t^{l}-1)$ 同号,并与 $(t^{n}-1)$ 同号,此时式(39)成立.

综上,当 $p\geqslant n-\frac{1}{n-1}$ 时,取 $k=\frac{(n-1)(p-1)}{n}$,有

$$\frac{x_i}{x_i^p+\sum_{j=1,j\neq i}^{n}x_j}\leqslant\frac{\sum_{j=1,j\neq i}^{n}x_j^k}{(n-1)\sum_{j=1}^{n}x_j^k}$$

对 $i$ 求和,有

$$\sum_{i=1}^{n}\frac{x_i}{x_i^p+\sum\limits_{j=1,j\neq i}^{n}x_j}\leqslant\sum_{i=1}^{n}\frac{\sum\limits_{j=1,j\neq i}^{n}x_j^k}{(n-1)\sum\limits_{j=1}^{n}x_j^k}=1$$

此时,式(35)成立.

下面考虑 $1\leqslant p<n-\dfrac{1}{n-1}$ 的情形.

由 $x_1x_2\cdots x_n\geqslant 1$,有 $\sum\limits_{i=1}^{n}x_i\geqslant n\cdot(\sqrt[n-1]{x_1x_2\cdots x_n})\geqslant n$,下面证明当 $\sum\limits_{i=1}^{n}x_i\geqslant n$ 时,式(35)成立.

令 $r=\dfrac{1}{n}\sum\limits_{i=1}^{n}x_i,y_i=\dfrac{x_i}{r}>0(i=1,2,\cdots,n)$,则 $\sum\limits_{i=1}^{n}y_i=n,r\geqslant 1$,且

$$\sum_{i=1}^{n}\frac{x_i}{x_i^p+\sum\limits_{j=1,j\neq i}^{n}x_j}=\sum_{i=1}^{n}\frac{y_i}{r^{p-1}y_i^p+\sum\limits_{j=1,j\neq i}^{n}y_j}\leqslant\sum_{i=1}^{n}\frac{y_i}{y_i^p+\sum\limits_{j=1,j\neq i}^{n}y_j}$$

要证式(35),只需证:当 $\sum\limits_{i=1}^{n}y_i=n$ 时

$$\sum_{i=1}^{n}\frac{y_i}{y_i^p+\sum\limits_{j=1,j\neq i}^{n}y_j}\leqslant 1\Leftrightarrow\sum_{i=1}^{n}\frac{y_i}{y_i^p+n-y_i}\leqslant 1$$

由伯努利不等式,当 $y_i>0,p\geqslant 1$ 时,有

$$y_i^p=[1+(y_i-1)]^p\geqslant 1+p(y_i-1)=py_i+1-p$$

只需证

$$\sum_{i=1}^{n}\frac{y_i}{(p-1)y_i+n+1-p}\leqslant 1\tag{40}$$

而

$$\sum_{i=1}^{n}\frac{y_i}{(p-1)y_i+n+1-p}=$$

$$\sum_{i=1}^{n}\frac{1}{p-1}\left[1-\frac{n+1-p}{(p-1)y_i+n+1-p}\right]=$$

$$\frac{n}{p-1}-\frac{n+1-p}{p-1}\sum_{i=1}^{n}\frac{1}{(p-1)y_i+n+1-p}$$

式(40)等价于

$$\sum_{i=1}^{n}\frac{1}{(p-1)y_i+n+1-p}\geqslant 1\tag{41}$$

由 $1 \leqslant p < n - \frac{1}{n-1}$,有 $1 \leqslant p < n+1$,所以 $(p-1)y_i + n + 1 - p > 0$,由柯西不等式,有

$$\sum_{i=1}^{n} \frac{1}{(p-1)y_i + n + 1 - p} =$$
$$\sum_{i=1}^{n} \frac{1^2}{(p-1)y_i + n + 1 - p} \geqslant$$
$$\frac{n^2}{\sum_{i=1}^{n} [(p-1)y_i + n + 1 - p]} =$$
$$\frac{n^2}{(p-1)n + n(n+1-p)} = 1$$

即式(41) 成立,故当 $1 \leqslant p < n - \frac{1}{n-1}$ 时,式(35) 也成立. 故式(35) 得证.

(4) 应用柯西不等式有

$$\sum_{i=1}^{n} \frac{x_i}{x_i^p + \sum_{j=1,j\neq i}^{n} x_j} = \sum_{i=1}^{n} \frac{x_i^2}{x_i^{p+1} + \sum_{j=1,j\neq i}^{n} x_j x_i} \geqslant \frac{\left(\sum_{i=1}^{n} x_i\right)^2}{\sum_{i=1}^{n} x_i^{p+1} + \sum_{i=1}^{n}\left(\sum_{j=1,j\neq i}^{n} x_j x_i\right)}$$

只需证

$$\frac{\left(\sum_{i=1}^{n} x_i\right)^2}{\sum_{i=1}^{n} x_i^{p+1} + \sum_{i=1}^{n}\left(\sum_{j=1,j\neq i}^{n} x_j x_i\right)} \geqslant 1 \Leftrightarrow \sum_{i=1}^{n} x_i^2 \geqslant \sum_{i=1}^{n} x_i^{p+1} \tag{42}$$

由 $-1 \leqslant p < 1$,有 $0 \leqslant \frac{p+1}{2} \leqslant 1$,由 $x_1x_2\cdots x_n \geqslant 1$,有 $x_1^2x_2^2\cdots x_n^2 \geqslant 1$,在引理中,取 $t = \frac{p+1}{2}$,$(x_1^2, x_2^2, \cdots, x_n^2) \to (x_1, x_2, \cdots, x_n)$,由式(26) 有

$$\sum_{i=1}^{n} x_i^2 \geqslant \sum_{i=1}^{n} (x_i^2)^{\frac{p+1}{2}} = \sum_{i=1}^{n} x_i^{p+1}$$

即式(42) 成立,故式(36) 得证.

**补记** 本文写成于 2006 年初,发表于[1].

## 参考文献

[1] 蒋明斌. 第 46 届国际数学奥林匹亚试题三的证明、加强与推广[J]. 数学传播(121)2007,31(1):687-824.

# 第46届国际数学奥林匹克试题三的再推广

第46届国际数学奥林匹克(IMO 2005)试题三为:设 $x,y,z$ 为正实数且 $xyz\geqslant 1$. 求证

$$\frac{x^5-x^2}{x^5+y^2+z^2}+\frac{y^5-y^2}{x^2+y^5+z^2}+\frac{z^5-z^2}{x^2+y^2+z^5}\geqslant 0 \tag{1}$$

笔者在文[1]给出了不等式(1)的推广:设 $x_i>0(i=1,2,\cdots,n)$, $x_1x_2\cdots x_n\geqslant 1, p\geqslant 1$,则

$$\sum_{i=1}^{n}\frac{x_i^p-x_i}{x_i^p+\sum\limits_{j=1,j\neq i}^{n}x_j}\geqslant 0 \tag{2}$$

文[2]给出了式(1)的一个推广:设 $x_i>0(i=1,2,\cdots,n), n\geqslant 3$, $x_1x_2\cdots x_n\geqslant 1$,则

$$\sum_{i=1}^{n}\frac{x_i^{n+2}-x_i^2}{x_i^{n+2}+\sum\limits_{j=1,j\neq i}^{n}x_j^2}\geqslant 0 \tag{3}$$

文[3]又给出了式(1)的另一推广:设 $x_i>0(i=1,2,\cdots,n)$, $x_1x_2\cdots x_n\geqslant 1, k,m\geqslant 0$,则

$$\sum_{i=1}^{n}\frac{x_i^{n+k}-x_i^k}{x_i^{k+m+1}+\sum\limits_{j=1,j\neq i}^{n}x_j^m}\geqslant 0 \tag{4}$$

本文给出式(2),(3)的统一推广和式(4)的推广.

**命题1** 设 $x_i>0(i=1,2,\cdots,n)$, $x_1x_2\cdots x_n\geqslant 1$,则:

(1)当 $1\leqslant p\leqslant 2+\frac{1}{n-1}$ 且 $r\in\mathbf{R}$,或 $p\geqslant 2+\frac{1}{n-1}$ 且 $r=1$ 时,有

$$\sum_{i=1}^{n}\frac{x_i^p-x_i}{x_i^{p+r-1}+\sum\limits_{j=1,j\neq i}^{n}x_j^r}\geqslant 0 \tag{5}$$

(2)当 $-\frac{1}{n-1}\leqslant p<1$ 且 $r\in\mathbf{R}$ 时,有

$$\sum_{i=1}^{n}\frac{x_i^p-x_i}{x_i^{p+r-1}+\sum\limits_{j=1,j\neq i}^{n}x_j^r}\leqslant 0 \tag{6}$$

**注记** 在命题1中取 $r=1$,由式(5)即得式(2). 在命题1中取 $x_i\to$

$x_i^2(i=1,2,\cdots,n)$，$p=\frac{n+2}{2}$，$r=1$，由式(5)可得式(3)．可见命题1是式(2)，(3)的统一推广.

**证明**　(1－1)当$1\leqslant p\leqslant 2+\frac{1}{n-1}$，$r\in\mathbf{R}$时，首先证明

$$\frac{x_i^p-x_i}{x_i^{p+r-1}+\sum\limits_{j=1,j\neq i}^{n}x_j^r}\geqslant\frac{x_i^{p-1}-1}{x_i^{p-2}\sum\limits_{j=1}^{n}x_j^r}=\frac{x_i-x_i^{2-p}}{\sum\limits_{j=1}^{n}x_j^r}\tag{7}$$

因为

$$\text{式(7)}\Leftrightarrow\Big(\sum_{j=1}^{n}x_j^r\Big)x_i^{p-1}(x_i^{p-1}-1)\geqslant\Big(x_i^{p+r-1}+\sum_{j=1,j\neq i}^{n}x_j^r\Big)(x_i^{p-1}-1)\Leftrightarrow$$

$$(x_i^{p-1}-1)\Big[\Big(\sum_{j=1}^{n}x_j^r\Big)x_i^{p-1}-\Big(x_i^{p+r-1}+\sum_{j=1,j\neq i}^{n}x_j^r\Big)\Big]\geqslant 0\Leftrightarrow$$

$$(x_i^{p-1}-1)^2\sum_{j=1,j\neq i}^{n}x_j^r\geqslant 0$$

后一式显然成立，所以式(7)成立.

对式(7)两边求和，有

$$\sum_{i=1}^{n}\frac{x_i^p-x_i}{x_i^{p+r-1}+\sum\limits_{j=1,j\neq i}^{n}x_j^r}\geqslant\sum_{i=1}^{n}\frac{x_i-x_i^{2-p}}{\sum\limits_{j=1}^{n}x_j^r}=\frac{1}{\sum\limits_{j=1}^{n}x_j^r}\Big(\sum_{i=1}^{n}x_i-\sum_{i=1}^{n}x_i^{2-p}\Big)$$

因此，要证式(5)，只需证明

$$\sum_{i=1}^{n}x_i\geqslant\sum_{i=1}^{n}x_i^{2-p}\tag{8}$$

为证式(8)，先证如下：

**引理**　设$x_i>0(i=1,2,\cdots,n)$，$n\geqslant 2$，$x_1x_2\cdots x_n\geqslant 1$，$-\frac{1}{n-1}\leqslant t\leqslant 1$，则

$$\sum_{i=1}^{n}x_i\geqslant\sum_{i=1}^{n}x_i^t\tag{9}$$

**证明**　① 当$t=0$时，由$x_1x_2\cdots x_n\geqslant 1$，知

$$\sum_{i=1}^{n}x_i\geqslant n\sqrt[n]{x_1x_2\cdots x_n}\geqslant n=\sum_{i=1}^{n}x_i^t$$

即式(9)成立；

② 当$1\geqslant t>0$时，由幂平均不等式，有

$$\frac{\sum\limits_{i=1}^{n}x_i}{n}\geqslant\left(\frac{\sum\limits_{i=1}^{n}x_i^t}{n}\right)^{\frac{1}{t}}\Leftrightarrow\left(\frac{\sum\limits_{i=1}^{n}x_i}{n}\right)^t\geqslant\frac{\sum\limits_{i=1}^{n}x_i^t}{n}$$

又
$$\frac{\sum_{i=1}^{n} x_i}{n} \geqslant \sqrt[n]{x_1x_2\cdots x_n} \geqslant 1, 0 < t \leqslant 1$$
所以
$$\frac{\sum_{i=1}^{n} x_i}{n} \geqslant \left(\frac{\sum_{i=1}^{n} x_i}{n}\right)^t \Rightarrow \frac{\sum_{i=1}^{n} x_i}{n} \geqslant \frac{\sum_{i=1}^{n} x_i^t}{n}$$
即式(9)成立.

③ 当 $-\frac{1}{n-1} \leqslant t < 0$ 时,因 $-t > 0$,又由 $x_1x_2\cdots x_n \geqslant 1$,有 $\frac{1}{x_i} \leqslant \prod_{j=1,j\neq i}^{n} x_j$,所以
$$x_i^t = \frac{1}{x_i^{-t}} \leqslant \left(\prod_{j=1,j\neq i}^{n} x_j\right)^{-t} = \prod_{j=1,j\neq i}^{n} x_j^{-t} \leqslant \frac{\sum_{j=1,j\neq i}^{n} x_j^{-(n-1)t}}{n-1} \Leftrightarrow$$
$$\sum_{i=1}^{n} x_i^t \leqslant \sum_{i=1}^{n} \frac{\sum_{j=1,j\neq i}^{n} x_j^{-(n-1)t}}{n-1} = \sum_{i=1}^{n} x_i^{-(n-1)t}$$
因为 $-\frac{1}{n-1} \leqslant t < 0$,所以 $0 \leqslant -(n-1)t \leqslant 1$,由②已证的结论有
$$\sum_{i=1}^{n} x_i \geqslant \sum_{i=1}^{n} x_i^{-(n-1)t} \Rightarrow \sum_{i=1}^{n} x_i \geqslant \sum_{i=1}^{n} x_i^{-(n-1)t} \geqslant \sum_{i=1}^{n} x_i^t$$
即式(9)成立,引理得证.

由 $1 \leqslant p \leqslant 2 + \frac{1}{n-1}$,有 $-\frac{1}{n-1} \leqslant 2-p \leqslant 1$,应用引理,得 $\sum_{i=1}^{n} x_i \geqslant \sum_{i=1}^{n} x_i^{2-p}$,即式(8)成立,因而式(5)成立.

(1-2) 当 $p \geqslant 2 + \frac{1}{n-1}$ 且 $r = 1$ 时,文[1]已证式(5).

(2) 当 $-\frac{1}{n-1} \leqslant p < 1$ 且 $r \in \mathbf{R}$ 时,因为
$$\frac{x_i^p - x_i}{x_i^{p+r-1} + \sum_{j=1,j\neq i}^{n} x_j^r} \leqslant \frac{x_i^p - x_i}{\sum_{j=1}^{n} x_j^r} \Leftrightarrow -x_i^r(x_i^{p-1}-1)^2 \leqslant 0$$
显然成立,所以
$$\frac{x_i^p - x_i}{x_i^{p+r-1} + \sum_{j=1,j\neq i}^{n} x_j^r} \leqslant \frac{x_i^p - x_i}{\sum_{j=1}^{n} x_j^r}$$
对 $i$ 求和有

$$\sum_{i=1}^{n}\frac{x_i^p-x_i}{x_i^{p+r-1}+\sum\limits_{j=1,j\neq i}^{n}x_j^r}\leqslant\sum_{i=1}^{n}\frac{x_i^p-x_i}{\sum\limits_{j=1}^{n}x_j^r}=\frac{\sum\limits_{i=1}^{n}x_i^p-\sum\limits_{i=1}^{n}x_i}{\sum\limits_{j=1}^{n}x_j^r}$$

因为 $-\frac{1}{n-1}\leqslant p<1$，由引理有 $\sum\limits_{i=1}^{n}x_i^p\leqslant\sum\limits_{i=1}^{n}x_i$，所以

$$\sum_{i=1}^{n}\frac{x_i^p-x_i}{x_i^{p+r-1}+\sum\limits_{j=1,j\neq i}^{n}x_j^r}\leqslant\frac{1}{\sum\limits_{j=1}^{n}x_j^r}\left(\sum_{i=1}^{n}x_i^p-\sum_{i=1}^{n}x_i\right)\leqslant 0$$

即当 $-\frac{1}{n-1}\leqslant p<1$ 且 $r\in\mathbf{R}$ 时，式(6)成立. 命题1得证.

**注** 当 $p\geqslant 2+\frac{1}{n-1}$，上面我们仅证明了当 $r=1$ 时，式(5)成立；当 $r$ 取其他实数时，式(5)是否成立是一个值得研究的问题.

**命题2** 设 $x_i>0(i=1,2,\cdots,n)$，$x_1x_2\cdots x_n\geqslant 1$，$p\geqslant 1$，$r\in\mathbf{R}$，则

$$\sum_{i=1}^{n}\frac{x_i^p-x_i}{x_i^{\frac{p+n-1}{n}+r}+\sum\limits_{j=1,j\neq i}^{n}x_j^r}\geqslant 0 \tag{10}$$

**注记** 在定理3中，取 $p=\frac{n+k}{k}$，$r=m$，$k,m\in\mathbf{R}$，$k,m\geqslant 0$，$x_i\to x_i^k(i=1,2,\cdots,n)$，由式(10)可得式(4). 可见，命题2是式(4)的推广.

**证明** 首先证明

$$\frac{x_i^p-x_i}{x_i^{\frac{p+n-1}{n}+r}+\sum\limits_{j=1,j\neq i}^{n}x_j^r}\geqslant\frac{x_i^{p-1}-1}{x_i^{\frac{p-1}{n}}\sum\limits_{j=1}^{n}x_j^r}=\frac{x_i^{\frac{(n-1)(p-1)}{n}}-\left(\frac{1}{x_i}\right)^{\frac{p-1}{n}}}{\sum\limits_{j=1}^{n}x_j^r} \tag{11}$$

因为

$$\text{式(11)}\Leftrightarrow x_i^{\frac{p-1}{n}}x_i(x_i^{p-1}-1)\sum_{j=1}^{n}x_j^r\geqslant(x_i^{p-1}-1)\left(x_i^{\frac{p+n-1}{n}+r}+\sum_{j=1,j\neq i}^{n}x_j^r\right)\Leftrightarrow$$

$$(x_i^{p-1}-1)(x_i^{\frac{n+p-1}{n}}-1)\sum_{j=1}^{n}x_j^r\geqslant 0 \tag{12}$$

由 $p\geqslant 1$，有 $p-1\geqslant 0$，$\frac{n+p-1}{n}\geqslant 0$，所以 $(x_i^{p-1}-1)(x_i^{\frac{n+p-1}{n}}-1)\geqslant 0$，即式(12)成立，因而式(11)成立.

对式(11)两边求和，得

$$\sum_{i=1}^{n}\frac{x_i^p-x_i}{x_i^{\frac{p+n-1}{n}+r}+\sum\limits_{j=1,j\neq i}^{n}x_j^r}\geqslant\frac{1}{\sum\limits_{j=1}^{n}x_j^r}\left[\sum_{i=1}^{n}x_i^{\frac{(n-1)(p-1)}{n}}-\sum_{i=1}^{n}\left(\frac{1}{x_i}\right)^{\frac{p-1}{n}}\right]$$

由 $x_1x_2\cdots x_n \geqslant 1$, $p \geqslant 1$ 及均值不等式,有

$$\left(\frac{1}{x_i}\right)^{\frac{p-1}{n}} \leqslant \left(\prod_{j=1,j\neq i}^{n} x_j\right)^{\frac{p-1}{n}} = \prod_{j=1,j\neq i}^{n} x_j^{\frac{p-1}{n}} \leqslant \frac{1}{n-1}\sum_{j=1,j\neq i}^{n} x_j^{\frac{(n-1)(p-1)}{n}}$$

求和得

$$\sum_{i=1}^{n}\left(\frac{1}{x_i}\right)^{\frac{p-1}{n}} \leqslant \frac{1}{n-1}\sum_{i=1}^{n}\left(\sum_{j=1,j\neq i}^{n} x_j^{\frac{(n-1)(p-1)}{n}}\right) = \sum_{i=1}^{n} x_i^{\frac{(n-1)(p-1)}{n}}$$

所以

$$\sum_{i=1}^{n}\frac{x_i^p - x_i}{x_i^{\frac{p+n-1}{n}+r} + \sum\limits_{j=1,j\neq i}^{n} x_j^r} \geqslant \frac{1}{\sum\limits_{j=1}^{n} x_j^r}\left[\sum_{i=1}^{n} x_i^{\frac{(n-1)(p-1)}{n}} - \sum_{i=1}^{n}\left(\frac{1}{x_i}\right)^{\frac{p-1}{n}}\right] \geqslant 0$$

即不等式(10) 成立. 命题 2 得证.

## 参考文献


[1] 蒋明斌. 第 46 届国际数学奥林匹亚试题三的证明、加强与推广[J]. 数学传播(121),2007,31(1).

[2] ZHANG Yun. A Simple Proof and Generalition of the Third Problem of the 46 IMO[J]. 数学教育(香港),2006(22).

[3] 李康海. $IMO_{46-3}$ 的推广与加强[J]. 中学数学研究(南昌),2006(8).

# 2005 年全国高中数学联赛加试第 2 题的溯源与解答

## 1 题　目

2005 年全中国高中数学联合竞赛加试第二题为[1]：

**题 1**　设正数 $a,b,c,x,y,z$ 满足 $cy+bz=a$，$az+cx=b$，$bx+ay=c$，求函数 $f(x,y,z)=\frac{x^2}{1+x}+\frac{y^2}{1+y}+\frac{z^2}{1+z}$ 的最小值.

本文拟探讨此题的背景与解法.

## 2 溯　源

从条件 $cy+bz=a$，$az+cx=b$，$bx+ay=c$ 很容易想到 $\triangle ABC$ 中的射影定理

$$c\cos B+b\cos C=a,a\cos C+c\cos A=b,b\cos A+a\cos B=c$$

事实上，直接由条件可求得

$$x=\frac{b^2+c^2-a^2}{2bc}>0,y=\frac{a^2+c^2-b^2}{2ac}>0,z=\frac{a^2+b^2-c^2}{2ab}>0$$

由余弦定理知，$x,y,z$ 可看作锐角 $\triangle ABC$ 三内角的余弦，因此，可令 $x=\cos A$，$y=\cos B$，$z=\cos C$，问题转化为：

**题 2**　在锐角 $\triangle ABC$ 中，求函数 $f=f(\cos A,\cos B,\cos C)=\frac{\cos^2 A}{1+\cos A}+\frac{\cos^2 B}{1+\cos B}+\frac{\cos^2 C}{1+\cos C}$ 的最小值.

由 $f$ 的对称性，可猜测，当 $A=B=C$ 时，$f$ 取最小值 $\frac{1}{2}$，问题又转化为：

**题 3**　在锐角 $\triangle ABC$ 中，求证

$$\frac{\cos^2 A}{1+\cos A}+\frac{\cos^2 B}{1+\cos B}+\frac{\cos^2 C}{1+\cos C}\geqslant\frac{1}{2}\tag{1}$$

当且仅当 $A=B=C=\frac{\pi}{3}$ 时，式(1)取等号.

为书写方便，用 $\sum$ 表示对 $a,b,c$ 的循环和，因为

$$f=\sum\frac{\cos^2 A}{1+\cos A}=\sum\frac{1-\sin^2 A}{2\cos^2\frac{A}{2}}=$$

$$\sum \frac{\sin^2 \frac{A}{2} + \cos^2 \frac{A}{2} - 4\sin^2 \frac{A}{2}\cos^2 \frac{A}{2}}{2\cos^2 \frac{A}{2}} =$$

$$1 + \frac{1}{2}\sum \tan^2 \frac{A}{2} - 2\sum \sin^2 \frac{A}{2} =$$

$$1 + \frac{1}{2}\sum \tan^2 \frac{A}{2} - 2\left(1 - 2\sin \frac{A}{2}\sin \frac{B}{2}\sin \frac{C}{2}\right) =$$

$$\frac{1}{2}\left(\sum \tan^2 \frac{A}{2} - 2 + 8\sin \frac{A}{2}\sin \frac{B}{2}\sin \frac{C}{2}\right) + \frac{1}{2}$$

所以不等式(1)等价于:

**命题1** 在锐角$\triangle ABC$中,有

$$\tan^2 \frac{A}{2} + \tan^2 \frac{B}{2} + \tan^2 \frac{C}{2} \geqslant 2 - 8\sin \frac{A}{2}\sin \frac{B}{2}\sin \frac{C}{2} \tag{2}$$

当且仅当$A = B = C$时,式(2)取等号.

实际上,不等式(2)对任意三角形都成立. 此不等式被称作 Garfunkel - Bankoff 不等式(简称为 G - B 不等式),它是1983年 Jack Garfunkel 在《Crux Mathematicorum》上提出[2]的一个猜想,1984年,Leon - Bankoff 指出式(2)等价于 O. Kooi 在1958年得到的不等式[3]

$$R(4R + r)^2 \geqslant 2s^2(2R - r) \tag{3}$$

其中,$R, r, s$分别为$\triangle ABC$的外接圆半径、内切圆半径及半周长(参见文[4]或[11:56]).

不等式(2),(3)就是本赛题的题源. 20世纪80年代末,浙江宁波大学陈计和王振两先生将此不等式介绍到国内后,曾一度掀起研究此不等式的热潮. 1988年10月,陈计和王振两先生在文[5]给出了式(2)的一个漂亮的代数证明:

利用三角形中的恒等式$\tan^2 \frac{A}{2} = \frac{(s-b)(s-c)}{s(s-a)}$,$\sin \frac{A}{2} = \sqrt{\frac{(s-b)(s-c)}{bc}}$等等,作代换

$$\begin{cases} b + c - a = x \\ c + a - b = y \\ a + b - c = z \end{cases} \Leftrightarrow \begin{cases} a = \frac{y+z}{2} \\ b = \frac{z+x}{2} \\ c = \frac{x+y}{2} \end{cases}$$

则式(3)等价于

$$\frac{yz}{(x+y+z)x}+\frac{zx}{(x+y+z)y}+\frac{xy}{(x+y+z)z}\geqslant 2-\frac{8xyz}{(y+z)(z+x)(x+y)} \tag{4}$$

由式(4) 的对称性,不妨设 $x\geqslant y\geqslant z>0$,则式(4) 的等价式

$$\frac{x^2(y-z)^2[(x^2-yz)(y+z)+x(y^2+z^2)]+y^2z^2(y+z)(x-y)(x-z)}{(x+y+z)xyz(y+z)(z+x)(x+y)}\geqslant 0 \tag{5}$$

显然成立.

1991 年6 月,湖南省绥宁县一中黄汉生先生在文[6] 用 Wolstenholme 不等式(也叫三角形内角嵌入不等式)[7:230]"在 $\triangle ABC$ 中,有

$$\lambda_1^2+\lambda_2^2+\lambda_3^2\geqslant 2\lambda_2\lambda_3\cos A+2\lambda_3\lambda_1\cos B+2\lambda_1\lambda_2\cos C \tag{6}$$"

给出了式(2) 的一个简单的证明:设 $\lambda_1=\tan\frac{A}{2},\lambda_2=\tan\frac{B}{2},\lambda_3=\tan\frac{C}{2}$,并注意到 $\sum\tan\frac{A}{2}\tan\frac{B}{2}=1$ 及 $\sum\sin A=4\cos\frac{A}{2}\cos\frac{B}{2}\cos\frac{C}{2}$,应用式(6),有

$$\sum\tan^2\frac{A}{2}\geqslant 2\sum\tan\frac{B}{2}\tan\frac{C}{2}\cos A=2\sum\tan\frac{B}{2}\tan\frac{C}{2}\left(1-2\sin^2\frac{A}{2}\right)=$$

$$2-4\sin\frac{A}{2}\sin\frac{B}{2}\sin\frac{C}{2}\sum\frac{\sin\frac{A}{2}}{\cos\frac{B}{2}\cos\frac{C}{2}}=$$

$$2-4\sin\frac{A}{2}\sin\frac{B}{2}\sin\frac{C}{2}\frac{\sum\sin A}{2\cos\frac{A}{2}\cos\frac{B}{2}\cos\frac{C}{2}}=$$

$$2-8\sin\frac{A}{2}\sin\frac{B}{2}\sin\frac{C}{2}$$

1991 年7 月,江西南昌职业技术师范学院陶平生先生(现为江西技术师范学院教授) 在文[8] 给出了 G - B 不等式(2) 的一个等价形式

**命题2** 在 $\triangle ABC$ 中,有

$$\frac{1+\cos 2A}{1+\cos A}+\frac{1+\cos 2B}{1+\cos B}+\frac{1+\cos 2C}{1+\cos C}\geqslant 1 \tag{7}$$

当且仅当 $A=B=C=\frac{\pi}{3}$ 时,式(7) 取等号.

很显然式(7) 就是式(1). 只是当时陶先生在证明式(7) 与 G - B 不等式(2) 等价时并没用我们前面介绍的三角变换,而是通过作代换 $u=\cot A,v=\cot B,w=\cot C$,将式(2) 和式(7) 均化为代数不等式而证得的. 那时陶先生正提出了"三角形不等式的一个证题系统"[9]:即对涉及三角形内角的不等式,作

代换 $u=\cot A, v=\cot B, w=\cot C$,化为代数不等式,并利用所建立的一些基本恒等式和一些基本不等式使问题获解. 上述竞赛题 1 的官方解答就是按这一思路给出的,笔者见到竞赛题 1 的这一解答后,联想到此题的上述背景,猜测此题的命题人应当为陶平生教授,后来证实此题的命题人确实为陶教授.

综上所述,竞赛题1 的命题思路为:将 G - B 不等式(2) 化为等价的三角不等式(1),再改为求最小值问题 2,最后通过射影定理 $c\cos B+b\cos C=a$, $a\cos C+c\cos A=b$, $b\cos A+a\cos B=c$ 将表达式中的 $\cos A, \cos B, \cos C$ 隐藏于条件 $cy+bz=a, az+cx=b, bx+ay=c$ 之中即得竞赛题 1.

## 3 解 答

### 3.1 官方解答

由前一节可知,只需解答题2,令 $u=\cot A, v=\cot B, w=\cot C, u,v,w\in\mathbf{R}^+$, $uv+vw+wu=1$,且 $u^2+1=(u+v)(u+w)$ 等等,那么

$$\frac{\cos^2 A}{1+\cos A}=\frac{\frac{u^2}{u^2+1}}{1+\frac{u}{\sqrt{u^2+1}}}=\frac{u^2}{\sqrt{u^2+1}(\sqrt{u^2+1}+u)}=$$

$$\frac{u^2(\sqrt{u^2+1}-u)}{\sqrt{u^2+1}}=u^2-\frac{u^3}{\sqrt{u^2+1}}=$$

$$u^2-\frac{u^3}{\sqrt{(u+v)(u+w)}}\geqslant u^2-\frac{u^3}{2}\left(\frac{1}{u+v}+\frac{1}{u+w}\right)$$

同理,有

$$\frac{\cos^2 B}{1+\cos B}\geqslant v^2-\frac{v^3}{2}\left(\frac{1}{v+w}+\frac{1}{v+u}\right)$$

$$\frac{\cos^2 c}{1+\cos c}\geqslant w^2-\frac{w^3}{2}\left(\frac{1}{w+u}+\frac{1}{w+v}\right)$$

则

$$f\geqslant u^2+v^2+w^2-\frac{1}{2}\left(\frac{u^3+v^3}{u+v}+\frac{v^3+w^3}{v+w}+\frac{w^3+u^3}{w+u}\right)=$$

$$\frac{1}{2}(uv+vw+wu)=\frac{1}{2}$$

当且仅当 $u=v=w$ 时,上式取等号,此时 $A=B=C=\frac{\pi}{3}$. 故当 $A=B=C=\frac{\pi}{3}$ 时,

$f$ 取小值$\frac{1}{2}$.

**评注** 命题人陶教授这一解法的基本思路来源于前面提到过的他的“三角形不等式的证题系统”(在近期的文献[10]中有详细的论述),如果不知道此题的前述背景,是很难想到的.

### 3.2 代数解法

本题为一代数问题,上述解法先将代数问题化为三角问题,又将三角问题化为代数问题,来回辗转,为何不直接用代数解法求解呢?有没有简捷的代数解法呢?回答是肯定的.

用$\sum$表示循环和,由条件得 $b(az+cx)+c(bx+ay)-a(cy+bz)=b^2+c^2-a^2$,即 $2bcx=b^2+c^2-a^2$,所以 $x=\dfrac{b^2+c^2-a^2}{2bc}$,同理 $y=\dfrac{c^2+a^2-b^2}{2ca}$,$z=\dfrac{a^2+b^2-c^2}{2ab}$,应用柯西不等式,有

$$f(x,y,z)=\sum\frac{x^2}{1+x}=\sum\frac{(b^2+c^2-a^2)^2}{4b^2c^2+2bc(b^2+c^2-a^2)}\geqslant$$

$$\frac{(a^2+b^2+c^2)^2}{4\sum b^2c^2+\sum 2bc(b^2+c^2-a^2)} \tag{8}$$

得到式(8)后,有三种处理方法:

**解法1** 用均值不等式将 $2bc$ 放大为 $b^2+c^2$,并注意到 $b^2+c^2-a^2>0$,有

$$4\sum b^2c^2+\sum 2bc(b^2+c^2-a^2)\leqslant$$

$$4\sum b^2c^2+\sum(b^2+c^2)(b^2+c^2-a^2)=$$

$$4\sum b^2c^2+\sum(b^4+c^4+2b^2c^2-a^2b^2-a^2c^2)=$$

$$4\sum b^2c^2+2(a^4+b^4+c^4)=2(a^2+b^2+c^2)^2 \tag{9}$$

因此

$$f(x,y,z)\geqslant\frac{(a^2+b^2+c^2)^2}{4\sum b^2c^2+\sum 2bc(b^2+c^2-a^2)}\geqslant$$

$$\frac{(a^2+b^2+c^2)^2}{2(a^2+b^2+c^2)^2}=\frac{1}{2}$$

并且式(9)中等号成立当且仅当 $a=b=c$,即 $x=y=z=\dfrac{1}{2}$,此时式(8)中等号成立,故当 $x=y=z=\dfrac{1}{2}$ 时,$f(x,y,z)$ 取最小值$\dfrac{1}{2}$.

**解法2** 直接证明

$$\frac{(a^2+b^2+c^2)^2}{4\sum b^2c^2+\sum 2bc(b^2+c^2-a^2)}\geqslant\frac{1}{2}$$

它等价于

$$a^4+b^4+c^4 \geqslant a^3b+a^3c+b^3a+b^3c+c^3a+c^3b-abc(a+b+c) \Leftrightarrow$$
$$a^2(a-b)(a-c)+b^2(b-c)(b-a)+c^2(c-a)(c-b) \geqslant 0 \quad (10)$$

由式(10)是对称的,不妨设 $a \geqslant b \geqslant c$,则 $c^2(c-a)(c-b) \geqslant 0$,有

$$a^2(a-b)(a-c)+b^2(b-c)(b-a)+c^2(c-a)(c-b) \geqslant$$
$$a^2(a-b)(a-c)-b^2(b-c)(a-b)=$$
$$(a-b)^2(b-c)(a+b) \geqslant 0$$

当且仅当 $a=b=c$,即 $x=y=z=\frac{1}{2}$ 时,等号成立,故当 $x=y=z=\frac{1}{2}$ 时,$f(x,y,z)$ 取最小值 $\frac{1}{2}$.

**注** 不等式(10)是 Schur 不等式[7:146]

$$a^{\alpha}(a-b)(a-c)+b^{\alpha}(b-c)(b-a)+a^{\alpha}(c-a)(c-b) \geqslant 0$$

其中 $a,b,c>0$,$\alpha \in \mathbf{R}$,当且仅当 $a=b=c$ 时,取等号 $\alpha=2$ 的情形.

**解法3** 由前一节知,可设 $x=\cos A$,$y=\cos B$,$z=\cos C$,$a,b,c$ 分别为锐角 $\triangle ABC$ 内角 $A,B,C$ 所对的边,由余弦定理,有

$$4\sum b^2c^2+\sum 2bc(b^2+c^2-a^2)=4\sum b^2c^2+4\sum b^2c^2\cos A$$

在三角形内角嵌入不等式(6)中取 $\lambda_1=a^2$,$\lambda_2=b^2$,$\lambda_3=c^2$,有

$$4\sum b^2c^2+4\sum b^2c^2\cos A \leqslant 4\sum b^2c^2+2(a^4+b^4+c^4)=2(a^2+b^2+c^2)^2$$

即

$$4\sum b^2c^2+\sum 2bc(b^2+c^2-a^2) \leqslant 2(a^2+b^2+c^2)^2$$

以下同法1.

### 3.3 三角解法

按前面第2节所介绍的,先把问题1化为问题2,再转化为证明不等式(1),又将不等式(1)化为等价的不等式(2),再用三角形内角嵌入不等式(6)证明不等式(2).这样得到的就是一种三角解法,这里从略.

另一种三角解法是将不等式(1)化为关于 $R,r,s$ 的不等式,其中,$R,r,s$ 分别为 $\triangle ABC$ 的外接圆半径、内切圆半径、半周长.

由前面第2节的计算知,需证

$$f=\sum \frac{\cos^2 A}{1+\cos A}=\frac{1}{2}\sum \tan^2\frac{A}{2}+4\sin\frac{A}{2}\sin\frac{B}{2}\sin\frac{C}{2}-\frac{1}{2} \geqslant \frac{1}{2} \quad (11)$$

由三角形中的恒等式,$r=4R\sin\frac{A}{2}\sin\frac{B}{2}\sin\frac{C}{2}$,$s=4R\cos\frac{A}{2}\cos\frac{B}{2}\cos\frac{C}{2}$,有

$$\sin\frac{A}{2}\sin\frac{B}{2}\sin\frac{C}{2}=\frac{r}{4R}$$

$$\sum\tan\frac{A}{2}=\frac{1+\sin\frac{A}{2}\sin\frac{B}{2}\sin\frac{C}{2}}{\cos\frac{A}{2}\cos\frac{B}{2}\cos\frac{C}{2}}=\frac{1+\frac{r}{4R}}{\frac{s}{4R}}=\frac{4R+r}{s}$$

又$\sum\tan\frac{A}{2}\tan\frac{B}{2}=1$,所以

$$\sum\tan^2\frac{A}{2}=\left(\sum\tan\frac{A}{2}\right)^2-2\sum\tan\frac{B}{2}\tan\frac{C}{2}=\left(\frac{4R+r}{s}\right)^2-2$$

代入知

$$\text{式}(11)\Leftrightarrow\frac{1}{2}\left(\frac{4R+r}{s}\right)^2-1+\frac{r}{R}\geqslant 1\Leftrightarrow R(4R+r)^2\geqslant 2s^2(2R-r)\quad(12)$$

由$R\geqslant 2r$[11:53]及$s^2\leqslant 2R^2+10Rr-r^2+2(R-2r)\sqrt{R^2-2Rr}$[11:60],要证式(12),只需证

$$16R^3+8R^2r+Rr^2\geqslant(4R-2r)[2R^2+10Rr-r^2+2(R-2r)\sqrt{R^2-2Rr}]\Leftrightarrow$$

$$(R-2r)(8R^2-12Rr+r^2)\geqslant 4(2R-r)(R-2r)\sqrt{R(R-2r)}\Leftrightarrow$$

$$(R-2r)^2(8R^2-12Rr+r^2)^2\geqslant 16R(2R-r)^2(R-2r)^3\Leftrightarrow$$

$$(R-2r)^2(16R^2r^2+8Rr^3+r^4)\geqslant 0$$

后一不等式显然成立,所以,不等式(11)成立,当且仅当$A=B=C=\frac{\pi}{3}$时,式(11)取等号,故当$x=y=z=\frac{1}{2}$时,$f(x,y,z)$取最小值$\frac{1}{2}$.

## 4 纠正两个错解

文[12]试图给出此题的一个简解,其大致过程为:先构造随机变量$\xi$的分布列如下:

| $\xi$ | $\frac{x}{1+x}$ | $\frac{y}{1+y}$ | $\frac{z}{1+z}$ |
|---|---|---|---|
| $P$ | $\frac{1+x}{3(x+y+z)}$ | $\frac{1+y}{3(x+y+z)}$ | $\frac{1+z}{3(x+y+z)}$ |

经计算得:$E\xi=\frac{1}{3}$,$E\xi^2=\frac{1}{3(x+y+z)}$,又由方差公式

$$D\xi=\left(\frac{x}{1+x}-E\xi\right)^2\left[\frac{1+x}{3(x+y+z)}\right]+$$

$$\left(\frac{y}{1+y}-E\xi\right)^2\left[\frac{1+y}{3(x+y+z)}\right]+$$

$$\left(\frac{z}{1+z}-E\xi\right)^2\left[\frac{1+z}{3(x+y+z)}\right]$$

可得 $D\xi=E\xi^2-(E\xi)^2\geqslant 0$,即得 $E\xi^2\geqslant(E\xi)^2$. 当且仅当$\frac{x}{1+x}=\frac{y}{1+y}=\frac{z}{1+z}$时,等号成立,所以

$$\frac{1}{3(x+y+z)}\left(\frac{x^2}{1+x}+\frac{y^2}{1+y}+\frac{z^2}{1+z}\right)\geqslant\frac{1}{9}$$

即

$$f(x,y,z)=\frac{x^2}{1+x}+\frac{y^2}{1+y}+\frac{z^2}{1+z}\geqslant\frac{x+y+z}{3}\tag{13}$$

最后由此得出,当且仅当 $x=y=z=\frac{1}{2}$ 时,$f(x,y,z)$ 取最小值$\frac{1}{2}$.

上述解法显然是错误的,其一,在构造随机变量的概率分布时,已默认 $x+y+z=\frac{3}{2}$,这是由题目条件得不到的;其二,由不等式(13)并不能说明$f(x,y,z)$的最小值为$\frac{1}{2}$,按函数最小值的意义,$f(x,y,z)$ 取最小值$\frac{1}{2}$ 必须且只需满足:$f(x,y,z)\geqslant\frac{1}{2}$ 且存在$x_0,y_0,z_0$ 使$f(x_0,y_0,z_0)=\frac{1}{2}$,而上述解法并未证明$f(x,y,z)\geqslant\frac{1}{2}$,也就默认了 $x+y+z\geqslant\frac{3}{2}$ 成立,但在题设条件下这是不成立的,而应有 $x+y+z\leqslant\frac{3}{2}$. 事实上,由条件得,$b(az+cx)+c(bx+ay)-a(cy+bz)=b^2+c^2-a^2$,即 $2bcx=b^2+c^2-a^2$,所以 $x=\frac{b^2+c^2-a^2}{2bc}$,同理 $y=\frac{c^2+a^2-b^2}{2ca}$,$z=\frac{a^2+b^2-c^2}{2ab}$,由此及$x,y,z$为正数,可设 $a,b,c$ 为锐角 $\triangle ABC$ 的三边长,因此 $x=\cos A,y=\cos B,z=\cos C$,由熟知的不等式有 $\cos A+\cos B+\cos C\leqslant\frac{3}{2}$,即 $x+y+z\leqslant\frac{3}{2}$. 这进一步说明利用不等式(13)求不出$f(x,y,z)$的最小值,因为从放缩的角度看,利用式(13)把"$\frac{x^2}{1+x}+\frac{y^2}{1+y}+\frac{z^2}{1+z}$"缩小为"$\frac{x+y+z}{3}$",显然已缩过了头.

根据以上分析可知,文[12]利用概率方法造出来的不等式(13)是一个很弱的不等式,弱于$f(x,y,z)\geqslant\frac{1}{2}$,即有

$$f(x,y,z)=\frac{x^2}{1+x}+\frac{y^2}{1+y}+\frac{z^2}{1+z}\geqslant\frac{1}{2}\geqslant\frac{x+y+z}{3}$$

文[13]试图用柯西不等式及函数单调性给出一个解答,此解答也是错误的.

文[13]的解答大致为:将问题转化为在锐角 $\triangle ABC$ 中,求函数

$$f(\cos A,\cos B,\cos C)=\frac{\cos^2 A}{1+\cos A}+\frac{\cos^2 B}{1+\cos B}+\frac{\cos^2 C}{1+\cos C}$$

的最小值.

由柯西不等式,得

$$f(\cos A,\cos B,\cos C)\geqslant\frac{(\cos A+\cos B+\cos C)^2}{3+\cos A+\cos B+\cos C}$$

令 $t=\cos A+\cos B+\cos C$,则 $0<t\leqslant\frac{3}{2}$,$h(t)=\frac{t^2}{3+t}\left(0<t\leqslant\frac{3}{2}\right)$. 令 $u=t+3$,则 $3<u\leqslant\frac{9}{2}$,$h(t)=g(u)=u+\frac{9}{u}-6\left(3<u\leqslant\frac{9}{2}\right)$,然后由 $g(u)$ 在 $\left(3,\frac{9}{2}\right]$ 上单调递增,得出 $g(u)=g\left(\frac{9}{2}\right)=\frac{1}{2}$(以下略).

由此不难看出,由 $g(u)$ 在 $\left(3,\frac{9}{2}\right]$ 上单调递增,得出的应为 $g(u)$ 的最大值为 $\frac{1}{2}$,所以,上述解答只能得到

$$f(\cos A,\cos B,\cos C)\geqslant\frac{(\cos A+\cos B+\cos C)^2}{3+\cos A+\cos B+\cos C}$$

及

$$\frac{(\cos A+\cos B+\cos C)^2}{3+\cos A+\cos B+\cos C}\leqslant\frac{1}{2}$$

得不出 $f(\cos A,\cos B,\cos C)\geqslant\frac{1}{2}$. 说明在用柯西不等式时,把 $f(\cos A,\cos B,\cos C)$ 放缩得过小,即"放缩过了头".

那么能否用柯西不等式解上述问题呢? 题是可以用柯西不等式解答的,在 3.2 中的解法 1 就是用柯西不等式给出的解答. 这里用柯西不等式有一个时机问题,上述错解就是时机没掌握好,用得过早.

## 参考文献

[1] 2005 年全国高中数学联赛[J]. 中等数学,2005(12).

[2] Problem 825 (Propesed by J. Garfunkel Solution by L. Bankoff) [J]. Crux Mathematicorum,1984(10):5,168.

[3] KOOI O. Simon Stevin[M]. 1958(32):97-101.

[4] BOTTEMA O, et al. Geometric Inequalities[M]. Wolter-noordhoff. Qroningen,1969.

[5] 陈计，王振. Garfunkel-Bankoff 不等式的一个证明[J]. 数学通讯，1988(10).
[6] 黄汉生. 简证$\tan^2\frac{A}{2}+\tan^2\frac{B}{2}+\tan^2\frac{C}{2}\geqslant 2-8\sin\frac{A}{2}\sin\frac{B}{2}\sin\frac{C}{2}$[J]. 数学通讯,1991(6).
[7] 匡继昌. 常用不等式(第三版)[M]. 济南:山东科学技术出版社,2004.
[8] 陶平生. Garfunkel-Bankoff 不等式的一个等价命题[J]. 数学通讯，1991(7).
[9] 陶平生. 三角形不等式的一个证题系统. 中国初等数学研究文集[M]. 郑州:河南教育出版社,1992.
[10] 陶平生. 三角形结构中的一个解题系统[J]. 中等数学,2007(4) ~ 2007(5).
[11] BOTTEMA O,等. 几何不等式([4] 的中译本)[M]. 北京:北京大学出版社,1999.
[12] 王立新. 一道联赛加试题的构造性简解[J]. 中学数学教学参考，2006(7).
[13] 徐智愚. “函数单调性” 在不等式竞赛题中的妙用[J]. 上海中学数学，2008(4).

# 一道国家集训队考试题的证明与推广

## 1 引 言

2006 年国家集训队考试(三)第二题为:设 $x_i > 0(i = 1,2,\cdots,n)$,且 $\sum_{i=1}^{n} x_i = 1$,则

$$\left(\sum_{i=1}^{n} \sqrt{x_i}\right) \sum_{i=1}^{n} \frac{1}{\sqrt{1 + x_i}} \leqslant \frac{n^2}{\sqrt{n + 1}} \tag{1}$$

这是把初等数学研究成果用于数学竞赛的一个范例.

2002 年 8 月邢进喜在《数学通报》问题栏提出了(问题 1 338)[1]:设 $x, y > 0$,且 $x + y = 1$,则

$$(\sqrt{x} + \sqrt{y})\left(\frac{1}{\sqrt{1 + x}} + \frac{1}{\sqrt{1 + y}}\right) \leqslant \frac{4}{\sqrt{3}} \tag{2}$$

2004 年 2 月福建的吴善和、北京的石焕南给出了式(1)的三元情形[2]:设 $x,y,z > 0$,且 $x + y + z = 1$,则

$$(\sqrt{x} + \sqrt{y} + \sqrt{z})\left(\frac{1}{\sqrt{1 + x}} + \frac{1}{\sqrt{1 + y}} + \frac{1}{\sqrt{1 + z}}\right) \leqslant \frac{9}{2} \tag{3}$$

并在文末提出了 $n$ 元推广(猜想):设 $x_i > 0(i = 1,2,\cdots,n)$,且 $\sum_{i=1}^{n} x_i = 1$,则

$$\left(\sum_{i=1}^{n} \sqrt{x_i}\right) \sum_{i=1}^{n} \frac{1}{\sqrt{1 + x_i}} \leqslant \frac{n^2}{\sqrt{n + 1}} \tag{4}$$

2004 年 8 月舒金根在文[3],[4]中证明了猜想不等式(4)是成立的. 显然前述试题就是不等式(4). 此外,文[5]给出了式(1)左边的下界:设 $x,y > 0$,且 $x + y = 1$,则

$$(\sqrt{x} + \sqrt{y})\left(\frac{1}{\sqrt{1 + x}} + \frac{1}{\sqrt{1 + y}}\right) > 1 + \frac{1}{\sqrt{2}} \tag{5}$$

文[6]考虑了式(5)的指数推广,得到:设 $x,y > 0$,且 $x + y = 1, k \in \mathbf{N}, k > 0$,则

$$(\sqrt[k]{x} + \sqrt[k]{y})\left(\frac{1}{\sqrt[k]{1 + x}} + \frac{1}{\sqrt[k]{1 + y}}\right) > 1 + \frac{1}{\sqrt[k]{2}} \tag{6}$$

$$(\sqrt[k]{x} + \sqrt[k]{y})\left[\frac{1}{\sqrt[k]{1 + (k - 1)x}} + \frac{1}{\sqrt[k]{1 + (k - 1)y}}\right] > 1 + \frac{1}{\sqrt[k]{2}} \tag{7}$$

本文首先给出式(1) 的一个证明,然后给出上述几个不等式的推广.

## 2 证 明

本题命题者提供的参考解答过程复杂且不易想到,下面先用柯西不等式给出一个简证.

**证明1** 设 $1+x_i=y_i$,则 $x_i=y_i-1$, $y_i>1(i=1,2,\cdots,n)$, $\sum_{i=1}^{n}y_i=n+1$,则原不等式等价于

$$\left(\sum_{i=1}^{n}\sqrt{y_i-1}\right)\left(\sum_{i=1}^{n}\frac{1}{\sqrt{y_i}}\right)\leqslant\frac{n^2}{\sqrt{n+1}} \tag{8}$$

由柯西不等式有

$$\sqrt{y_1-1}\cdot\frac{1}{\sqrt{n}}+\sqrt{y_2-1}\cdot\frac{1}{\sqrt{n}}+\sqrt{y_3-1}\cdot\frac{1}{\sqrt{n}}+\cdots+\sqrt{y_n-1}\cdot\frac{1}{\sqrt{n}}\leqslant$$

$$\sqrt{\left[\frac{1}{n}+y_2+y_3+\cdots+y_n-(n-1)\right]\left(y_1-1+\frac{n-1}{n}\right)}=$$

$$\sqrt{\left(\frac{1}{n}+n+1-y_1-n+1\right)\left(y_1-\frac{1}{n}\right)}=\sqrt{-y_1{}^2+\frac{2(n+1)}{n}y_1-\frac{2n+1}{n^2}}$$

所以

$$\frac{\sum_{i=1}^{n}\sqrt{y_i-1}}{\sqrt{y_1}}\leqslant\sqrt{n}\sqrt{-y_1+\frac{2}{n}(n+1)-\frac{2n+1}{n^2}\frac{1}{y_1}}$$

同理,有

$$\frac{\sum_{i=1}^{n}\sqrt{y_i-1}}{\sqrt{y_1}}\leqslant\sqrt{n}\sqrt{-y_2+\frac{2}{n}(n+1)-\frac{2n+1}{n^2}\frac{1}{y_2}}$$

$$\vdots$$

$$\frac{\sum_{i=1}^{n}\sqrt{y_i-1}}{\sqrt{y_1}}\leqslant\sqrt{n}\sqrt{-y_n+\frac{2}{n}(n+1)-\frac{2n+1}{n^2}\frac{1}{y_n}}$$

相加并应用柯西不等式,有

$$\left(\sum_{i=1}^{n}\sqrt{y_i-1}\right)\left(\sum_{i=1}^{n}\frac{1}{\sqrt{y_i}}\right)\leqslant$$

$$\sqrt{n}\sum_{i=1}^{n}\sqrt{-y_i+\frac{2}{n}(n+1)-\frac{2n+1}{n^2}\frac{1}{y_i}}\leqslant$$

$$\sqrt{n}\cdot\sqrt{n}\sqrt{\sum_{i=1}^{n}\left[-y_i+\frac{2}{n}(n+1)-\frac{2n+1}{n^2}\frac{1}{y_i}\right]}=$$

$$n\sqrt{-(n+1)+2(n+1)-\frac{2n+1}{n^2}\sum_{i=1}^{n}\frac{1}{y_i}}=$$

$$n\sqrt{n+1-\frac{(2n+1)}{n^2}\sum_{i=1}^{n}\frac{1}{y_i}}$$

由柯西不等式有

$$\sum_{i=1}^{n}\frac{1}{y_i}\geqslant\frac{n^2}{\sum_{i=1}^{n}y_i}=\frac{n^2}{n+1}$$

所以

$$\left(\sum_{i=1}^{n}\sqrt{y_i-1}\right)\left(\sum_{i=1}^{n}\frac{1}{\sqrt{y_i}}\right)\leqslant n\sqrt{n+1-\frac{(2n+1)}{n^2}\sum_{i=1}^{n}\frac{1}{y_i}}\leqslant$$

$$n\sqrt{n+1-\frac{2n+1}{n^2}\cdot\frac{n^2}{n+1}}=\frac{n^2}{\sqrt{n+1}}$$

即式(8)成立,故原不等式成立.

下面来分析命题者提供的证明思路.

**证明2** 考虑去掉式(1)左边的根号,令 $x_i=\tan^2\theta_i,\theta_i\in\left(0,\frac{\pi}{2}\right),i=1,2,\cdots,n,n\geqslant 2$,则 $\sum_{i=1}^{n}\tan^2\theta_i=1$,不等式(1)等价于

$$\left(\sum_{i=1}^{n}\tan\theta_i\right)\left(\sum_{i=1}^{n}\cos\theta_i\right)\leqslant\frac{n^2}{\sqrt{n+1}}\tag{9}$$

记 $t=\sum_{i=1}^{n}\tan\theta_i,s=\sum_{i=1}^{n}\frac{1}{\cos\theta_i}$,先用 $s,t$ 的表达式将 $\sum_{i=1}^{n}\cos\theta_i$ 适当放大,注意到

$$\sum_{i=1}^{n}\cos\theta_i=\sum_{i=1}^{n}\frac{1-\sin^2\theta_i}{\cos\theta_i}=\sum_{i=1}^{n}\frac{1}{\cos\theta_i}-\sum_{i=1}^{n}\frac{\tan^2\theta_i}{\frac{1}{\cos\theta_i}}=s-\sum_{i=1}^{n}\frac{\tan^2\theta_i}{\frac{1}{\cos\theta_i}}$$

由柯西不等式,有

$$\sum_{i=1}^{n}\frac{\tan^2\theta_i}{\frac{1}{\cos\theta_i}}\geqslant\frac{\left(\sum_{i=1}^{n}\tan\theta_i\right)^2}{\sum_{i=1}^{n}\frac{1}{\cos\theta_i}}=\frac{t^2}{s}$$

所以 $\sum_{i=1}^{n}\cos\theta_i\leqslant s-\frac{t^2}{s}$,要证式(9),只需证

$$\left(s-\frac{t^2}{s}\right)t\leqslant\frac{n^2}{\sqrt{n+1}}\tag{10}$$

再对 $s,t$ 的上界作出估计,注意到 $\sum_{i=1}^{n}\tan^2\theta_i=1$,由柯西不等式有

$$s=\sum_{i=1}^{n}\frac{1}{\cos\theta_i}=\sum_{i=1}^{n}\sqrt{1+\tan^2\theta_i}\leqslant$$

$$\sqrt{n\sum_{i=1}^{n}(1+\tan^2\theta_i)}=\sqrt{n(n+1)}$$

$$\frac{\sqrt{n+1}}{\cos\theta_i}=\sqrt{(n+1)(1+\tan^2\theta_i)}=$$

$$\sqrt{(n+1)(\sum_{i=1}^{n}\tan^2\theta_i+\tan^2\theta_i)}\geqslant$$

$$\sum_{i=1}^{n}\tan\theta_i+\tan\theta_i=t+\tan\theta_i$$

求和有

$$s=\sum_{i=1}^{n}\frac{1}{\cos\theta_i}\geqslant\frac{1}{\sqrt{n+1}}(nt+\sum_{i=1}^{n}\tan\theta_i)=\frac{1}{\sqrt{n+1}}(n+1)t=\sqrt{n+1}\,t$$

所以

$$t\leqslant\frac{s}{\sqrt{n+1}}\leqslant\frac{\sqrt{n(n+1)}}{\sqrt{n+1}}=\sqrt{n}$$

由 $s-\frac{t^2}{s}$ 在 $(0,+\infty)$ 是 $s$ 的增函数,且 $s\leqslant\sqrt{n(n+1)}$,有

$$s-\frac{t^2}{s}\leqslant\sqrt{n(n+1)}-\frac{t^2}{\sqrt{n(n+1)}}=\frac{n(n+1)-t^2}{\sqrt{n(n+1)}}$$

因此要证式(10),只需证

$$\frac{n(n+1)-t^2}{\sqrt{n(n+1)}}t\leqslant\frac{n^2}{\sqrt{n+1}}\Leftrightarrow$$

$$t^3-n(n+1)t+n^2\sqrt{n}\geqslant 0\Leftrightarrow$$

$$(t-\sqrt{n})(t^2+\sqrt{n}t-n^2)\geqslant 0 \tag{11}$$

由 $t\leqslant\sqrt{n}$,$t^2+\sqrt{n}t-n^2\leqslant(\sqrt{n})^2+\sqrt{n}\sqrt{n}-n^2=n(2-n)\leqslant 0$ 知式(11)成立,故原不等式得证.

## 3 推 广

下面给出式(1),(5),(6),(7)的加权及指数推广.

**定理1** 设 $x_i>0(i=1,2,\cdots,n)$,$2\leqslant n\in\mathbf{N}$,且满足 $\sum_{i=1}^{n}x_i=1$,$m\geqslant 2$,$m\in\mathbf{N}$,有:

(1) 若$0 < \lambda \leqslant \frac{n}{n-1}$,则

$$\left(\sum_{i=1}^{n}\sqrt[m]{x_i}\right)\sum_{i=1}^{n}\frac{1}{\sqrt[m]{1+\lambda x_i}} \leqslant \frac{n^2}{\sqrt[m]{n+\lambda}} \tag{12}$$

(2) 若$0 < \lambda \leqslant m$,则

$$\left(\sum_{i=1}^{n}\sqrt[m]{x_i}\right)\sum_{i=1}^{n}\frac{1}{\sqrt[m]{1+\lambda x_i}} > n-1+\frac{1}{\sqrt[m]{1+\lambda}} \tag{13}$$

**证明** (1) 用数学归纳法证,对$m$作归纳.

1) 当$m=2$时,由柯西不等式有

$$\sqrt{x_1}\cdot\frac{1}{\sqrt{n}}+\sqrt{x_2}\cdot\frac{1}{\sqrt{n}}+\sqrt{x_3}\cdot\frac{1}{\sqrt{n}}+\cdots+\sqrt{x_n}\cdot\frac{1}{\sqrt{n}} \leqslant$$

$$\sqrt{\left(\frac{1}{n}+x_2+x_3+\cdots+x_n\right)\left(x_1+\frac{n-1}{n}\right)} =$$

$$\sqrt{\left(\frac{1}{n}+1-x_1\right)\left(x_1+\frac{n-1}{n}\right)} = \sqrt{-x_1^2+\frac{2}{n}x_1+\frac{n^2-1}{n^2}}$$

即

$$\sum_{i=1}^{n}\sqrt{x_i} \leqslant \sqrt{n}\cdot\sqrt{-x_1^2+\frac{2}{n}x_1+\frac{n^2-1}{n^2}}$$

令$1+\lambda x_i=y_i(i=1,2,\cdots,n)$,则$x_i=\frac{y_i-1}{\lambda}$,$y_i>1(i=1,2,\cdots,n)$,$\sum_{i=1}^{n}y_i=n+\lambda$,且

$$\frac{\sum_{i=1}^{n}\sqrt{x_i}}{\sqrt{1+\lambda x_1}} \leqslant \frac{\sqrt{n}}{\sqrt{y_1}}\cdot\sqrt{-\left(\frac{y_1-1}{\lambda}\right)^2+\frac{2}{n}\cdot\frac{y_1-1}{\lambda}+\frac{n^2-1}{n^2}} =$$

$$\frac{\sqrt{n}}{\lambda}\sqrt{-y_1+\frac{2(n+\lambda)}{n}+\frac{(n^2-1)\lambda^2-2n\lambda-n^2}{n^2}\cdot\frac{1}{y_1}}$$

同理,有

$$\frac{\sum_{i=1}^{n}\sqrt{x_i}}{\sqrt{1+\lambda x_2}} \leqslant \frac{\sqrt{n}}{\lambda}\cdot\sqrt{-y_2+\frac{2(n+\lambda)}{n}+\frac{(n^2-1)\lambda^2-2n\lambda-n^2}{n^2}\cdot\frac{1}{y_2}}$$

$$\vdots$$

$$\frac{\sum_{i=1}^{n}\sqrt{x_i}}{\sqrt{1+\lambda x_n}} \leqslant \frac{\sqrt{n}}{\lambda}\cdot\sqrt{-y_n+\frac{2(n+\lambda)}{n}+\frac{(n^2-1)\lambda^2-2n\lambda-n^2}{n^2}\cdot\frac{1}{y_n}}$$

将这$n$个不等式相加,并应用柯西不等式,有

$$\left(\sum_{i=1}^{n}\sqrt{x_i}\right)\sum_{i=1}^{n}\frac{1}{\sqrt{1+\lambda x_n}} \leqslant$$

$$\frac{\sqrt{n}}{\lambda}\cdot\sum_{i=1}^{n}\sqrt{-y_i+\frac{2(n+\lambda)}{n}+\frac{(n^2-1)\lambda^2-2n\lambda-n^2}{n^2}\cdot\frac{1}{y_i}}\leqslant$$

$$\frac{\sqrt{n}}{\lambda}\cdot\sqrt{n}\sqrt{\sum_{i=1}^{n}\left[-y_i+\frac{2(n+\lambda)}{n}+\frac{(n^2-1)\lambda^2-2n\lambda-n^2}{n^2}\cdot\frac{1}{y_i}\right]}=$$

$$\frac{\sqrt{n}}{\lambda}\cdot\sqrt{n}\sqrt{-\sum_{i=1}^{n}y_i+2(n+\lambda)+\frac{(n^2-1)\lambda^2-2n\lambda-n^2}{n^2}\cdot\sum_{i=1}^{n}\frac{1}{y_i}}=$$

$$\frac{n}{\lambda}\cdot\sqrt{n+\lambda+\frac{(n^2-1)\lambda^2-2n\lambda-n^2}{n^2}\cdot\sum_{i=1}^{n}\frac{1}{y_i}}$$

又由柯西不等式,有

$$\sum_{i=1}^{n}\frac{1}{y_i}\geqslant\frac{n^2}{\sum_{i=1}^{n}y_i}=\frac{n^2}{n+\lambda}$$

由已知$0<\lambda\leqslant\frac{n}{n-1}$,知

$$\frac{(n^2-1)\lambda^2-2n\lambda-n^2}{n^2}=\frac{[(n-1)\lambda-n][(n+1)\lambda+n]}{n^2}\leqslant 0$$

所以

$$\frac{(n^2-1)\lambda^2-2n\lambda-n^2}{n^2}\cdot\sum_{i=1}^{n}\frac{1}{y_i}\leqslant\frac{(n^2-1)\lambda^2-2n\lambda-n^2}{n^2}\cdot\frac{n^2}{n+\lambda}=\frac{(n^2-1)\lambda^2-2n\lambda-n^2}{n+\lambda}$$

因此

$$\left(\sum_{i=1}^{n}\sqrt{x_i}\right)\sum_{i=1}^{n}\frac{1}{\sqrt{1+\lambda x_n}}\leqslant\frac{n}{\lambda}\cdot\sqrt{n+\lambda+\frac{(n^2-1)\lambda^2-2n\lambda-n^2}{n+\lambda}}=\frac{n}{\lambda}\cdot\frac{n\lambda}{\sqrt{n+\lambda}}=\frac{n^2}{\sqrt{n+\lambda}}$$

即当$m=2$时不等式(12)成立.

2)假设$m=k(k\geqslant 2)$时不等式(12)成立,即有

$$\left(\sum_{i=1}^{n}\sqrt[k]{x_i}\right)\sum_{i=1}^{n}\frac{1}{\sqrt[k]{1+\lambda x_i}}\leqslant\frac{n^2}{\sqrt[k]{n+\lambda}}\tag{14}$$

下面证明当$m=k+1$时,不等式(12)也成立.

首先应用幂平均不等式:"设$a_i>0(i=1,2,\cdots,n)$,则当$\alpha>\beta$时,有

$$\left(\frac{\sum_{i=1}^{n}a_i^{\alpha}}{n}\right)^{\frac{1}{\alpha}}\geqslant\left(\frac{\sum_{i=1}^{n}a_i^{\beta}}{n}\right)^{\frac{1}{\beta}}\tag{*}$$

且等号成立的充要条件为 $a_1=a_2=\cdots=a_n$”,有

$$\left(\frac{\sum_{i=1}^{n}a_i^{\alpha}}{n}\right)^{\frac{1}{\alpha}}\geqslant\frac{\sum_{i=1}^{n}a_i}{n}(a_i>0,\alpha\geqslant 1)\Leftrightarrow$$

$$\left(\sum_{i=1}^{n}a_i\right)^{\alpha}\leqslant n^{\alpha-1}\sum_{i=1}^{n}a_i^{\alpha}(a_i>0,\alpha\geqslant 1)\qquad(15)$$

应用式(15)可得

$$\left(\sum_{i=1}^{n}\sqrt[k+1]{x_i}\right)^{\frac{k+1}{k}}\leqslant n^{\frac{k+1}{k}-1}\sum_{i=1}^{n}\left(\sqrt[k+1]{x_i}\right)^{\frac{k+1}{k}}=n^{\frac{1}{k}}\sum_{i=1}^{n}\sqrt[k]{x_i}\Leftrightarrow$$

$$\sum_{i=1}^{n}\sqrt[k+1]{x_i}\leqslant n^{\frac{1}{k+1}}\left(\sum_{i=1}^{n}\sqrt[k]{x_i}\right)^{\frac{k}{k+1}}\qquad(16)$$

$$\left(\sum_{i=1}^{n}\frac{1}{\sqrt[k+1]{1+\lambda x_i}}\right)^{\frac{k+1}{k}}\leqslant n^{\frac{k+1}{k}-1}\sum_{i=1}^{n}\left(\frac{1}{\sqrt[k+1]{1+\lambda x_i}}\right)^{\frac{k+1}{k}}=n^{\frac{1}{k}}\sum_{i=1}^{n}\frac{1}{\sqrt[k]{1+\lambda x_i}}\Leftrightarrow$$

$$\sum_{i=1}^{n}\frac{1}{\sqrt[k+1]{1+\lambda x_i}}\leqslant n^{\frac{1}{k+1}}\left(\sum_{i=1}^{n}\frac{1}{\sqrt[k]{1+\lambda x_i}}\right)^{\frac{k}{k+1}}\qquad(17)$$

式(16),(17)两边相乘并应用归纳假设,式(14)有

$$\left(\sum_{i=1}^{n}\sqrt[k+1]{x_i}\right)\sum_{i=1}^{n}\frac{1}{\sqrt[k+1]{1+\lambda x_i}}\leqslant n^{\frac{2}{k+1}}\left[\left(\sum_{i=1}^{n}\sqrt[k]{x_i}\right)\sum_{i=1}^{n}\frac{1}{\sqrt[k]{1+\lambda x_i}}\right]^{\frac{k}{k+1}}\leqslant$$

$$n^{\frac{2}{k+1}}\left(\frac{n^2}{\sqrt[k]{n+\lambda}}\right)^{\frac{k}{k+1}}=\frac{n^2}{\sqrt[k+1]{n+\lambda}}$$

即 $m=k+1$ 时,不等式(12)也成立.

由1),2)可知,对 $m\geqslant 2(m\in\mathbf{N})$ 不等式(14)成立.

(2)不妨设 $x_1$ 是 $x_1,x_2,\cdots,x_n$ 中最大的,注意到 $0<x_i<1(i=1,2,\cdots,n)$,则

$$\frac{\sum_{i=1}^{n}\sqrt[k]{x_i}}{\sqrt[k]{1+\lambda x_1}}>\frac{\sum_{i=1}^{n}x_i}{\sqrt[k]{1+\lambda x_1}}=\frac{1}{\sqrt[k]{1+\lambda x_1}}>\frac{1}{\sqrt[k]{1+\lambda}}$$

当 $i=2,3,\cdots,n$ 时,注意到 $0<\lambda\leqslant k$,有

$$\frac{\sum_{i=1}^{n}\sqrt[k]{x_i}}{\sqrt[k]{1+\lambda x_i}}=\frac{\sqrt[k]{\left(\sum_{i=1}^{n}\sqrt[k]{x_i}\right)^k}}{\sqrt[k]{1+\lambda x_i}}=\frac{\sqrt[k]{\sum_{i=1}^{n}\left(\sqrt[k]{x_i}\right)^k+\mathrm{C}_k^1\left(\sqrt[k]{x_1}\right)^{k-1}\sqrt[k]{x_i}+\cdots}}{\sqrt[k]{1+\lambda x_i}}>$$

$$\frac{\sqrt[k]{\sum_{i=1}^{n}x_i+k\left(\sqrt[k]{x_i}\right)^{k-1}\sqrt[k]{x_i}}}{\sqrt[k]{1+\lambda x_i}}=\frac{\sqrt[k]{1+kx_i}}{\sqrt[k]{1+\lambda x_i}}\geqslant 1$$

将这 $n$ 个不等式相加即得式(13).

考虑式(12) 的进一步推广,我们有:

**猜想** 设 $x_1,x_2,\cdots,x_n$ 是正数,且满足 $\sum\limits_{i=1}^{n}x_i=1,0<\alpha<1,0<\lambda\leqslant\frac{n}{n-1}$,则

$$\left(\sum_{i=1}^{n}x_i^{\alpha}\right)\sum_{i=1}^{n}\frac{1}{(1+\lambda x_i)^{\alpha}}\leqslant\frac{n^2}{(n+\lambda)^{\alpha}}\tag{18}$$

对于指数大于 1 的情形,我们有:

**定理 2** 设 $x_1,x_2,\cdots,x_n$ 是正数,且满足 $\sum\limits_{i=1}^{n}x_i=1,\alpha\geqslant 1,\lambda>0$,则

$$\left(\sum_{i=1}^{n}x_i^{\alpha}\right)\sum_{i=1}^{n}\frac{1}{(1+\lambda x_i)^{\alpha}}\geqslant\frac{n^2}{(n+\lambda)^{\alpha}}\tag{19}$$

**证明** 因 $\alpha\geqslant 1$,由幂平均不等式( * ),有

$$\left(\frac{\sum\limits_{i=1}^{n}x_i^{\alpha}}{n}\right)^{\frac{1}{\alpha}}\geqslant\frac{\sum\limits_{i=1}^{n}x_i}{n}=\frac{1}{n}\Rightarrow\sum_{i=1}^{n}x_i^{\alpha}\geqslant\frac{n}{n^{\alpha}}$$

应用权方和不等式:"设 $a_i,b_i>0(i=1,2,\cdots,n)$,则当 $\alpha>0$ 或 $\alpha<-1$ 时

$$\sum_{i=1}^{n}\frac{a_i^{\alpha+1}}{b_i^{\alpha}}\geqslant\frac{\left(\sum\limits_{i=1}^{n}a_i\right)^{\alpha+1}}{\left(\sum\limits_{i=1}^{n}b_i\right)^{\alpha}}\tag{* *}$$

且等号成立的充要条件为 $\frac{a_1}{b_1}=\frac{a_2}{b_2}=\cdots=\frac{a_n}{b_n}$",有

$$\sum_{i=1}^{n}\frac{1}{(1+\lambda x_i)^{\alpha}}=\sum_{i=1}^{n}\frac{1^{\alpha+1}}{(1+\lambda x_i)^{\alpha}}\geqslant\frac{n^{\alpha+1}}{\left[\sum\limits_{i=1}^{n}(1+\lambda x_i)\right]^{\alpha}}=\frac{n^{\alpha+1}}{(n+\lambda)^{\alpha}}$$

所以

$$\left(\sum_{i=1}^{n}x_i^{\alpha}\right)\sum_{i=1}^{n}\frac{1}{(1+\lambda x_i)^{\alpha}}\geqslant\frac{n}{n^{\alpha}}\cdot\frac{n^{\alpha+1}}{(n+\lambda)^{\alpha}}=\frac{n^2}{(n+\lambda)^{\alpha}}$$

即式(19) 成立.

## 参考文献

[1] 邢进喜. 数学问题 1388[J]. 数学通报,2002(8).

[2] 吴善和,石焕南. 一个无理不等式的简证及类似[J]. 福建中学数学,2004(2).

[3] 舒金根. 一个猜想不等式的证明[J]. 福建中学数学,2004(8).

[4] 舒金根. 一个无理不等式的推广及其它[J]. 中学教研,2004(10).
[5] 宋庆,龚浩生. 一个不等式的下界估计[J]. 中学数学月刊, 2003(2).
[6] 张升, 安振平. 一个无理不等式的再探索[J]. 中学数学教学参考, 2005(8).

# 2004 年西部数学奥林匹克第八题的证明与拓广

## 1 引 言

2004 年西部数学奥林匹克最后一题为[1]:求证对任意正实数 $a,b,c$ 都有

$$1<\frac{a}{\sqrt{a^2+b^2}}+\frac{b}{\sqrt{b^2+c^2}}+\frac{c}{\sqrt{c^2+a^2}}\leqslant\frac{3\sqrt{2}}{2} \tag{1}$$

令 $x=a^2,y=b^2,z=c^2$,则不等式(1) 等价于

$$1<\sqrt{\frac{x}{x+y}}+\sqrt{\frac{y}{y+z}}+\sqrt{\frac{z}{z+x}}\leqslant\frac{3\sqrt{2}}{2} \tag{2}$$

**注记** 式(2) 右侧的不等式最早是文[2] 的一个猜想,文[3],[4],[5],[6] 先后用不同方法证明它是成立的;式(2) 左侧的不等式是文[7] 给出的一个不等式.

本文将给出式(1) 右边不等式的两个证明,从系数、字母个数、指数等方面给出式(1) 的推广,推广结论联系着十多道各类数学奥林匹克试题.

## 2 证 明

式(2) 的左边不等式易证,右边不等式的证明较难,据说当时无一参赛选手证出,命题人给出的参考解答是采用的减元策略,即将三元问题化为二元问题,进而化为一元问题加以解决.

首先,令 $x=\frac{b^2}{a^2},y=\frac{c^2}{b^2},z=\frac{a^2}{c^2}$, $x,y,z>0,xyz=1$,将式(1) 化为与其等价的

$$1<\frac{1}{\sqrt{1+x}}+\frac{1}{\sqrt{1+y}}+\frac{1}{\sqrt{1+z}}\leqslant\frac{3\sqrt{2}}{2}(x,y,z>0,xyz=1) \tag{3}$$

不妨设 $x\leqslant y\leqslant z$,令 $A=xy$,则 $z=\frac{1}{A}$,$A\leqslant 1,z\geqslant 1$,由 $yz\geqslant y$,有

$$\frac{1}{\sqrt{1+x}}+\frac{1}{\sqrt{1+y}}+\frac{1}{\sqrt{1+z}}>$$

$$\frac{1}{\sqrt{1+x}}+\frac{1}{\sqrt{1+y}}\geqslant\frac{1}{\sqrt{1+x}}+\frac{1}{\sqrt{1+yz}}=$$

$$\frac{1}{\sqrt{1+x}}+\frac{1}{\sqrt{1+\frac{1}{x}}}=\frac{1+\sqrt{x}}{\sqrt{1+x}}>1$$

为证式(3)右边的不等式,先求 $F=\frac{1}{\sqrt{1+x}}+\frac{1}{\sqrt{1+y}}(x,y>0,xy=A,0<A\leqslant 1)$ 的最大值.

令 $u=\sqrt{1+x}\sqrt{1+y}$,则

$$u=\sqrt{1+x}\sqrt{1+y}=\sqrt{1+x+y+xy}\geqslant$$
$$\sqrt{1+2\sqrt{xy}+xy}=1+\sqrt{xy}=1+\sqrt{A}$$
$$1+x+y=u^2-A$$
$$F^2=\left(\frac{1}{\sqrt{1+x}}+\frac{1}{\sqrt{1+y}}\right)^2=\frac{2+x+y+2\sqrt{1+x}\sqrt{1+y}}{(1+x)(1+y)}=$$
$$\frac{1+u^2-A+2u}{u^2}=(1-A)\frac{1}{u^2}+2\frac{1}{u}+1$$

令 $t=\frac{1}{u}$,则

$$0<t\leqslant\frac{1}{1+\sqrt{A}},F^2=f(t)=(1-A)t^2+2t+1$$
$$f(t)=(1-A)\left(t+\frac{1}{1-A}\right)^2-\frac{A}{1-A}$$

在 $\left(0,\frac{1}{1+\sqrt{A}}\right]$ 上是增函数,所以

$$f(t)\leqslant f\left(\frac{1}{1+\sqrt{A}}\right)=\frac{4}{1+\sqrt{A}}$$

故

$$F=\frac{1}{\sqrt{1+x}}+\frac{1}{\sqrt{1+y}}\leqslant\frac{2}{\sqrt{1+\sqrt{A}}}$$

令 $v=\sqrt{A}$,注意到 $z=\frac{1}{A}$,应用刚才所得到的结论有

$$\frac{1}{\sqrt{1+x}}+\frac{1}{\sqrt{1+y}}+\frac{1}{\sqrt{1+z}}\leqslant\frac{2}{\sqrt{1+\sqrt{A}}}+\frac{1}{\sqrt{1+\frac{1}{A}}}=\frac{2}{\sqrt{1+v}}+\frac{v}{\sqrt{1+v^2}}$$

令 $\frac{1}{\sqrt{1+v}}=s\Rightarrow v=\frac{1-s^2}{s^2}$,又由柯西不等式有 $\sqrt{2}\sqrt{1+v^2}\geqslant 1+v$,所以

$$\frac{1}{\sqrt{1+x}}+\frac{1}{\sqrt{1+y}}+\frac{1}{\sqrt{1+z}}\leqslant\frac{2}{\sqrt{1+v}}+\frac{\sqrt{2}v}{1+v}=$$

$$2s+\sqrt{2}s^2\cdot\frac{1-s^2}{s^2}=$$

$$-\sqrt{2}\left(s-\frac{\sqrt{2}}{2}\right)^2+\frac{3\sqrt{2}}{2}\leqslant\frac{3\sqrt{2}}{2}$$

即式(3) 右边的不等式成立,故式(1) 右边的不等式成立.

**评述** 上述证法着眼于减元,即将三元问题化为二元问题,再化为一元问题,这就预示着,在证明此问题的 $n$ 元推广的相应结论时,可化为证 $n-1$ 元时的相应结论,因而可用数学归纳法加以证明,具体的推广将在后面论及.

下面从整体入手给出两个证明:

① 用柯西不等式:由柯西不等式,有

$$\left(\frac{a}{\sqrt{a^2+b^2}}+\frac{b}{\sqrt{b^2+c^2}}+\frac{c}{\sqrt{c^2+a^2}}\right)^2=$$

$$\left(\sqrt{a^2+c^2}\cdot\frac{a}{\sqrt{(a^2+b^2)(a^2+c^2)}}+\sqrt{b^2+a^2}\cdot\frac{b}{\sqrt{(b^2+c^2)(b^2+a^2)}}+\right.$$

$$\left.\sqrt{c^2+b^2}\cdot\frac{c}{\sqrt{(c^2+a^2)(c^2+b^2)}}\right)^2\leqslant$$

$$2(a^2+b^2+c^2)\left[\frac{a^2}{(a^2+b^2)(a^2+c^2)}+\frac{b^2}{(b^2+c^2)(b^2+a^2)}+\frac{c^2}{(c^2+a^2)(c^2+b^2)}\right]$$

因此,要证式(1) 右边不等式,只需证

$$4(a^2+b^2+c^2)\left[\frac{a^2}{(a^2+b^2)(a^2+c^2)}+\frac{b^2}{(b^2+c^2)(b^2+a^2)}+\right.$$

$$\left.\frac{c^2}{(c^2+a^2)(c^2+b^2)}\right]\leqslant\frac{9}{2}\Leftrightarrow$$

$$4(a^2+b^2+c^2)[a^2(b^2+c^2)+b^2(c^2+a^2)+c^2(a^2+b^2)]\leqslant$$

$$9(a^2+b^2)(b^2+c^2)(c^2+a^2)\Leftrightarrow$$

$$8(a^2+b^2+c^2)(a^2b^2+b^2c^2+c^2a^2)\leqslant 9(a^2+b^2)(b^2+c^2)(c^2+a^2)\Leftrightarrow$$

$$a^4b^2+b^4c^2+c^4a^2+a^2b^4+b^2c^4+c^2a^4\geqslant 6a^2b^2c^2$$

由均值不等式知,后一不等式显然成立.因而原不等式成立.

② 直接去分母、平方并应用均值不等式:

令 $x=a^2,y=b^2,z=c^2$,则式(1) 右边的不等式等价于

$$\sqrt{\frac{x}{x+y}}+\sqrt{\frac{y}{y+z}}+\sqrt{\frac{z}{z+x}}\leqslant\frac{3\sqrt{2}}{2}\Leftrightarrow$$

$$2\left[\sqrt{x(y+z)(z+x)}+\sqrt{y(z+x)(x+y)}+\sqrt{z(x+y)(y+z)}\right]^2\leqslant$$

$$9(x+y)(y+z)(z+x)\Leftrightarrow$$

$$M=4\left[\sqrt{xy(x+y)(y+z)(z+x)^2}+\sqrt{yz(y+z)(z+x)(x+y)^2}+\right.$$

$$\sqrt{zx(z+x)(x+y)(y+z)^2}\,]-$$
$$5(x^2y+y^2z+z^2x)-5(xy^2+yz^2+zx^2)-12xyz\leqslant 0$$

由均值不等式,有

$$2\sqrt{xy(x+y)(y+z)(z+x)^2}\leqslant x(x+y)(y+z)+y(z+x)^2$$
$$2\sqrt{yz(y+z)(z+x)(x+y)^2}\leqslant y(y+z)(z+x)+z(x+y)^2$$
$$2\sqrt{zx(z+x)(x+y)(y+z)^2}\leqslant z(z+x)(x+y)+x(y+z)^2$$

因此

$$\begin{aligned}M\leqslant{}&2x(x+y)(y+z)+2y(z+x)^2+2y(y+z)(z+x)+\\&2z(x+y)^2+2z(z+x)(x+y)+2x(y+z)^2-\\&5(x^2y+y^2z+z^2x)-5(xy^2+yz^2+zx^2)-12xyz=\\&6xyz-(x^2y+y^2z+z^2x)-(xy^2+yz^2+zx^2)\end{aligned}$$

由均值不等式有

$$x^2y+y^2z+z^2x+xy^2+yz^2+zx^2\geqslant 6\sqrt[6]{x^2y\cdot y^2z\cdot z^2x\cdot xy^2\cdot yz^2\cdot zx^2}=6xyz$$

于是

$$M\leqslant 6xyz-(x^2y+y^2z+z^2x)-(xy^2+yz^2+zx^2)\leqslant 0$$

故原不等式成立.

## 3 推 广

### 3.1 加权推广

前面已指出,处理此类问题的基本策略是减元,为解决三元加权推广,先解决二元问题.

#### 3.1.1 二元情形

**命题1** 设 $x,y>0,\lambda=\sqrt{xy}$,则当 $0<\lambda\leqslant 2$ 时

$$1<\frac{1}{\sqrt{1+x}}+\frac{1}{\sqrt{1+y}}\leqslant\frac{2}{\sqrt{\lambda+1}} \tag{4}$$

当 $2<\lambda<3$ 时

$$1<\frac{1}{\sqrt{1+x}}+\frac{1}{\sqrt{1+y}}\leqslant\frac{\lambda}{\sqrt{\lambda^2-1}} \tag{5}$$

当 $\lambda\geqslant 3$ 时

$$\frac{2}{\sqrt{\lambda+1}}\leqslant\frac{1}{\sqrt{1+x}}+\frac{1}{\sqrt{1+y}}\leqslant\frac{\lambda}{\sqrt{\lambda^2-1}} \tag{6}$$

**证明** 因为

$$A^2=\left(\frac{1}{\sqrt{1+x}}+\frac{1}{\sqrt{1+y}}\right)^2=\frac{2+x+y+2\sqrt{1+x}\sqrt{1+y}}{(1+x)(1+y)}$$

令 $u=\sqrt{1+x}\sqrt{1+y}=\sqrt{1+x+y+xy}=\sqrt{1+x+y+\lambda^2}$

显然 $u\geqslant\sqrt{1+2\sqrt{xy}+\lambda^2}=1+\lambda,\ 1+x+y=u^2-\lambda^2$

所以 $A^2=\frac{1+u^2-\lambda^2+2u}{u^2}=(1-\lambda^2)\frac{1}{u^2}+\frac{2}{u}+1$

又令 $t=\frac{1}{u},0<t\leqslant\frac{1}{\lambda+1}$,则

$$A^2=f(t)=(1-\lambda^2)t^2+2t+1\left(0<t\leqslant\frac{1}{\lambda+1}\right)$$

(1) 当 $\lambda>1$ 时,$f(t)=(1-\lambda^2)\left(t-\frac{1}{\lambda^2-1}\right)^2+\frac{\lambda^2}{\lambda^2-1}$,注意到 $\frac{1}{\lambda^2-1}-\frac{1}{\lambda+1}=\frac{2-\lambda}{\lambda^2-1}$.

(1-1) 若 $1<\lambda\leqslant 2$,则 $\frac{1}{\lambda^2-1}\geqslant\frac{1}{\lambda+1}$,所以 $f(t)$ 在 $\left(0,\frac{1}{\lambda+1}\right]$ 上是增函数,则

$$f(0)<f(t)\leqslant f\left(\frac{1}{\lambda+1}\right)\Leftrightarrow 1<f(t)\leqslant\frac{4}{\lambda+1}\Leftrightarrow 1<A\leqslant\frac{2}{\sqrt{\lambda+1}}$$

(1-2) 若 $\lambda>2$,则 $\frac{1}{\lambda^2-1}<\frac{1}{\lambda+1}$,所以,当 $x=\frac{1}{\lambda^2-1}$,$f(t)$ 取最大值 $f\left(\frac{1}{\lambda^2-1}\right)=\frac{\lambda^2}{\lambda^2-1}$,而此时 $f(t)$ 是否取最小值,需比较 $f\left(\frac{1}{\lambda+1}\right)=\frac{4}{\lambda+1}$ 与 $f(0)=1$ 的大小,由 $\frac{4}{\lambda+1}-1=\frac{3-\lambda}{\lambda+1}$ 知:

(1-2-1) 若 $\lambda\geqslant 3$,则 $\frac{4}{\lambda+1}\leqslant 1$,即 $f\left(\frac{1}{\lambda+1}\right)<f(0)$,所以当 $t=\frac{1}{\lambda+1}$ 时,$f(t)$ 取最小值 $\frac{4}{\lambda+1}$,故此时 $A$ 的值域为 $\left[\frac{2}{\sqrt{\lambda+1}},\frac{\lambda}{\sqrt{\lambda^2-1}}\right]$;

(1-2-2) 若 $2<\lambda<3$,则 $\frac{4}{\lambda+1}>1$,即 $f\left(\frac{1}{\lambda+1}\right)>f(0)$,$f(t)>f(0)=1$ 且 $f(t)\to f(0)=1$,故此时 $A$ 的值域为 $\left(1,\frac{\lambda}{\sqrt{\lambda^2-1}}\right]$.

(2) 当 $\lambda=1$ 时,$f(t)=2t+1,t\in\left(0,\frac{1}{2}\right]$,所以 $1<f(t)\leqslant f\left(\frac{1}{2}\right)=2$,即此时 $A$ 的值域为 $(1,\sqrt{2}]$.

(3) 当 $0 < \lambda < 1$ 时,$f(t) = (1 - \lambda^2)\left(t - \frac{1}{\lambda^2 - 1}\right)^2 + \frac{\lambda^2}{\lambda^2 - 1}$,$t \in \left(0, \frac{1}{\lambda + 1}\right]$,因$\frac{1}{\lambda^2 - 1} < 0$,所以 $f(t)$ 在$\left(0, \frac{1}{\lambda + 1}\right]$上是增函数,则 $f(0) < f(t) \leqslant f\left(\frac{1}{\lambda + 1}\right)$,即 $1 < f(t) \leqslant \frac{4}{\lambda + 1} \Leftrightarrow 1 < A \leqslant \frac{2}{\sqrt{\lambda + 1}}$,故此时 $A$ 的值域为$\left(1, \frac{2}{\sqrt{\lambda + 1}}\right]$.

综上所述:当$0 < \lambda \leqslant 2$时,$A$ 的值域为$\left(1, \frac{2}{\sqrt{\lambda + 1}}\right]$;当$2 < \lambda < 3$时,$A$ 的值域为$\left(1, \frac{\lambda}{\sqrt{\lambda^2 - 1}}\right]$;当 $\lambda \geqslant 3$ 时,$A$ 的值域为$\left[\frac{2}{\sqrt{\lambda + 1}}, \frac{\lambda}{\sqrt{\lambda^2 - 1}}\right]$,即式(4),(5),(6) 成立. 命题1 证毕.

### 3.1.2 三元加权推广

**命题2** 设 $x, y, z > 0$,$\lambda = \sqrt[3]{xyz}$,则:

(1) 当 $\lambda \geqslant 8$ 时,有

$$\frac{3}{\sqrt{1 + \lambda}} \leqslant \frac{1}{\sqrt{1 + x}} + \frac{1}{\sqrt{1 + y}} + \frac{1}{\sqrt{1 + z}} < 2 \tag{7}$$

(2) 当$8 > \lambda > \frac{5}{4}$时,有

$$1 < \frac{1}{\sqrt{1 + x}} + \frac{1}{\sqrt{1 + y}} + \frac{1}{\sqrt{1 + z}} < 2 \tag{8}$$

(3) 当$\frac{5}{4} \geqslant \lambda > 0$时,有

$$1 < \frac{1}{\sqrt{1 + x}} + \frac{1}{\sqrt{1 + y}} + \frac{1}{\sqrt{1 + z}} \leqslant \frac{3}{\sqrt{1 + \lambda}} \tag{9}$$

**注记** 当 $\lambda = 1$ 时,令 $x = \frac{b^2}{a^2}$,$y = \frac{c^2}{b^2}$,$z = \frac{a^2}{c^2}$,由命题2(3) 中的不等式(9)即得不等式(1).

很显然,命题2 等价于如下的:

**命题3** 设 $x, y, z > 0$,$\lambda = \sqrt[3]{xyz}$,则:

(1) 当 $\lambda \geqslant 8$ 时,有

$$\frac{1}{\sqrt{1 + x}} + \frac{1}{\sqrt{1 + y}} + \frac{1}{\sqrt{1 + z}} \geqslant \frac{3}{\sqrt{1 + \lambda}} \tag{10}$$

当 $8 > \lambda > 0$ 时,有

$$\frac{1}{\sqrt{1+x}}+\frac{1}{\sqrt{1+y}}+\frac{1}{\sqrt{1+z}}>1 \tag{11}$$

且此时下界不可再改进.

(2) 当$0<\lambda\leqslant\frac{5}{4}$时,有

$$\frac{1}{\sqrt{1+x}}+\frac{1}{\sqrt{1+y}}+\frac{1}{\sqrt{1+z}}\leqslant\frac{3}{\sqrt{1+\lambda}} \tag{12}$$

当$\frac{5}{4}<\lambda$时,有

$$\frac{1}{\sqrt{1+x}}+\frac{1}{\sqrt{1+y}}+\frac{1}{\sqrt{1+z}}<2 \tag{13}$$

且此时上界不可再改进.

**注记** 当$\lambda\geqslant 8$时,作变换:$x\to\lambda\frac{bc}{a^2}, y\to\lambda\frac{ca}{b^2}, z\to\lambda\frac{ab}{c^2}$,则不等式(10)等价于

$$\frac{a}{\sqrt{a^2+\lambda bc}}+\frac{b}{\sqrt{b^2+\lambda ca}}+\frac{c}{\sqrt{c^2+\lambda ab}}\geqslant\frac{3}{\sqrt{1+\lambda}}(a,b,c>0) \tag{14}$$

特别地,当$\lambda=8$时,由式(14)即得第42届国际数学奥林匹克第二题(简称为IMO42-2)

$$\frac{a}{\sqrt{a^2+8bc}}+\frac{b}{\sqrt{b^2+8ca}}+\frac{c}{\sqrt{c^2+8ab}}\geqslant 1 \tag{15}$$

所以不等式(14)是IMO42-2的推广,国内最早出现在文[8].《美国数学月刊》问题栏曾作为数学问题第10 944题[9].不等式(15)引起广大同行的广泛关注,近年来发表涉及不等式(15)的研究文章数十篇,其中包括本文作者的一些工作[10~12].

式(10)显然等价于

$$\frac{1}{\sqrt{1+a}}+\frac{1}{\sqrt{1+b}}+\frac{1}{\sqrt{1+c}}\geqslant\frac{3}{\sqrt{1+\sqrt[3]{abc}}} \tag{16}$$

其中$a,b,c>0, abc=\lambda^3\geqslant 2^9=8^3$.这是2004年中国台湾数学奥林匹克第四题[13].

此外,在不等式(13)中,取$\lambda=8$,并作变换:$x\to\frac{bc}{a^2}, y\to\frac{ca}{b^2}, z\to\frac{ab}{c^2}$,可得

$$\frac{a}{\sqrt{a^2+8bc}}+\frac{b}{\sqrt{b^2+8ca}}+\frac{c}{\sqrt{c^2+8ab}}<2(a,b,c>0)$$

这是《中等数学》2004年第6期"数学奥林匹克问题"第144题.

**证明** (1)当$\lambda\geqslant 8$时,由注记知,要证不等式(10),只需证明其等价不等

式(14),笔者在文[14]用柯西不等式给出了一个证明,这里我们用减元策略给出另一证明.

不妨设 $x \leqslant y \leqslant z$,则:

若 $0 < \sqrt{xy} < 3$,由命题 1 有 $\frac{1}{\sqrt{1+x}}+\frac{1}{\sqrt{1+y}} > 1$,注意到 $\lambda \geqslant 8 \Leftrightarrow 1 \geqslant \frac{3}{\sqrt{1+\lambda}}$,所以

$$\frac{1}{\sqrt{1+x}}+\frac{1}{\sqrt{1+y}}+\frac{1}{\sqrt{1+z}} > \frac{1}{\sqrt{1+x}}+\frac{1}{\sqrt{1+y}} > 1 \geqslant \frac{3}{\sqrt{1+\lambda}}$$

若 $\sqrt{xy} \geqslant 3$,由 $x \leqslant y \leqslant z$ 及 $\lambda = \sqrt[3]{xyz}$ 有 $z \geqslant \lambda \Rightarrow \sqrt{z\lambda} \geqslant \lambda \geqslant 8 > 3$, $\sqrt{\sqrt{xy}\sqrt{z\lambda}} = \lambda \geqslant 8 > 3$,所以对 $(x,y)$,$(z,\lambda)$ 及 $(\sqrt{xy},\sqrt{z\lambda})$ 应用命题1的不等式(6)有

$$\frac{1}{\sqrt{1+x}}+\frac{1}{\sqrt{1+y}}+\frac{1}{\sqrt{1+z}} = \left(\frac{1}{\sqrt{1+x}}+\frac{1}{\sqrt{1+y}}\right)+\left(\frac{1}{\sqrt{1+z}}+\frac{1}{\sqrt{1+\lambda}}\right)-\frac{1}{\sqrt{1+\lambda}} \geqslant$$

$$\frac{2}{\sqrt{1+\sqrt{xy}}}+\frac{2}{\sqrt{1+\sqrt{z\lambda}}}-\frac{1}{\sqrt{1+\lambda}} \geqslant$$

$$\frac{2\times 2}{\sqrt{1+\sqrt{\sqrt{xyz\lambda}}}}-\frac{1}{\sqrt{1+\lambda}} = \frac{3}{\sqrt{1+\lambda}}$$

故不等式(10)成立.

对 $\lambda = 8$ 应用不等式(10),有

$$\frac{1}{\sqrt{1+x}}+\frac{1}{\sqrt{1+y}}+\frac{1}{\sqrt{1+z}} \geqslant 1\left(x,y,z > 0,\sqrt[3]{xyz} = 8\right) \tag{17}$$

当 $0 < \lambda < 8$ 时,令 $x = \lambda x_1$,$y = \lambda y_1$,$z = \lambda z_1$,$x_1y_1z_1 = 1$,那么

$$\frac{1}{\sqrt{1+x}}+\frac{1}{\sqrt{1+y}}+\frac{1}{\sqrt{1+z}} = \frac{1}{\sqrt{1+\lambda x_1}}+\frac{1}{\sqrt{1+\lambda y_1}}+\frac{1}{\sqrt{1+\lambda z_1}} >$$

$$\frac{1}{\sqrt{1+8x_1}}+\frac{1}{\sqrt{1+8y_1}}+\frac{1}{\sqrt{1+8z_1}} \geqslant 1$$

(最后一步应用了不等式(17)),故不等式(11)成立.

此时,令 $x = y = \frac{1}{t}$,$z = t^2$,当 $t \to 0$ 时

$$\frac{1}{\sqrt{1+x}}+\frac{1}{\sqrt{1+y}}+\frac{1}{\sqrt{1+z}} = \frac{2t}{\sqrt{1+t}}+\frac{1}{\sqrt{1+t^2}} \to 1$$

说明式(11)左边的下界不可再改进.

(2) 当 $0 < \lambda \leqslant \frac{5}{4}$ 时,注意到 $x \leqslant y \leqslant z$ 及 $xyz = \lambda^3$,有

$$z \geqslant \lambda \Rightarrow 0 < xy \leqslant \lambda^2 \Leftrightarrow 0 < \sqrt{xy} \leqslant \lambda \leqslant \frac{5}{4} < 2$$

应用命题1的不等式(4)并注意到$z = \frac{\lambda^3}{xy}$,有

$$\frac{1}{\sqrt{1+x}} + \frac{1}{\sqrt{1+y}} + \frac{1}{\sqrt{1+z}} \leqslant \frac{2}{\sqrt{1+\sqrt{xy}}} + \frac{1}{\sqrt{1+\frac{\lambda^3}{xy}}}$$

要证式(12),只需证

$$\frac{2}{\sqrt{1+\sqrt{xy}}} + \frac{\sqrt{xy}}{\sqrt{xy+\lambda^3}} \leqslant \frac{3}{\sqrt{1+\lambda}} \tag{18}$$

令$\sqrt{1+\sqrt{xy}} = u$,则$1 < u \leqslant \sqrt{1+\lambda}$,$xy = (u^2-1)^2$,不等式(18)等价于

$$\frac{2}{u} + \frac{u^2-1}{\sqrt{(u^2-1)^2+\lambda^3}} \leqslant \frac{3}{\sqrt{1+\lambda}} \tag{19}$$

由柯西不等式,有

$$[(u^2-1)^2+\lambda^3](1+\lambda) \geqslant (u^2-1+\lambda^2)^2 \Leftrightarrow$$

$$\frac{1}{\sqrt{(u^2-1)^2+\lambda^3}} \leqslant \frac{\sqrt{1+\lambda}}{u^2-1+\lambda^2}$$

因此,要证不等式(19),只需证

$$\frac{2}{u} + \frac{\sqrt{1+\lambda}(u^2-1)}{u^2-1+\lambda^2} \leqslant \frac{3}{\sqrt{1+\lambda}} \Leftrightarrow$$

$$2\sqrt{1+\lambda}(u^2-1+\lambda^2) + (1+\lambda)u(u^2-1) \leqslant 3u(u^2-1+\lambda^2) \Leftrightarrow$$

$$(\lambda-2)u^3 + 2\sqrt{\lambda+1}u^2 - (3\lambda^2+\lambda-2)u + 2(\lambda^2-1)\sqrt{\lambda+1} \leqslant 0 \Leftrightarrow$$

$$(\lambda-2)(u-\sqrt{\lambda+1})^2\left[u + \frac{2(\lambda-1)\sqrt{\lambda+1}}{\lambda-2}\right] \leqslant 0 \Leftrightarrow$$

$$(\lambda-2)(u-\sqrt{\lambda+1})^2\left[u + \frac{2(\lambda-1)\sqrt{\lambda+1}}{\lambda-2}\right] \leqslant 0 \tag{20}$$

由$0 < \lambda \leqslant \frac{5}{4}$,有

$$\left(\frac{2(\lambda-1)\sqrt{\lambda+1}}{\lambda-2}\right)^2 - 1 = \frac{4\lambda^2\left(\lambda-\frac{5}{4}\right)}{(\lambda-2)^2} \leqslant 0 \Leftrightarrow \left|\frac{2(\lambda-1)\sqrt{\lambda+1}}{\lambda-2}\right| \leqslant 1$$

而$u > 1$,所以

$$u + \frac{2(\lambda-1)}{\lambda-2}\sqrt{\lambda+1} > 0$$

又

$$(u-\sqrt{\lambda+1})^2 \geqslant 0,\ \lambda-2<0$$

故不等式(20) 成立,从而不等式(12) 成立.

对 $\lambda=\frac{5}{4}$ 应用不等式(12),有

$$\frac{1}{\sqrt{1+x}}+\frac{1}{\sqrt{1+y}}+\frac{1}{\sqrt{1+z}} \leqslant 2\left(x,y,z>0,\sqrt[3]{xyz}=\frac{5}{4}\right) \tag{21}$$

当 $\lambda>\frac{5}{4}$ 时,令 $x=\lambda x_1,y=\lambda y_1,z=\lambda z_1,x_1y_1z_1=1$,那么

$$\frac{1}{\sqrt{1+x}}+\frac{1}{\sqrt{1+y}}+\frac{1}{\sqrt{1+z}}=\frac{1}{\sqrt{1+\lambda x_1}}+\frac{1}{\sqrt{1+\lambda y_1}}+\frac{1}{\sqrt{1+\lambda z_1}}<$$

$$\frac{1}{\sqrt{1+\frac{5}{4}x_1}}+\frac{1}{\sqrt{1+\frac{5}{4}y_1}}+\frac{1}{\sqrt{1+\frac{5}{4}z_1}} \leqslant 2$$

即不等式(13) 成立.

此时,令 $x=y=\frac{1}{t},z=t^2$,当 $t\to+\infty$ 时

$$\frac{1}{\sqrt{1+x}}+\frac{1}{\sqrt{1+y}}+\frac{1}{\sqrt{1+z}}=\frac{2}{\sqrt{1+\frac{1}{t}}}+\frac{1}{\sqrt{1+t^2}}\to 2$$

说明式(13) 左边的上界不可再改进. 故命题 3 得证.

### 3.2 元数推广

在这一节,将命题 3 推广到 $n$ 个字母的情形:

**命题 4** 设 $x_i>0(i=1,2,\cdots,n,n\geqslant 3)$,$x_1x_2\cdots x_n=\lambda^n$,则:

(1) 当 $\lambda \geqslant n^2-1$ 时

$$\frac{1}{\sqrt{1+x_1}}+\frac{1}{\sqrt{1+x_2}}+\cdots+\frac{1}{\sqrt{1+x_n}} \geqslant \frac{n}{\sqrt{1+\lambda}} \tag{22}$$

当 $0<\lambda<n^2-1$ 时

$$\frac{1}{\sqrt{1+x_1}}+\frac{1}{\sqrt{1+x_2}}+\cdots+\frac{1}{\sqrt{1+x_n}}>1 \tag{23}$$

且此时下界不可再改进.

(2) 当 $0<\lambda\leqslant\left(\frac{n}{n-1}\right)^2-1$ 时

$$\frac{1}{\sqrt{1+x_1}}+\frac{1}{\sqrt{1+x_2}}+\cdots+\frac{1}{\sqrt{1+x_n}} \leqslant \frac{n}{\sqrt{1+\lambda}} \tag{24}$$

当 $\lambda>\left(\frac{n}{n-1}\right)^2-1$ 时

$$\frac{1}{\sqrt{1+x_1}}+\frac{1}{\sqrt{1+x_2}}+\cdots+\frac{1}{\sqrt{1+x_n}}<n-1 \tag{25}$$

且此时上界不可再改进.

**证明**　不等式(22),(24)均可以用数学归纳法证明,证明过程很相似.这里我们用权方和不等式证式(22),用数学归纳法证明式(24).

(1)当 $\lambda \geqslant n^2-1$ 时,令 $x_i=\lambda \frac{a_1a_2\cdots a_n}{a_i^n}$,$a_i>0(i=1,2,\cdots,n,n\geqslant 3)$,则式(22)等价于

$$\sum_{i=1}^{n}\frac{a_i^{\frac{n}{2}}}{\sqrt{a_i^n+\lambda a_1a_2\cdots a_n}}\geqslant \frac{n}{\sqrt{1+\lambda}} \tag{26}$$

应用权方和不等式:设 $a_i,b_i\in \mathbf{R}^+(i=1,2,\cdots,n)$,$m>0$,则

$$\sum_{i=1}^{n}\frac{a_i^{m+1}}{b_i^m}\geqslant \frac{\left(\sum\limits_{i=1}^{n}a_i\right)^{m+1}}{\left(\sum\limits_{i=1}^{n}b_i\right)^m} \tag{27}$$

有

$$\sum_{i=1}^{n}\frac{a_i^{\frac{n}{2}}}{\sqrt{a_i^n+\lambda a_1a_2\cdots a_n}}=\sum_{i=1}^{n}\frac{\left(a_i^{\frac{n}{3}}\right)^{\frac{3}{2}}}{\left(a_i^n+\lambda a_1a_2\cdots a_n\right)^{\frac{1}{2}}}\geqslant \frac{\left(\sum\limits_{i=1}^{n}a_i^{\frac{n}{3}}\right)^{\frac{3}{2}}}{\left(\sum\limits_{i=1}^{n}a_i^n+n\lambda a_1a_2\cdots a_n\right)^{\frac{1}{2}}}$$

要证式(26),只需证

$$\frac{\left(\sum\limits_{i=1}^{n}a_i^{\frac{n}{3}}\right)^{\frac{3}{2}}}{\left(\sum\limits_{i=1}^{n}a_i^n+n\lambda a_1a_2\cdots a_n\right)^{\frac{1}{2}}}\geqslant \frac{n}{\sqrt{1+\lambda}}\Leftrightarrow$$

$$(1+\lambda)\left(\sum_{i=1}^{n}a_i^{\frac{n}{3}}\right)^3\geqslant n^2\left(\sum_{i=1}^{n}a_i^n+n\lambda a_1a_2\cdots a_n\right) \tag{28}$$

将 $\left(\sum\limits_{i=1}^{n}a_i^{\frac{n}{3}}\right)^3$ 展开,并用平均值不等式可得

$$\left(\sum_{i=1}^{n}a_i^{\frac{n}{3}}\right)^3\geqslant \sum_{i=1}^{n}a_i^n+(n^3-n)a_1a_2\cdots a_n$$

因此要证式(28),只需证

$$(1+\lambda)\left[\sum_{i=1}^{n}a_i^n+(n^3-n)a_1a_2\cdots a_n\right]\geqslant n^2\left(\sum_{i=1}^{n}a_i^n+n\lambda a_1a_2\cdots a_n\right)\Leftrightarrow$$

$$(1+\lambda-n^2)\left(\sum_{i=1}^{n}a_i^n-na_1a_2\cdots a_n\right)\geqslant 0 \tag{29}$$

由 $\lambda \geqslant n^2 - 1$ 及 $\sum_{i=1}^{n} a_i^n \geqslant n a_1 a_2 \cdots a_n$ 知不等式(29) 成立,故式(22) 成立.

对 $\lambda = n^2 - 1$ 应用不等式(22) 有

$$\frac{1}{\sqrt{1+x_1}} + \frac{1}{\sqrt{1+x_2}} + \cdots + \frac{1}{\sqrt{1+x_n}} \geqslant 1(\text{其中}\sqrt[n]{x_1 x_2 \cdots x_n} = n^2 - 1) \quad (30)$$

当 $0 < \lambda < n^2 - 1$ 时,令 $x_i = \lambda b_i, b_i > 0(i = 1,2,\cdots,n), b_1 b_2 \cdots b_n = 1$,则

$$\frac{1}{\sqrt{1+x_1}} + \frac{1}{\sqrt{1+x_2}} + \cdots + \frac{1}{\sqrt{1+x_n}} =$$
$$\frac{1}{\sqrt{1+\lambda b_1}} + \frac{1}{\sqrt{1+\lambda b_2}} + \cdots + \frac{1}{\sqrt{1+\lambda b_n}} >$$
$$\frac{1}{\sqrt{1+(n^2-1)b_1}} + \frac{1}{\sqrt{1+(n^2-1)b_2}} + \cdots + \frac{1}{\sqrt{1+(n^2-1)b_n}} \geqslant 1$$

(后一步应用了不等式(30)),即不等式(23) 成立.

此时,令 $a_1 = a_2 = \cdots = a_{n-1} = t, a_n = \frac{1}{t^{n-1}}$,当 $t \to +\infty$ 时,式(23) 左边 $= \frac{n-1}{\sqrt{1+t}} + \frac{1}{\sqrt{1+\frac{1}{t^{n-1}}}} \to 1$,说明式(23) 左边的上界不可再改进.

(2) 当 $0 < \lambda \leqslant \left(\frac{n}{n-1}\right)^2 - 1$ 时,有:

当 $k = 3$ 时,由命题 3 的式(12) 知不等式(24) 成立.

假设 $n = k(\geqslant 3)$ 时,不等式(24) 成立,那么当 $n = k + 1$ 时,$x_1 x_2 \cdots x_{n+1} = \lambda^{n+1}$,设 $x = \sqrt[k]{x_1 x_2 \cdots x_k}$,则 $x_{k+1} = \frac{\lambda^{n+1}}{x^k}$.

不妨设 $x_1 \leqslant x_2 \leqslant \cdots \leqslant x_{k+1}$,则

$$x = \sqrt[k]{x_1 x_2 \cdots x_k} \leqslant \sqrt[k]{x_{k+1}^k} = x_{k+1} = \frac{\lambda^{n+1}}{x^k} \Rightarrow x^{k+1} \leqslant \lambda^{n+1} \Rightarrow x \leqslant \lambda$$

由 $k > 3$ 有

$$x \leqslant \lambda \leqslant \left(\frac{k+1}{k}\right)^2 - 1 < \left(\frac{k}{k-1}\right)^2 - 1$$

对 $x_1, x_2, \cdots, x_k$ 应用归纳假设,有

$$\frac{1}{\sqrt{1+x_1}} + \frac{1}{\sqrt{1+x_2}} + \cdots + \frac{1}{\sqrt{1+x_k}} + \frac{1}{\sqrt{1+x_{k+1}}} \leqslant$$
$$\frac{k}{\sqrt{1+x}} + \frac{1}{\sqrt{1+x_{k+1}}} = \frac{k}{\sqrt{1+x}} + \sqrt{\frac{x^k}{x^k + \lambda^{k+1}}}$$

需证明,当 $0 < x \leqslant \lambda \leqslant \left(\frac{k+1}{k}\right)^2 - 1$ 时,有

$$\frac{k}{\sqrt{1+x}}+\sqrt{\frac{x^k}{x^k+\lambda^{k+1}}}\leqslant\frac{k+1}{\sqrt{1+x}} \tag{31}$$

令

$$f(x)=\frac{k}{\sqrt{1+x}}+\sqrt{\frac{x^k}{x^k+\lambda^{k+1}}}(x\in(0,\lambda])$$

$$f'(x)=-\frac{k}{2}(1+x)^{-\frac{3}{2}}+\frac{k}{2}x^{\frac{k-2}{2}}(x^k+\lambda^{k+1})^{-\frac{1}{2}}+$$

$$x^{\frac{k}{2}}\left(-\frac{1}{2}\right)(x^k+\lambda^{k+1})^{-\frac{3}{2}}kx^{k-1}=$$

$$\frac{k}{2}\left[\frac{\lambda^{k+1}x^{\frac{k-2}{2}}}{(x^k+\lambda^{k+1})^{\frac{3}{2}}}-\frac{1}{(1+x)^{\frac{3}{2}}}\right]$$

注意到函数 $x^{\frac{3}{2}}$ 在$(0,+\infty)$上是增函数,所以当$a,b>0$时$a^{\frac{3}{2}}-b^{\frac{3}{2}}$与$a-b$的符号相同,由此可知$f'(x)$与

$$\frac{\lambda^{\frac{2k+2}{3}}x^{\frac{k-2}{3}}}{x^k+\lambda^{k+1}}-\frac{1}{1+x}=\frac{\lambda^{\frac{2k+2}{3}}x^{\frac{k-2}{3}}(1+x)-x^k-\lambda^{k+1}}{(x^k+\lambda^{k+1})(1+x)}(x\in(0,\lambda])$$

的符号相同,令

$$g(x)=\lambda^{\frac{2k+2}{3}}x^{\frac{k-2}{3}}(1+x)-x^k-\lambda^{k+1}(x\in(0,r])$$

则$f'(x)$与$g(x)$的符号相同

$$g'(x)=\frac{k+1}{3}\lambda^{\frac{2k+2}{3}}x^{\frac{k-2}{3}}+\frac{k-2}{3}\lambda^{\frac{2k+2}{3}}x^{\frac{k-5}{3}}-kx^{k-1}=$$

$$\frac{1}{3}x^{\frac{k-5}{3}}\left[(k+1)\lambda^{\frac{2k+2}{3}}x+(k-2)\lambda^{\frac{2k+2}{3}}-3kx^{\frac{2k+2}{3}}\right]$$

显然$g'(x)$与$h(x)=(k+1)\lambda^{\frac{2k+2}{3}}x+(k-2)\lambda^{\frac{2k+2}{3}}-3kx^{\frac{2k+2}{3}}(x\in(0,\lambda])$的符号相同,$h'(x)=(k+1)\lambda^{\frac{2k+2}{3}}-k(2k+2)x^{\frac{2k-1}{3}}$,令$h'(x)=0$得$x_0=\lambda\cdot\left(\frac{\lambda}{2k}\right)^{\frac{3}{2k-1}}$.

由$0<\lambda<2<2k\Rightarrow 0<\frac{\lambda}{2k}<1$及$\frac{3}{2k-3}>0$,有

$$0<x_0<\lambda$$

当$x\in(0,x_0)$时,$h'(x)>0$;当$x\in(x_0,\lambda)$时,$h'(x)<0$. 所以$h(x)$在$(0,x_0)$上严格递增,在$(x_0,\lambda)$上严格递减.

又$\lim\limits_{x\to0^+}h(x)=(k-2)\lambda^{\frac{2k+2}{3}}\geqslant0$,$h(\lambda)=(k+1)\lambda^{\frac{2k+2}{3}}(\lambda-2)<0$,所以$h(x)$在$(0,\lambda)$有唯一实根$x_1$,即$h(x_1)=0\Rightarrow g'(x_1)=0$,当$x\in(0,x_1)$时,$h(x)>0\Rightarrow g'(x)>0$;当$x\in(x_1,\lambda)$时,$h(x)<0\Rightarrow g'(x)<0$. 所以$g(x)$在$(0,x_1)$

上严格递增,在$(x_1,\lambda)$上严格递减.

注意到$g(\lambda)=0$,下面分$\lim\limits_{x\to0^+}g(x)\geqslant0$,$\lim\limits_{x\to0^+}g(x)<0$两种情形:

① 若$\lim\limits_{x\to0^+}g(x)\geqslant0$,则当$x\in(0,x_1)$时,由$g(x)$在$(0,x_1)$上严格递增,有$g(x)>\lim\limits_{x\to0^+}g(x)\geqslant0$,当$x\in(x_1,\lambda)$时,由$g(x)$在$(x_1,\lambda)$上严格递减有$g(x)>g(\lambda)=0$.

因此,当$x\in(0,\lambda)$时,总有$g(x)>0\Rightarrow f'(x)>0\Rightarrow f(x)$在$(0,\lambda]$是增函数,于是$f(x)\leqslant f(\lambda)=\dfrac{k+1}{\sqrt{1+\lambda}}$.

② 若$\lim\limits_{x\to0^+}g(x)<0$,则$g(x)$在$(0,\lambda)$有唯一实根$x_2$,即$g(x_2)=0\Rightarrow f'(x_2)=0$,当$x\in(0,x_2)$时,$g(x)<0\Rightarrow f'(x)<0$;当$x\in(x_2,\lambda)$时,$g(x)>0\Rightarrow f'(x)>0$. 所以$f(x)$在$(0,x_2)$上严格递减,在$(x_2,\lambda)$上严格递减.

所以,当$x\in(0,x_2)$有$f(x)<\lim\limits_{x\to0^+}f(x)=k$;当$x\in(x_2,\lambda]$有$f(x)\leqslant f(\lambda)=\dfrac{k+1}{\sqrt{1+\lambda}}$.

注意到,$0<\lambda\leqslant\left(\dfrac{k+1}{k}\right)^2-1\Rightarrow k\leqslant\dfrac{k+1}{\sqrt{1+\lambda}}$,所以对$x\in(0,\lambda)$总有$f(x)\leqslant\dfrac{k+1}{\sqrt{1+\lambda}}$

从而不等式(31)成立,即当$n=k+1$时,不等式(24)成立.

故对一切自然数$n\geqslant3$不等式(24)成立.

当$\lambda=\left(\dfrac{n}{n-1}\right)^2-1$时,应用式(24)有

$$\frac{1}{\sqrt{1+x_1}}+\frac{1}{\sqrt{1+x_2}}+\cdots+\frac{1}{\sqrt{1+x_n}}\leqslant n-1\left(\sqrt[n]{x_1x_2\cdots x_n}=\left(\frac{n}{n-1}\right)^2-1\right)\tag{32}$$

当$\lambda>\left(\dfrac{n}{n-1}\right)^2-1$时,令$x_i=\lambda b_i,b_i>0(i=1,2,\cdots,n),b_1b_2\cdots b_n=1$,则

$$\frac{1}{\sqrt{1+x_1}}+\frac{1}{\sqrt{1+x_2}}+\cdots+\frac{1}{\sqrt{1+x_n}}=$$

$$\frac{1}{\sqrt{1+\lambda b_1}}+\frac{1}{\sqrt{1+\lambda b_2}}+\cdots+\frac{1}{\sqrt{1+\lambda b_n}}<$$

$$\frac{1}{\sqrt{1+\left[\left(\frac{n}{n-1}\right)^2-1\right]b_1}}+\frac{1}{\sqrt{1+\left[\left(\frac{n}{n-1}\right)^2-1\right]b_2}}+\cdots+$$

$$\frac{1}{\sqrt{1+\left[\left(\frac{n}{n-1}\right)^2-1\right]b_n}} \leqslant n-1$$

后一步应用了不等式(32).

故不等式(25)成立.

此时,令 $a_1=a_2=\cdots=a_{n-1}=t, a_n=\frac{1}{t^{n-1}}$,当 $t\to 0$ 时,式(25)左边 $=\frac{n-1}{\sqrt{1+t}}+\frac{\sqrt{t^{n-1}}}{\sqrt{t^{n-1}+1}}\to n-1$,说明式(25)左边的上界不可再改进. 命题4证毕.

**注记1** 应用式(25)很容易解决2003年中国数学奥林匹克中的一个题目:

给定正整数 $n(n\geqslant 3)$,求最小的正数 $\lambda$ 使得对于任何 $\theta_i\in\left(0,\frac{\pi}{2}\right)(i=1,2,\cdots,n)$,只要 $\tan\theta_1\tan\theta_2\cdots\tan\theta_n=2^{\frac{n}{2}}$,就有 $\cos\theta_1+\cos\theta_2+\cdots+\cos\theta_n\leqslant\lambda$.

事实上,令 $t_i=\tan\theta_i$,问题等价于求最小的正数 $\lambda$ 使得对于满足 $t_1t_2\cdots t_n=2^n$ 的正实数 $t_1,t_2,\cdots,t_n$,都有

$$\frac{1}{\sqrt{1+t_1}}+\frac{1}{\sqrt{1+t_2}}+\cdots+\frac{1}{\sqrt{1+t_n}}\leqslant\lambda$$

由式(25)知 $\lambda=n-1$.

**注记2** 在命题4中取 $\lambda=n^2-1, x_i=(n^2-1)\frac{a_1a_2\cdots a_n}{a_i^n}, a_i>0(i=1,2,\cdots,n,n\geqslant 3)$,可得2004年中国奥林匹克协作体夏令营测试题(A水平)第4题:设 $a_i>0(i=1,2,\cdots,n,n\geqslant 3)$,求证

$$1\leqslant\frac{\sqrt{a_1^{n-1}}}{\sqrt{a_1^{n-1}+(n^2-1)a_2a_3\cdots a_n}}+\frac{\sqrt{a_2^{n-1}}}{\sqrt{a_2^{n-1}+(n^2-1)a_1a_3\cdots a_n}}+\cdots+\frac{\sqrt{a_n^{n-1}}}{\sqrt{a_n^{n-1}+(n^2-1)a_1a_2\cdots a_{n-1}}}<n-1$$

**注记3** 在命题4中取 $n=4$,由式(24)很容易解决如下的2005年中国国家队培训题:求所有的正实数 $a$,使得对满足 $t_1t_2t_3t_4=a^4$ 的任意正实数 $t_1,t_2,t_3,t_4$ 都有

$$\frac{1}{\sqrt{1+t_1}}+\frac{1}{\sqrt{1+t_2}}+\frac{1}{\sqrt{1+t_3}}+\frac{1}{\sqrt{1+t_4}}\leqslant\frac{4}{\sqrt{1+a}}$$

由式(24)得 $0<a\leqslant\frac{7}{9}$.

### 3.3 指数推广

更一般的问题是探讨$\frac{1}{(1+x_1)^\alpha}+\frac{1}{(1+x_2)^\alpha}+\cdots+\frac{1}{(1+x_n)^\alpha}$的上下界，3.2 中的命题 4 解决了 $\alpha=\frac{1}{2}$ 的情形，本节将解决 $\alpha=2,\alpha=1$ 两种情形，并对一般情形给出猜测.

#### 3.3.1 指数 $\alpha=2$

**命题5** 对 $x,y>0,\lambda=\sqrt{xy}$，则：

(1) 当$0<\lambda\leqslant\sqrt{2}-1$时，有

$$\frac{1-2\lambda^2}{(\lambda^2-1)^2}\leqslant\frac{1}{(1+x)^2}+\frac{1}{(1+y)^2}\leqslant\frac{2}{(1+\lambda)^2}\tag{33}$$

(2) 当$\sqrt{2}-1<\lambda<\frac{1}{2}$时，有

$$\frac{1-2\lambda^2}{(\lambda^2-1)^2}\leqslant\frac{1}{(1+x)^2}+\frac{1}{(1+y)^2}<1\tag{34}$$

(3) 当$\lambda\geqslant\frac{1}{2}$时，有

$$\frac{2}{(1+\lambda)^2}\leqslant\frac{1}{(1+x)^2}+\frac{1}{(1+y)^2}<1\tag{35}$$

**证明** 根据题意，有

$$f=\frac{1}{(1+a)^2}+\frac{1}{(1+b)^2}=\frac{2+2(a+b)+a^2+b^2}{(1+a)^2(1+b)^2}=$$

$$\frac{1+2(a+b)+(a+b)^2+1-2ab}{(1+a+b+ab)^2}=$$

$$\frac{(1+a+b)^2+1-2ab}{(1+a+b+ab)^2}$$

令 $t=1+a+b+ab$，则

$$t\geqslant1+2\sqrt{ab}+ab=(1+\sqrt{ab})^2=(1+\lambda)^2$$

$$1+a+b=t-ab=t-\lambda^2$$

$$f=\frac{(t-\lambda^2)^2+1-2\lambda^2}{t^2}=\frac{t^2-2\lambda^2t+\lambda^4+1-2\lambda^2}{t^2}=$$

$$(\lambda^2-1)^2\frac{1}{t^2}-2\lambda^2\frac{1}{t}+1$$

又令$\frac{1}{t}=x$，则

$$0<x\leqslant\frac{1}{(\lambda+1)^2},f=f(x)=(\lambda^2-1)^2x^2-2\lambda^2x+1$$

(1) 当 $\lambda=1$ 时,$f=f(x)=1-2x,x\in\left(0,\frac{1}{4}\right]$,其值域为$\left[\frac{1}{2},1\right)$.

(2) 当 $\lambda\neq1$ 时

$$f=f(x)=(\lambda^2-1)^2\left[x-\frac{\lambda^2}{(\lambda^2-1)^2}\right]^2+\frac{1-2\lambda^2}{(\lambda^2-1)^2}\left(x\in\left(0,\frac{1}{(\lambda+1)^2}\right]\right)$$

由

$$\frac{\lambda^2}{(\lambda^2-1)^2}=\frac{1}{(\lambda+1)^2}\Leftrightarrow\lambda=\frac{1}{2}$$

(2 - 1) 当$0<\lambda\leqslant\frac{1}{2}$时,$\frac{\lambda^2}{(\lambda^2-1)^2}\leqslant\frac{1}{(\lambda+1)^2}$,所以当$x=\frac{\lambda^2}{(\lambda^2-1)^2}$时,$f(x)$ 取最小值$\frac{1-2\lambda^2}{(\lambda^2-1)^2}$.

为求最大值或上界,需比较$f(0)=1$ 与$f\left(\frac{1}{(\lambda+1)^2}\right)=\frac{2}{(\lambda+1)^2}$的大小.

(2 - 1 - 1) 当$\sqrt{2}-1\leqslant\lambda\leqslant\frac{1}{2}$时,由

$$\frac{2}{(\lambda+1)^2}>1\Leftrightarrow f(1)<f\left(\frac{1}{(\lambda+1)^2}\right)$$

有

$$f(x)\leqslant f\left(\frac{1}{(\lambda+1)^2}\right)=\frac{2}{(\lambda+1)^2}$$

故此时$f(x)$ 的值域为$\left[\frac{1-2\lambda^2}{(\lambda^2-1)^2},\frac{2}{(\lambda+1)^2}\right]$.

(2 - 1 - 2) 当$0<\lambda<\sqrt{2}-1$时,由

$$f(0)=1>\frac{2}{(1+\lambda)^2}=f\left(\frac{2}{(1+\lambda)^2}\right),f(x)<\lim_{x\to0^+}f(x)=1$$

故此时$f(x)$ 的值域为$\left[\frac{1-2\lambda^2}{(\lambda^2-1)^2},1\right)$.

(2 - 2) 当 $\lambda>\frac{1}{2}$ 时,由 $\frac{\lambda^2}{(\lambda^2-1)^2}>\frac{1}{(\lambda+1)^2}$,知 $f(x)$ 在 $\left(0,\frac{1}{(\lambda+1)^2}\right]$ 是减函数,所以

$$f(0)>f(x)\geqslant f\left(\frac{1}{(\lambda+1)^2}\right)\Leftrightarrow1>f(x)\geqslant\frac{2}{(\lambda+1)^2}$$

当 $a=b$ 时,$f(x)=\frac{2}{(1+\lambda)^2}$.

故此时$f(x)$ 的值域为$\left[\frac{2}{(\lambda+1)^2},1\right)$.

综上所述,$0<\lambda\leqslant\sqrt{2}-1$ 时,$\frac{1}{(1+a)^2}+\frac{1}{(1+b)^2}$ 的值域为 $\left[\frac{1-2\lambda^2}{(\lambda^2-1)^2},\frac{2}{(1+\lambda)^2}\right]$;

当$\sqrt{2}-1<\lambda<\frac{1}{2}$时,$\frac{1}{(1+a)^2}+\frac{1}{(1+b)^2}$的值域为$\left[\frac{1-2\lambda^2}{(\lambda^2-1)^2},1\right)$;

当$\lambda\geqslant\frac{1}{2}$时,$\frac{1}{(1+a)^2}+\frac{1}{(1+b)^2}$的值域为$\left[\frac{2}{(1+\lambda)^2},1\right)$. 命题5证毕.

**命题6** 设$x_i>0,i=1,2,\cdots,n,n\geqslant 3,\lambda=\sqrt[n]{x_1x_2\cdots x_n}$,则:

(1) 当$\lambda\geqslant\sqrt{n}-1$时,有

$$\frac{1}{(1+x_1)^2}+\frac{1}{(1+x_2)^2}+\cdots+\frac{1}{(1+x_n)^2}\geqslant\frac{n}{(1+\lambda)^2}\tag{36}$$

当$0<\lambda<\sqrt{n}-1$时,有

$$\frac{1}{(1+x_1)^2}+\frac{1}{(1+x_2)^2}+\cdots+\frac{1}{(1+x_n)^2}>1\tag{37}$$

且此时的上界不可以再改进.

(2) 当$0<\lambda\leqslant\sqrt{\frac{n}{n-1}}-1$时,有

$$\frac{1}{(1+x_1)^2}+\frac{1}{(1+x_2)^2}+\cdots+\frac{1}{(1+x_n)^2}\leqslant\frac{n}{(1+\lambda)^2}\tag{38}$$

当$\lambda>\sqrt{\frac{n}{n-1}}-1$,有

$$\frac{1}{(1+x_1)^2}+\frac{1}{(1+x_2)^2}+\cdots+\frac{1}{(1+x_n)^2}<n-1\tag{39}$$

且此时的上界不可以再改进.

**注** 由于式(36)与(38)的证明完全类似,式(37)又可由式(36)证得,这里我们只证式(38),(39).

**证明** (1) 当$0<\lambda\leqslant\sqrt{\frac{n}{n-1}}-1$时,用数学归纳法证明式(38).

当$n=2$时,$\sqrt{x_1x_2}\leqslant\sqrt{2}-1<\frac{1}{2}$,由命题5的式(33)有

$$\frac{1}{(1+x_1)^2}+\frac{1}{(1+x_2)^2}\leqslant\frac{2}{(1+\lambda)^2}$$

即$n=2$时,不等式(38)成立.

假设$n=k(k\geqslant 2)$不等式(38)成立,那么当$n=k+1$时,$x_1x_2\cdots x_kx_{k+1}=\lambda^{k+1}$,不妨设$x_1\leqslant x_2\leqslant\cdots\leqslant x_k$,$x=\sqrt[k]{x_1x_2\cdots x_k}$,那么$x_{k+1}=\frac{\lambda^{k+1}}{x^k}$,又

$$x=\sqrt[k]{x_1x_2\cdots x_k}\leqslant\sqrt[k]{x_{k+1}x_{k+1}\cdots x_{k+1}}=x_{k+1}=\frac{\lambda^{k+1}}{x^k}\Rightarrow x^{k+1}\leqslant\lambda^{k+1}\Rightarrow x\leqslant\lambda$$

而 $$0<r\leqslant\sqrt{\frac{k+1}{k}}-1<\sqrt{\frac{k}{k-1}}-1$$

所以 $0<x<\sqrt{\frac{k}{k-1}}-1$ 且 $x=\sqrt[k]{x_1x_2\cdots x_k}$，对 $x_1,x_2,\cdots,x_k$ 应用归纳假设有

$$\frac{1}{(1+x_1)^2}+\frac{1}{(1+x_2)^2}+\cdots+\frac{1}{(1+x_k)^2}+\frac{1}{(1+x_{k+1})^2}\leqslant$$
$$\frac{k}{(1+x)^2}+\frac{1}{(1+x_{k+1})^2}=\frac{k}{(1+x)^2}+\frac{1}{\left(1+\frac{\lambda^{k+1}}{x^k}\right)^2}=$$
$$\frac{k}{(1+x)^2}+\frac{x^{2k}}{(x^k+\lambda^{k+1})^2}$$

下面证明：当 $0<x\leqslant\lambda<\sqrt{\frac{k+1}{k}}-1$ 时，有

$$\frac{k}{(1+x)^2}+\frac{x^{2k}}{(x^k+\lambda^{k+1})^2}\leqslant\frac{k+1}{(1+\lambda)^2}\tag{40}$$

令

$$f(x)=\frac{k}{(1+x)^2}+\frac{x^{2k}}{(x^k+\lambda^{k+1})^2}\left(x\in(0,\lambda],\lambda\leqslant\sqrt{\frac{k+1}{k}}-1\right)$$
$$f'(x)=-\frac{2k}{(1+x)^3}+\frac{2kx^{2k-1}}{(x^k+\lambda^{k+1})^2}-\frac{2kx^{3k-1}}{(x^k+\lambda^{k+1})^3}=$$
$$-\frac{2k}{(1+x)^3}+\frac{2k\lambda^{k+1}x^{2k-1}}{(x^k+\lambda^{k+1})^3}=$$
$$2k\frac{(x^{k+1}-\lambda^{k+1})[\lambda^{k+1}(x^{k+1}+3x^k+\lambda^{k+1})-x^{2k-1}]}{(1+x)^3(x^k+\lambda^{k+1})^3}=$$
$$\frac{2kx^{k+1}(x^{k+1}-\lambda^{k+1})}{(1+x)^3(x^k+\lambda^{k+1})^3}\left(\lambda^{k+1}+\frac{3\lambda^{k+1}}{x}+\frac{\lambda^{2k+2}}{x^{k+1}}-x^{k-2}\right)$$

由 $0<x\leqslant\lambda,k+1>0$，有 $x^{k+1}-\lambda^{k+1}\leqslant0$，令

$$g(x)=\lambda^{k+1}+\frac{3\lambda^{k+1}}{x}+\frac{\lambda^{2k+2}}{x^{k+1}}-x^{k-2}(x\in(0,\lambda])$$

显然 $g(x)$ 在 $(0,\lambda]$ 是减函数，注意到 $0<\lambda\leqslant\sqrt{\frac{k+1}{k}}-1<\sqrt{\frac{3}{2}}-1<\frac{1}{2}$，有

$$g(\lambda)=2\lambda^{k+1}+3\lambda^k-\lambda^{k-2}=2\lambda^{k-2}(\lambda+1)^2\left(\lambda-\frac{1}{2}\right)<0,\lim_{x\to0^+}g(x)\to+\infty$$

所以 $g(x)$ 在 $(0,\lambda]$ 有唯一实根 $x_0$，当 $x=x_0$ 时，$g(x)=0\Rightarrow f'(x)=0$；当 $0<x<x_0$ 时，$g(x)>g(x_0)=0\Rightarrow f'(x)<0$；当 $x_0<x<\lambda$ 时，$g(x)<g(x_0)=0\Rightarrow f'(x)>0$.

因此，$f(x)$ 在 $(0,x_0]$ 上是减函数，则

$$f(x)<\lim_{x\to 0^+}=k\leqslant\frac{k+1}{(1+\lambda)^2}\left(0<\lambda\leqslant\sqrt{\frac{k+1}{k}}-1\right)$$

$f(x)$ 在 $[x_0,\lambda]$ 上是增函数，则

$$f(x)\leqslant f(\lambda)=\frac{k}{(1+\lambda)^2}+\frac{\lambda^{2k}}{(\lambda^k+\lambda^{k+1})^2}=\frac{k+1}{(1+\lambda)^2}$$

所以在 $(0,\lambda]$ 总有 $f(x)\leqslant\dfrac{k+1}{(1+\lambda)^2}$，即式(40)成立，这就证明了当 $n=k+1$ 时，不等式(38)成立.

故对一切自然数 $n(\geqslant 2)$ 不等式(38)成立.

(2) 对 $r=\sqrt{\dfrac{n}{n-1}}-1$ 应用式(38)有

$$\frac{1}{(1+x_1)^2}+\frac{1}{(1+x_2)^2}+\cdots+\frac{1}{(1+x_n)^2}\leqslant n-1\left(\sqrt[n]{x_1x_2\cdots x_n}=\sqrt{\frac{n}{n-1}}-1\right)\tag{41}$$

所以当 $\lambda>\sqrt{\dfrac{n}{n-1}}-1$ 时，令 $x_i=\lambda b_i,b_i>0(i=1,2,\cdots,n),b_1b_2\cdots b_n=1$，则

$$\begin{aligned}&\frac{1}{(1+x_1)^2}+\frac{1}{(1+x_2)^2}+\cdots+\frac{1}{(1+x_n)^2}=\\&\frac{1}{(1+\lambda b_1)^2}+\frac{1}{(1+\lambda b_2)^2}+\cdots+\frac{1}{(1+\lambda b_n)^2}<\\&\frac{1}{\left[1+\left(\sqrt{\frac{n}{n-1}}-1\right)b_1\right]^2}+\frac{1}{\left[1+\left(\sqrt{\frac{n}{n-1}}-1\right)b_2\right]^2}+\cdots+\\&\frac{1}{\left[1+\left(\sqrt{\frac{n}{n-1}}-1\right)b_n\right]^2}\leqslant n-1\end{aligned}$$

最后一步应用了不等式(41).

故不等式(39)成立.

此时，令 $a_1=a_2=\cdots=a_{n-1}=t,a_n=\dfrac{1}{t^{n-1}}$，当 $t\to 0$ 时，式(39)左边 $=$

$$\frac{n-1}{(1+t)^2}+\frac{1}{\left(1+\frac{1}{t^{n-1}}\right)^2}\to n-1$$,说明式(39)左边的上界不可再改进.

**注记** 在命题6中取 $n=4,\lambda=1$,显然满足 $\lambda\geqslant\sqrt{n}-1$,由式(36)即得2005年中国数学奥林匹克国家集训队测验(一)第6题:设 $a,b,c,d>0$,且 $abcd\geqslant1$,求证

$$\frac{1}{(1+a)^2}+\frac{1}{(1+b)^2}+\frac{1}{(1+c)^2}+\frac{1}{(1+d)^2}\geqslant1$$

### 3.3.2 指数 $\alpha=1$

**命题7** 设 $x_i>0,i=1,2,\cdots,n,n\geqslant3,\lambda=\sqrt[n]{x_1x_2\cdots x_n}$,则:

(1) 当 $\lambda\geqslant n-1$ 时,有

$$\frac{1}{1+x_1}+\frac{1}{1+x_2}+\cdots+\frac{1}{1+x_n}\geqslant\frac{n}{1+\lambda}\tag{42}$$

当 $0<\lambda<n-1$ 时,有

$$\frac{1}{1+x_1}+\frac{1}{1+x_2}+\cdots+\frac{1}{1+x_n}>1\tag{43}$$

(2) 当 $0<\lambda\leqslant\frac{n}{n-1}-1$ 时,有

$$\frac{1}{1+x_1}+\frac{1}{1+x_2}+\cdots+\frac{1}{1+x_n}\leqslant\frac{n}{1+\lambda}\tag{44}$$

当 $\lambda>\frac{n}{n-1}-1$ 时,有

$$\frac{1}{1+x_1}+\frac{1}{1+x_2}+\cdots+\frac{1}{1+x_n}<n-1\tag{45}$$

**证明** (1) 令 $x_i=\lambda\frac{y_1y_2\cdots y_n}{y_i^n},y_i>0\ (i=1,2,\cdots,n)$,则式(42)等价于

$$\sum_{i=1}^{n}\frac{y_i^n}{y_i^n+\lambda y_1y_2\cdots y_n}\geqslant\frac{n}{1+\lambda}\ (\lambda\geqslant n-1)\tag{46}$$

由柯西不等式,有

$$\sum_{i=1}^{n}\frac{y_i^n}{y_i^n+\lambda y_1y_2\cdots y_n}\geqslant\frac{\left(\sum_{i=1}^{n}y_i^{\frac{n}{2}}\right)^2}{\sum_{i=1}^{n}y_i^n+\lambda ny_1y_2\cdots y_n}$$

因此,要证式(46),只需证

$$\frac{\left(\sum_{i=1}^{n}y_i^{\frac{n}{2}}\right)^2}{\sum_{i=1}^{n}y_i^n+\lambda ny_1y_2\cdots y_n}\geqslant\frac{n}{1+\lambda}\Leftrightarrow$$

$$(1+\lambda)\left(\sum_{i=1}^{n} y_i^{\frac{n}{2}}\right)^2 \geqslant n\sum_{i=1}^{n} y_i^n + n^2\lambda y_1y_2\cdots y_n \tag{47}$$

将$\left(\sum_{i=1}^{n} y_i^{\frac{n}{2}}\right)^2$展开，并用平均值不等式可得

$$\left(\sum_{i=1}^{n} y_i^{\frac{n}{2}}\right)^2 \geqslant \sum_{i=1}^{n} y_i^n + (n^2-n)y_1y_2\cdots y_n$$

因而要证式(47)，只需证

$$(1+\lambda)\left(\sum_{i=1}^{n} y_i^n + (n^2-n)y_1y_2\cdots y_n\right) \geqslant n\sum_{i=1}^{n} y_i^n + n^2\lambda y_1y_2\cdots y_n \Leftrightarrow$$

$$(1+\lambda-n)\left(\sum_{i=1}^{n} y_i^n - ny_1y_2\cdots y_n\right) \geqslant 0$$

这由$\lambda \geqslant n-1$及$\sum_{i=1}^{n} y_i^n \geqslant ny_1y_2\cdots y_n$知后一不等式成立，故不等式(42)成立.

对$\lambda = n-1$应用式(42)有

$$\frac{1}{1+x_1}+\frac{1}{1+x_2}+\cdots+\frac{1}{1+x_n} \geqslant 1\ \left(\sqrt[n]{x_1x_2\cdots x_n}=n-1\right)$$

所以当$0<\lambda<n-1$时，令$x_i=\lambda b_i, b_i>0(i=1,2,\cdots,n), b_1b_2\cdots b_n=1$，则

$$\frac{1}{1+x_1}+\frac{1}{1+x_2}+\cdots+\frac{1}{1+x_n}=\frac{1}{1+\lambda b_1}+\frac{1}{1+\lambda b_2}+\cdots+\frac{1}{1+\lambda b_n}>$$

$$\frac{1}{1+(n-1)b_1}+\frac{1}{1+(n-1)b_2}+\cdots+\frac{1}{1+(n-1)b_n} \geqslant 1$$

即式(43)成立.

(2) 当$0<\lambda \leqslant \frac{n}{n-1}-1$时，因为$\sqrt[n]{\frac{1}{x_1}\cdot\frac{1}{x_2}\cdot\cdots\cdot\frac{1}{x_n}}=\frac{1}{\lambda}$，由$\lambda \leqslant \frac{n}{n-1}-1=\frac{1}{n-1}$知$\frac{1}{\lambda} \geqslant n-1$，对$\frac{1}{x_1},\frac{1}{x_2},\cdots,\frac{1}{x_n}$及$\frac{1}{\lambda}$应用式(42)，有

$$\frac{1}{1+\frac{1}{x_1}}+\frac{1}{1+\frac{1}{x_2}}+\cdots+\frac{1}{1+\frac{1}{x_n}} \geqslant \frac{n}{1+\frac{1}{\lambda}} \Leftrightarrow$$

$$\frac{x_1}{1+x_1}+\frac{x_2}{1+x_2}+\cdots+\frac{x_n}{1+x_n} \geqslant \frac{n\lambda}{1+\lambda} \Leftrightarrow$$

$$\frac{x_1}{1+x_1}+\frac{x_2}{1+x_2}+\cdots+\frac{x_n}{1+x_n} \geqslant \frac{n\lambda}{1+\lambda} \Leftrightarrow$$

$$\left(1-\frac{1}{1+x_1}\right)+\left(1-\frac{1}{1+x_2}\right)+\cdots+\left(1-\frac{1}{1+x_n}\right) \geqslant \frac{n\lambda}{1+\lambda} \Leftrightarrow$$

$$\frac{1}{1+x_1}+\frac{1}{1+x_2}+\cdots+\frac{1}{1+x_n} \leqslant \frac{n}{1+\lambda}$$

即式(44)成立.

应用式(44) 很容易证明式(45),这里从略.

**注记1** 在命题7中取 $\lambda=1, x_i\rightarrow\frac{x_{i+1}}{x_i}(i=1,2,\cdots,n), x_{n+1}=x_1$,即得 A. Zulauf1958年建立的如下不等式[15]:设 $x_1,x_2,\cdots,x_n>0$,则

$$1<\frac{x_1}{x_1+x_2}+\frac{x_2}{x_2+x_3}+\cdots+\frac{x_n}{x_n+x_1}<n-1$$

**注记2** 在命题7中,取 $\lambda=\frac{1}{n-1}, x_i\rightarrow\frac{1}{n-1}x_i(i=1,2,\cdots,n)$,由式(44)即得1999年罗马尼亚数学奥林匹克国家队选拔赛第一天第四题:设 $x_1,x_2,\cdots,x_n>0$ 且 $x_1x_2\cdots x_n=1$,则

$$\frac{1}{n-1+x_1}+\frac{1}{n-1+x_2}+\cdots+\frac{1}{n-1+x_n}\leqslant 1$$

**注记3** 在命题7中,取 $n=3,\lambda=2,x_1=\frac{2bc}{a^2},x_2=\frac{2ca}{b^2},x_3=\frac{2ab}{c^2}(a,b,c>0)$,由式(42)有

$$\frac{a^2}{a^2+2bc}+\frac{b^2}{b^2+2ca}+\frac{c^2}{c^2+2ab}\geqslant 1 \tag{48}$$

取 $n=3,\lambda=\frac{1}{2},x_1=\frac{1}{2}\frac{a^2}{bc},x_2=\frac{1}{2}\frac{b^2}{ca},x_3=\frac{1}{2}\frac{c^2}{ab}(a,b,c>0)$,由式(44)有

$$\frac{bc}{a^2+2bc}+\frac{ca}{b^2+2ca}+\frac{ab}{c^2+2ab}\leqslant 1 \tag{49}$$

综合式(48),式(49)即得1997年罗马尼亚数学奥林匹克题:设 $a,b,c>0$,求证

$$\frac{a^2}{a^2+2bc}+\frac{b^2}{b^2+2ca}+\frac{c^2}{c^2+2ab}\geqslant 1\geqslant\frac{bc}{a^2+2bc}+\frac{ca}{b^2+2ca}+\frac{ab}{c^2+2ab}$$

其中式(48)的等价形式:“设 $x,y,z>0$ 且 $xyz=1$,求证 $\frac{1}{1+2a}+\frac{1}{1+2b}+\frac{1}{1+2c}\geqslant 1$”为2004年德国数学奥林匹克国家队选拔赛中的一个题目.

### 3.3.3 指数 $\alpha$ 为一般情形

对于一般情形,我们有如下猜测:设 $x_i>0(i=1,2,\cdots,n)$, $n\geqslant 3,\lambda=\sqrt[n]{x_1x_2\cdots x_n}$,$\alpha$ 是正常数,则:

(1) 当 $\lambda\geqslant n^{\frac{1}{\alpha}}-1$ 时,有

$$\frac{1}{(1+x_1)^\alpha}+\frac{1}{(1+x_2)^\alpha}+\cdots+\frac{1}{(1+x_n)^\alpha}\geqslant\frac{n}{(1+\lambda)^\alpha} \tag{50}$$

当 $0<\lambda<n^{\frac{1}{\alpha}}-1$ 时,有

$$\frac{1}{(1+x_1)^\alpha}+\frac{1}{(1+x_2)^\alpha}+\cdots+\frac{1}{(1+x_n)^\alpha}>1 \tag{51}$$

(2) 当 $0<\lambda\leqslant\left(\frac{n-1}{n}\right)^{\frac{1}{\alpha}}-1$ 时,有

$$\frac{1}{(1+x_1)^\alpha}+\frac{1}{(1+x_2)^\alpha}+\cdots+\frac{1}{(1+x_n)^\alpha}\leqslant\frac{n}{(1+\lambda)^\alpha} \tag{52}$$

当 $\lambda>\left(\frac{n-1}{n}\right)^{\frac{1}{\alpha}}-1$ 时,有

$$\frac{1}{(1+x_1)^\alpha}+\frac{1}{(1+x_2)^\alpha}+\cdots+\frac{1}{(1+x_n)^\alpha}\leqslant n-1 \tag{53}$$

**注记 1** 作者已证明当 $\alpha\leqslant n-1$ 时,式(50),式(51)成立(证明见本书"第42届IMO第二题的证明与推广"一文),当 $0<\alpha\leqslant 2$ 时,对一切 $n\geqslant 3$ 均有 $n\geqslant\alpha+1$,此时对一切自然数 $n(n\geqslant 3)$ 不等式(50),(51)成立;当 $\alpha>2$ 时,$n\geqslant\alpha+1>3$,此时不等式(50),(51)仅对满足 $n\geqslant\alpha+1$ 的自然数 $n$ 成立,对满足 $3\leqslant n<\alpha+1$ 的自然数 $n$ 是否成立尚未解决. 式(52),式(53)也未能解决.

另外,$n=2$ 的结论与式(50) ~ 式(53)有所不同,目前也没完全解决.

**注记 2** 在式(50)中取 $n=\alpha=3,\lambda=1,x_1=\frac{y}{x},x_2=\frac{z}{y},x_3=\frac{x}{z}(x,y,z>0)$,即得2005年越南数学奥林匹克国家队选拔赛中的一个题目:设 $x,y,z>0$,求证

$$\left(\frac{x}{x+y}\right)^3+\left(\frac{y}{y+z}\right)^3+\left(\frac{z}{z+x}\right)^3\geqslant\frac{3}{8}$$

## 参考文献

[1] 2004年西部数学奥林匹克[J]. 中等数学,2005(2).
[2] 刘保乾. 浅淡发现三角形不等式的7种模型[J]. 中学教研(数学),2000(11).
[3] 吴善和. 一个不等式猜想的证明与推广[J]. 中学教研(数学),2001(4).
[4] 舒金根. 一个不等式的简证、推广及其它[J]. 中学数学月刊,2001(5).
[5] 李建潮. 一个猜想不等式的证明[J]. 中学数学教学,2001 (6).
[6] 李建潮. 也谈一个猜想不等式的证明[J]. 中学数学月刊,2001(12).
[7] 安振平. 一个不等式的下界估计[J]. 中学数学月刊,2001(12).
[8] 龚浩生,宋庆. IMO42 - 2 的推广[J]. 中学数学,2002(1).
[9] MAZUR M. 问题10944[J]. American Mathematical Monthly, 2002(109): 475.

[10] 蒋明斌.对一个不等式的再探讨[J].中学教研(数学),2003(9).
[11] 蒋明斌.IMO42 中一个不等式的新推广[J].中学数学研究(南昌),2004(12).
[12] 蒋明斌.第42届IMO第2题的隔离的推广[J].中学数学,2006(7).
[13]《中等数学》(天津师大)[J].2005年增刊.
[14] 蒋明斌.一道西部数学奥林匹克赛题溯源与推广[J].数学教育(香港数学教育学会),2007(24):63-68.
[15] ZULAUF A. Note on the expression…[J]. Math. Gaz.,1958(42):42.

# 2008 年江西预赛第 14 题的证明、加强与推广

## 1 引 言

2008 年全国高中数学联赛江西预赛第 14 题为:

设 $x,y,z$ 为非负实数,满足 $xy+yz+zx=1$,证明

$$\frac{1}{x+y}+\frac{1}{y+z}+\frac{1}{z+x}\geqslant\frac{5}{2} \tag{1}$$

赛后命题人给出了如下证明:为使所证式有意义,$x,y,z$ 三数中至多有一个为 0,据对称性,不妨设 $x\geqslant y\geqslant z\geqslant 0$,则 $x>0,y>0,z\geqslant 0$,对正数 $x,y$ 作调整,由于

$$\frac{1}{y+z}+\frac{1}{z+x}\geqslant\frac{2}{\sqrt{(y+z)(z+x)}}=\frac{2}{\sqrt{1+z^2}}$$

取等号当且仅当 $x=y$,此时条件式成为 $x^2+2xz=1$,则 $x\leqslant 1$,且有 $z=\frac{1-x^2}{2x}$,于是

$$\frac{1}{x+y}+\frac{1}{y+z}+\frac{1}{z+x}\geqslant\frac{1}{2x}+\frac{2}{\sqrt{1+z^2}}=\frac{1}{2x}+\frac{4x}{1+x^2}$$

只要证

$$\frac{1}{2x}+\frac{4x}{1+x^2}\geqslant\frac{5}{2}\Leftrightarrow 1+9x^2-5x-5x^3\geqslant 0\Leftrightarrow(1-x)(5x^2-4x+1)\geqslant 0$$

后一式显然成立,取等号当且仅当 $x=y=1,z=0$,故命题得证.

这一证明显然存在问题,实际上只证明了当 $x=y$ 时,不等式(1)成立.

后来命题人也发现了上述证明存在问题,在书[1]中对该题的证明作了修订,基本思路是:

(1)记 $f(x,y,z)=\frac{1}{x+y}+\frac{1}{y+z}+\frac{1}{z+x}$,先证当 $x=y$ 时不等式(1)成立,即 $f(x,y,z)\geqslant\frac{5}{2}$;

(2)对满足条件的任意 $x,y,z$,不妨设 $x\geqslant y\geqslant z$,令 $x=\cot A,y=\cot B$,以 $A,B$ 为内角构作 $\triangle ABC$,则 $\cot C=z$,由 $x\geqslant y\geqslant z$ 得 $A\leqslant B\leqslant C\leqslant 90°$,将 $\triangle ABC$ 调整为 $\triangle A'B'C$,其中 $A'=B'=\frac{A+B}{2}$,令 $t=\cot\frac{A+B}{2}=\tan\frac{C}{2}$,先证明 $f(x,y,$

$z) = f(\cot A, \cot B, \cot C) \geqslant f(t, t, z)$,再利用式(1)的结论即得证.

这一证明属于调整法,但很繁琐,用了差不多5页.

此题为一陈题,其另一形式:

“设 $x, y, z$ 为非负实数,满足 $xy + yz + zx = 1$,求 $f(x, y, z) = \frac{1}{x+y} + \frac{1}{y+z} + \frac{1}{z+x}$ 的最小值.”

为2003年数学奥林匹克中国国家队培训题,[2]中给出了两种解法,一种是通过消元、变形化为一元函数,利用单调性求得最小值;另一种属调整法,通过证明 $f(x, y, z) \geqslant f\left(0, x+y, \frac{1}{x+y}\right)$ 求得.

对如此简单的一个不等式的证明,为什么首先想到的是调整法而不是常规方法?能否用一般中学生熟悉的常规方法给出其证明?本文对此作些探讨,给出式(1)的两种简单证明,并给出式(1)的加强与推广.

## 2 证明与加强

**分析1** 对原不等式先作等价变形,设 $p = x + y + z$,注意到

$$
\begin{aligned}
&(y+z)(z+x)(x+y) = (p-x)(p-y)(p-z) = \\
&p^3 - (x+y+z)p^2 + (xy+yz+zx)p - xyz = p - xyz = \\
&(y+z)(z+x) + (z+x)(x+y) + (x+y)(y+z) = \\
&(p-x)(p-y) + (p-y)(p-z) + (p-z)(p-x) = \\
&p^2 - (x+y)p + xy + p^2 - (y+z)p + yz + p^2 - (z+x)p + zx = \\
&3p^2 - 2(x+y+z)p + xy + yz + zx = p^2 + 1 \\
&\frac{1}{x+y} + \frac{1}{y+z} + \frac{1}{z+x} = \\
&\frac{(y+z)(z+x) + (z+x)(x+y) + (x+y)(y+z)}{(x+y)(y+z)(z+x)} = \frac{p^2+1}{p - xyz}
\end{aligned}
$$

不等式(1)等价于

$$
2(p^2+1) \geqslant 5(p - xyz) \Leftrightarrow 2p^2 - 5p + 2 + 5xyz \geqslant 0 \tag{2}
$$

可以考虑对 $2p^2 - 5p + 2 + 5xyz$ 配方,是将其配成 $2\left(p - \frac{5}{4}\right)^2 + 5xyz - \frac{9}{8}$,还是配成其他形式?这一步是证明的关键.

考虑式(1)等号成立的条件是 $x, y, z$ 中一个为0,其余两个为1,此时 $p = 2$,所以,应当配成

$$
2p^2 - 5p + 2 + 5xyz = 2(p-2)^2 + 3p + 5xyz - 6
$$

因此要证式(2),只需证

$$3(x+y+z)+5xyz-6 \geqslant 0 \tag{3}$$

式(3)左边已最简,不好再作其他变形,可以考虑利用已知条件消去一元,由 $xy+yz+zx=1$,得 $x=\dfrac{1-yz}{y+z}$,代入得

$$\begin{aligned} t &= 3(x+y+z)+5xyz-6= \\ & 3\cdot\frac{1-yz}{y+z}+3(y+z)+5yz\cdot\frac{1-yz}{y+z}-6= \\ & \frac{3(y+z)^2-6(y+z)+3+2yz-5(yz)^2}{y+z}= \\ & \frac{3(y+z-1)^2+2yz-5(yz)^2}{y+z} \end{aligned}$$

得到这一步后,有以下几种处理:

(1)不妨设 $x \geqslant y \geqslant z \geqslant 0$,则由 $xy+yz+zx=1$,有 $0 \leqslant yz \leqslant \dfrac{1}{3} \Leftrightarrow \dfrac{5}{2}yz \leqslant \dfrac{5}{6}<1$,所以

$$2yz-5(yz)^2=2yz\left(1-\frac{5}{2}yz\right) \geqslant 0 \Rightarrow t \geqslant 0$$

(2)由 $t=3(x+y+z)+5xyz-6=\dfrac{3(y+z-1)^2+2yz-5(yz)^2}{y+z}$,有

$$x(y+z)t=3x(y+z-1)^2+xyz(2-5yz) \geqslant xyz(2-5yz)$$

同理,有

$$y(z+x)t \geqslant xyz(2-5zx),z(x+y)t \geqslant xyz(2-5xy)$$

三式相加并注意到 $xy+yz+zx=1$,有

$$2(xy+yz+zx)t \geqslant xyz[6-5(xy+yz+zx)]=xyz \Rightarrow t \geqslant xyz \geqslant 0$$

(3)由(2)有

$$x(y+z)t=3x(y+z-1)^2+xyz(2-5yz)$$

同理,可得

$$y(z+x)t=3y(z+x-1)^2+xyz(2-5zx)$$
$$z(x+y)t=3z(x+y-1)^2+xyz(2-5xy)$$

三式相加并注意到 $xy+yz+zx=1$,有

$$\begin{aligned} 2(xy+yz+zx)t=3x(y+z-1)^2+3y(z+x-1)^2+ \\ 3z(x+y-1)^2+xyz \Leftrightarrow \end{aligned}$$

$$t=\frac{3}{2}x(y+z-1)^2+\frac{3}{2}y(z+x-1)^2+\frac{3}{2}z(x+y-1)^2+\frac{1}{2}xyz \geqslant 0 \tag{4}$$

由以上三种处理都可以得到 $t=3(x+y+z)+5xyz-6 \geqslant 0$,即式(3)成立,

故式(1) 成立.

**注记** 由 $2p^2-5p+2+5xyz=2(p-2)^2+3p+5xyz-6$ 及(3) 中的恒等式(4),可以得到本题的配方证法

$$\frac{1}{x+y}+\frac{1}{y+z}+\frac{1}{z+x}-\frac{5}{2}=$$

$$\frac{4(x+y+z-2)^2+3x(y+z-1)^2+3y(z+x-1)^2+3z(x+y-1)^2+xyz}{4(x+y)(y+z)(z+x)}\geqslant 0$$

由此可得到式(1) 的加强:设 $x,y,z$ 为满足 $xy+yz+zx=1$ 的非负实数,则

$$\frac{1}{x+y}+\frac{1}{y+z}+\frac{1}{z+x}\geqslant\frac{5}{2}+\frac{xyz}{4(x+y)(y+z)(z+x)}\qquad(5)$$

**分析 2** 由分析 1 知,要证式(1),只需证式(2),注意到

$$2p^2-5p+2+5xyz=2(p-2)^2+3(p-2)+5xyz$$

(1) 当 $p\geqslant 2$ 时

$$2p^2-5p+2+5xyz=2(p-2)^2+3(p-2)+5xyz\geqslant 5xyz\geqslant 0$$

此时式(2) 成立.

(2) 当 $p<2$ 时,考虑将 $xyz$ 缩小,想到了用 Schur 不等式

$$x(x-y)(x-z)+y(y-z)(y-x)+z(z-x)(z-y)\geqslant 0\Leftrightarrow$$

$$p^3-4pq+9r\geqslant 0$$

其中 $q=xy+yz+xy=1,r=xyz$,注意到 $q=1$,则 $xyz=r\geqslant\frac{4p-p^3}{9}$,所以

$$2p^2-5p+2+5xyz\geqslant 2p^2-5p+2+\frac{5}{9}(4p-p^3)=$$

$$-\frac{1}{9}(5p^3-18p^2+25p-18)=\frac{1}{9}(2-p)(5p^2-8p+9)=$$

$$\frac{5}{9}(2-p)\left[\left(p-\frac{4}{5}\right)^2+\frac{29}{5}\right]>0$$

此时式(2) 亦成立,故式(1) 成立.

## 3 推 广

文[4] 也探讨了式(1) 的证明,并给出了一个类似的不等式:

设 $x,y,z$ 为非负实数,满足 $xy+yz+zx=1$,则

$$\frac{1}{x+y}+\frac{1}{y+z}+\frac{1}{z+x}+\frac{1}{x+y+z}\geqslant 3\qquad(6)$$

最近在网上罗马尼亚的数学论坛“Inequalities Marathon(不等接力)”一贴中见到一个类似的不等式(http://www.artofproblemsolving.com/Forum/viewtopic.php? f=151&t=299899&start=1240,该贴第 1249#,第

466 题)：

设 $x,y,z$ 为非负实数，满足 $xy+yz+zx=1$，则

$$\frac{1}{x+y}+\frac{1}{y+z}+\frac{1}{z+x}-\frac{1}{x+y+z}\geqslant 2 \tag{7}$$

这就促使我们考虑$\frac{1}{x+y}+\frac{1}{y+z}+\frac{1}{z+x}+\frac{k}{x+y+z}$的最小值问题，通过探索得到：

**命题** 设 $x,y,z$ 为非负实数，满足 $xy+yz+zx=1$，$k\in\mathbf{R}$ 且 $-1\leqslant k\leqslant 3$，则

$$\frac{1}{x+y}+\frac{1}{y+z}+\frac{1}{z+x}+\frac{k}{x+y+z}\geqslant\frac{5+k}{2} \tag{8}$$

**注** 在命题中分别取当 $k=0,1,-1$，由式(8)即得式(1)，式(6)，式(7)，可见不等式(8)是式(1)，式(6)，式(7)的推广.

**证明** 设 $p=x+y+z$，则

$$p^2=(x+y+z)^2\geqslant 3(xyz+yz+zx)=3\Leftrightarrow p\geqslant\sqrt{3}$$

由分析 1 有

$$\frac{1}{x+y}+\frac{1}{y+z}+\frac{1}{z+x}=\frac{p^2+1}{p-xyz}$$

知不等式(8)等价于

$$\frac{p^2+1}{p-xyz}+\frac{k}{p}\geqslant\frac{k+5}{2}\Leftrightarrow$$

$$2p^3-(k+5)p^2+2(k+1)p+(k+5)pxyz-2kxyz\geqslant 0 \tag{9}$$

(1) 当 $p\geqslant 2$ 时，由 $k\leqslant 3$，有

$$3-k\geqslant 0$$

$$\begin{aligned}&2p^3-(k+5)p^2+2(k+1)p+(k+5)pxyz-2kxyz=\\&2p(p-2)^2+(3-k)p(p-2)+[(k+5)p-2k]xyz\geqslant\\&[2(k+5)-2k]xyz=10xyz\geqslant 0\end{aligned}$$

此时式(9)成立.

(2) 当 $\sqrt{3}\leqslant p<2$ 时，由 $-1\leqslant k\leqslant 3$，有

$$(k+5)p-2k\geqslant(k+5)\sqrt{3}-2k=5\sqrt{3}+(\sqrt{3}-2)k\geqslant$$

$$5\sqrt{3}+3(\sqrt{3}-2)\geqslant 0$$

由 Schur 不等式

$$x(x-y)(x-z)+y(y-z)(y-x)+z(z-x)(z-y)\geqslant 0\Leftrightarrow$$

$$p^3-4pq+9r\geqslant 0 \tag{10}$$

其中 $q=xy+yz+xy=1$，$r=xyz$.

注意到 $q=1$,有 $xyz=r\geqslant\frac{4p-p^3}{9}$,则

$$2p^3-(k+5)p^2+2(k+1)p+(k+5)pxyz-2kxyz\geqslant$$

$$2p^3-(k+5)p^2+2(k+1)p+[(k+5)p-2k]\cdot\frac{4p-p^3}{9}=$$

$$-\frac{p}{9}[(k+5)p^3-(2k+18)p^2+(5k+25)p-10k-18]=$$

$$-\frac{p}{9}(p-2)[(k+5)p^2-8p+5k+9]=$$

$$\frac{p(2-p)}{9(k+5)}[(k+5)^2p^2-8(k+5)p+(k+5)(5k+9)]=$$

$$\frac{p(2-p)}{9(k+5)}\{[(k+5)p-4]^2+(5k+9)(k+5)-16\}=$$

$$\frac{p(2-p)}{9(k+5)}\{[(k+5)p-4]^2+(5k+29)(k+1)\}$$

由 $\sqrt{3}\leqslant p<2$,及 $-1\leqslant k\leqslant 3$ 知

$$\frac{p(2-p)}{9}\{[(k+5)p-4]^2+(5k+9)(k+5)\}\geqslant 0$$

即,此时式(9)也成立.

综上知,式(8)成立,命题得证.

## 参考文献


[1] 中国数学会普及工作委员会组.高中数学联赛备考手册[M].上海:华东师范大学出版社,2009.

[2] 走向IMO－数学奥林匹克试题集锦(2003)[M].上海:华东师范大学出版社,2003.

[3] 蒋明斌.一道竞赛题的证法再探[J].数学教学,2011(4).

[4] 黎金传,宋庆.一道竞赛题的简证及推广[J].数学通讯,2010(1～2).

# 第42届IMO第二题的证明与推广

## 1 引 言

2001年在美国华盛顿举行的第42届国际数学奥林匹克(IMO42)中,韩国Hojoo Lee先生提供的第二题为:对所有正实数$a,b,c$,证明

$$\frac{a}{\sqrt{a^2+8bc}}+\frac{b}{\sqrt{b^2+8ca}}+\frac{c}{\sqrt{c^2+8ab}}\geqslant 1 \tag{1}$$

此题结构紧凑、形式优美、证法多样,引起了很多数学爱好者的兴趣. 本文拟给出此题的多种证明及推广.

## 2 证 明

**证明1** (组委会官方证明)组委会给出的证明是,先证"零件不等式"

$$\frac{a}{\sqrt{a^2+8bc}}\geqslant\frac{a^{\frac{3}{4}}}{a^{\frac{3}{4}}+b^{\frac{3}{4}}+c^{\frac{3}{4}}} \tag{2}$$

同理,有

$$\frac{b}{\sqrt{b^2+8ca}}\geqslant\frac{b^{\frac{3}{4}}}{a^{\frac{3}{4}}+b^{\frac{3}{4}}+c^{\frac{3}{4}}},\frac{c}{\sqrt{c^2+8ab}}\geqslant\frac{c^{\frac{3}{4}}}{a^{\frac{3}{4}}+b^{\frac{3}{4}}+c^{\frac{3}{4}}}$$

三式相加即得式(1).

式(2)的证明将在后文给出,这里先说说式(2)是如何构造出来的,即式(2)右边各字母的指数$\frac{3}{4}$是如何想到的?

实际上并不难,可用待定系数法求出来,设$\lambda$为待定正常数,使

$$\frac{a}{\sqrt{a^2+8bc}}\geqslant\frac{a^{\lambda}}{a^{\lambda}+b^{\lambda}+c^{\lambda}}\Leftrightarrow \tag{3}$$

$$a^2(a^{\lambda}+b^{\lambda}+c^{\lambda})^2\geqslant a^{2\lambda}(a^2+8bc)\Leftrightarrow$$

$$a^2[(a^{\lambda}+b^{\lambda}+c^{\lambda})^2-(a^{\lambda})^2]\geqslant 8a^{2\lambda}bc\Leftrightarrow$$

$$a^2(b^{\lambda}+c^{\lambda})(2a^{\lambda}+b^{\lambda}+c^{\lambda})\geqslant 8a^{2\lambda}bc \tag{4}$$

注意到

$$(b^{\lambda}+c^{\lambda})(2a^{\lambda}+b^{\lambda}+c^{\lambda})\geqslant 2\sqrt{b^{\lambda}c^{\lambda}}\cdot 4\sqrt[4]{a^{2\lambda}b^{\lambda}c^{\lambda}}=8a^{\frac{\lambda}{2}}b^{\frac{3\lambda}{4}}c^{\frac{3\lambda}{4}}$$

要使式(4)成立,只需

$$8a^2a^{\frac{\lambda}{2}}b^{\frac{3\lambda}{4}}c^{\frac{3\lambda}{4}} \geqslant 8a^{2\lambda}bc$$

取 $\lambda = \frac{4}{3}$,即有

$$\frac{a}{\sqrt{a^2 + 8bc}} \geqslant \frac{a^{\frac{4}{3}}}{a^{\frac{4}{3}} + b^{\frac{4}{3}} + c^{\frac{4}{3}}}$$

不等式(2) 也可以按如下方法得到:

因 $\frac{a}{\sqrt{a^2 + 8bc}} = \frac{1}{\sqrt{1 + \frac{8bc}{a^2}}}$,为使 $1 + \frac{8bc}{a^2}$ 可分解因式,可设 $\frac{8bc}{a^2} = x^3 \Leftrightarrow x = \left(\frac{8bc}{a^2}\right)^{\frac{1}{3}}$,则

$$\sqrt{1 + \frac{8bc}{a^2}} = \sqrt{1 + x^3} = \sqrt{(1 + x)(1 - x + x^2)} \leqslant \frac{1 + x + 1 - x + x^2}{2} = 1 + \frac{1}{2}x^2$$

因此

$$\frac{a}{\sqrt{a^2 + 8bc}} = \frac{1}{\sqrt{1 + \frac{8bc}{a^2}}} \geqslant \frac{1}{1 + \frac{1}{2}x^2} = \frac{1}{1 + \frac{1}{2}\left(\frac{8bc}{a^2}\right)^{\frac{2}{3}}} = \frac{a^{\frac{4}{3}}}{a^{\frac{4}{3}} + 2(bc)^{\frac{2}{3}}} \geqslant \frac{a^{\frac{4}{3}}}{a^{\frac{4}{3}} + b^{\frac{4}{3}} + c^{\frac{4}{3}}}$$

**注** 2004 年波兰数学奥林匹克中有一道类似的题:设 $a,b,c,d > 0$,求证

$$\frac{a}{\sqrt[3]{a^3 + 63bcd}} + \frac{b}{\sqrt[3]{b^3 + 63cda}} + \frac{c}{\sqrt[3]{c^3 + 63dab}} + \frac{d}{\sqrt[3]{d^3 + 63abc}} \geqslant 1$$

它是式(1) 的四元推广,可用类似的方法证得.

**证明2** (思路最自然的证明) 即先通过换元,去分母,去根号等变形转化为与其等价的不等式,然后应用均值不等式使问题得证.

令 $x = \frac{bc}{a^2}, y = \frac{ca}{b^2}, z = \frac{ab}{c^2}$, $x,y,z > 0, xyz = 1$,则式(1) 等价于

$$\frac{1}{\sqrt{1 + 8x}} + \frac{1}{\sqrt{1 + 8y}} + \frac{1}{\sqrt{1 + 8z}} \geqslant 1 \Leftrightarrow$$

$$\sqrt{1 + 8x}\sqrt{1 + 8y} + \sqrt{1 + 8y}\sqrt{1 + 8z} + \sqrt{1 + 8z}\sqrt{1 + 8x} \geqslant$$

$$\sqrt{1+8x}\sqrt{1+8y}\sqrt{1+8z}=P\Leftrightarrow$$

$$(1+8x)(1+8y)+(1+8y)(1+8z)+(1+8z)(1+8x)+$$
$$2[\sqrt{(1+8x)^2(1+8y)(1+8z)}+\sqrt{(1+8x)(1+8y)^2(1+8z)}+$$
$$\sqrt{(1+8x)(1+8y)(1+8z)^2}]\geqslant$$
$$1+8(x+y+z)+8^2(xy+yz+zx)+8^3xyz\Leftrightarrow$$
$$8(x+y+z)+2(\sqrt{8+x}+\sqrt{8+y}+\sqrt{8+z})P\geqslant 8^3-2=510 \quad (5)$$

而

$$P^2=1+8(x+y+z)+8^2(xy+yz+zx)+8^3xyz\geqslant$$
$$1+8\times 3\sqrt[3]{xyz}+8^2\times 3\sqrt[3]{(xyz)^2}+8^3xyz=729$$

则 $P\geqslant 27$,于是

$$8(x+y+z)+2(\sqrt{8+x}+\sqrt{8+y}+\sqrt{8+z})P\geqslant$$
$$8\cdot 3\cdot\sqrt[3]{xyz}+2\cdot 3\cdot\sqrt[3]{\sqrt{8+x}\cdot\sqrt{8+y}\cdot\sqrt{8+z}}\cdot P=$$
$$24+6\cdot\sqrt[3]{P}\cdot P\geqslant 24+6\cdot\sqrt[3]{27}\cdot 27=510$$

即式(5)成立,故式(1)成立.

**证明3** (应用柯西不等式)柯西不等式是证明不等式的利器,本题用柯西不等式来证很简单.

由柯西不等式,有

$$\left(\frac{a}{\sqrt{a^2+8bc}}+\frac{b}{\sqrt{b^2+8ca}}+\frac{c}{\sqrt{c^2+8ab}}\right)(a\sqrt{a^2+8bc}+$$
$$b\sqrt{b^2+8ca}+c\sqrt{c^2+8ab})\geqslant(a+b+c)^2\Leftrightarrow$$
$$\frac{a}{\sqrt{a^2+8bc}}+\frac{b}{\sqrt{b^2+8ca}}+\frac{c}{\sqrt{c^2+8ab}}\geqslant$$
$$\frac{(a+b+c)^2}{a\sqrt{a^2+8bc}+b\sqrt{b^2+8ca}+c\sqrt{c^2+8ab}}$$

又由柯西不等式,有

$$a\sqrt{a^2+8bc}+b\sqrt{b^2+8ca}+c\sqrt{c^2+8ab}\leqslant$$
$$(a+b+c)^{\frac{1}{2}}(a^3+b^3+c^3+24abc)^{\frac{1}{2}}$$

于是

$$\frac{a}{\sqrt{a^2+8bc}}+\frac{b}{\sqrt{b^2+8ca}}+\frac{c}{\sqrt{c^2+8ab}}\geqslant$$
$$\frac{(a+b+c)^2}{(a+b+c)^{\frac{1}{2}}(a^3+b^3+c^3+24abc)^{\frac{1}{2}}}$$

要证式(1),只需证

$$\frac{(a+b+c)^{\frac{3}{2}}}{(a^3+b^3+c^3+24abc)^{\frac{1}{2}}} \geqslant 1 \Leftrightarrow (a+b+c)^3 \geqslant a^3+b^3+c^3+24abc$$

而

$$\begin{aligned}(a+b+c)^3 &= a^3+b^3+c^3+3(a^2b+b^2c+c^2a)+ \\ &\quad 3(ab^2+bc^2+ca^2)+6abc \geqslant \\ &\quad a^3+b^3+c^3+9\sqrt[3]{a^2b \cdot b^2c \cdot c^2a}+ \\ &\quad 9\sqrt[3]{ab^2 \cdot bc^2 \cdot ca^2}+6abc= \\ &\quad a^3+b^3+c^3+24abc\end{aligned}$$

故不等式(1)成立.

**证明4** (应用权方和不等式)权方和不等式[1]即:

设 $a_i, b_i \in \mathbf{R}^+ (i=1,2,\cdots,n)$, $m>0$,则

$$\sum_{i=1}^{n} \frac{a_i^{m+1}}{b_i^m} \geqslant \frac{\left(\sum_{i=1}^{n} a_i\right)^{m+1}}{\left(\sum_{i=1}^{n} b_i\right)^m} \tag{6}$$

应用不等式(6),有

$$\begin{aligned}&\frac{a}{\sqrt{a^2+8bc}}+\frac{b}{\sqrt{b^2+8ca}}+\frac{c}{\sqrt{c^2+8ab}}= \\ &\frac{a^{\frac{3}{2}}}{(a^3+8abc)^{\frac{1}{2}}}+\frac{b^{\frac{3}{2}}}{(b^3+8abc)^{\frac{1}{2}}}+\frac{b^{\frac{3}{2}}}{(b^3+8abc)^{\frac{1}{2}}} \geqslant \\ &\frac{(a+b+c)^{\frac{3}{2}}}{(a^3+b^3+c^3+24abc)^{\frac{1}{2}}}\end{aligned}$$

以下同证明3,从略.

**证明5** (利用凸函数的 Jensen 不等式)因为 $f(x)=\frac{1}{\sqrt{x}}$ 在 $(0,+\infty)$ 是严格的下凸函数,由加权的 Jensen 不等式,对 $x_1, x_2, x_3 \in (0,+\infty)$ 有

$$f\left(\frac{ax_1+bx_2+cx_3}{a+b+c}\right) \leqslant \frac{af(x_1)+bf(x_2)+cf(x_3)}{a+b+c} \Leftrightarrow$$

$$af(x_1)+bf(x_2)+cf(x_3) \geqslant (a+b+c)f\left(\frac{ax_1+bx_2+cx_3}{a+b+c}\right)$$

取 $x_1=a^2+8bc$, $x_2=b^2+8ca$, $x_3=c^2+8ab$,有

$$\frac{a}{\sqrt{a^2+8bc}}+\frac{b}{\sqrt{b^2+8ca}}+\frac{c}{\sqrt{c^2+8ab}} \geqslant$$

$$\frac{(a+b+c)}{\sqrt{\frac{a^3+b^3+c^3+24abc}{a+b+c}}}=\sqrt{\frac{(a+b+c)^3}{a^3+b^3+c^3+24abc}}$$

以下同证明3,从略.

**证明6** (反证法)令 $x_1=\frac{a}{\sqrt{a^2+8bc}}, x_2=\frac{b}{\sqrt{b^2+8ca}}, x_3=\frac{c}{\sqrt{c^2+8ab}}$,则 $x_1$, $x_2, x_3>0$

$$x_1^2=\frac{a^2}{a^2+8bc}, \frac{1}{x_1^2}-1=\frac{8bc}{a^2}$$

类似

$$\frac{1}{x_2^2}-1=\frac{8ca}{b^2}, \frac{1}{x_3^2}-1=\frac{8ab}{c^2}$$

于是

$$\left(\frac{1}{x_1^2}-1\right)\left(\frac{1}{x_2^2}-1\right)\left(\frac{1}{x_3^2}-1\right)=512 \tag{7}$$

假设存在 $a_0, b_0, c_0 \in \mathbf{R}^+$ 使不等式(1)不成立,即存在 $x_1, x_2, x_3 \in \mathbf{R}^+$ 使 $x_1+x_2+x_3<1$,显然 $0<x_1, x_2, x_3<1$

$$\frac{1}{x_1^2}-1=\frac{1-x_1^2}{x_1^2}>\frac{(x_1+x_2+x_3)^2-x_1^2}{x_1^2}=$$

$$\frac{(x_2+x_3)(2x_1+x_2+x_3)}{x_1^2}\geqslant$$

$$\frac{2\sqrt{x_2x_3}\cdot 4\sqrt[4]{x_1^2x_2x_3}}{x_1^2}=8\frac{\sqrt[4]{x_1^2x_2^3x_3^3}}{x_1^2}$$

同理,有

$$\frac{1}{x_2^2}-1>8\frac{\sqrt[4]{x_1^3x_2^2x_3^3}}{x_2^2}, \frac{1}{x_3^2}-1>8\frac{\sqrt[4]{x_1^3x_2^3x_3^2}}{x_3^2}$$

三式相乘,得

$$\left(\frac{1}{x_1^2}-1\right)\left(\frac{1}{x_2^2}-1\right)\left(\frac{1}{x_3^2}-1\right)>8\cdot\frac{\sqrt[4]{x_1^2x_2^3x_3^3}}{x_1^2}\cdot 8\cdot\frac{\sqrt[4]{x_1^3x_2^2x_3^3}}{x_2^2}\cdot 8\cdot\frac{\sqrt[4]{x_1^3x_2^3x_3^2}}{x_3^2}=512$$

这与式(7)矛盾.故对任意实数 $a, b, c$,式(1)成立.

**证明7** (降维法或减元法)其基本思路是先解决二元问题,然后将三元问题化为二元问题,为此先证明:

**引理1** 设 $x_1, x_2, \lambda>0, x_1x_2=\lambda^2$,则当 $\lambda\geqslant 3$ 时,有

$$\frac{1}{\sqrt{1+x_1}}+\frac{1}{\sqrt{1+x_2}}\geqslant\frac{2}{\sqrt{1+\lambda}} \tag{8}$$

当 $0<\lambda<3$ 时,有

$$\frac{1}{\sqrt{1+x_1}}+\frac{1}{\sqrt{1+x_2}}>1 \tag{9}$$

**引理1的证明** 当$\lambda \geqslant 3$时,令$t=\sqrt{1+x_1}\cdot\sqrt{1+x_2}$,则

$$t=\sqrt{1+x_1+x_2+x_1x_2} \geqslant \sqrt{1+2\sqrt{x_1x_2}+x_1x_2}=1+\lambda$$

$$x_1+x_2=t^2-\lambda^2-1$$

$$\left(\frac{1}{\sqrt{1+x_1}}+\frac{1}{\sqrt{1+x_2}}\right)^2-\left(\frac{2}{\sqrt{1+\lambda}}\right)^2=$$

$$\frac{(1+\lambda)(2+x_1+x_2+2\sqrt{1+x_1}\cdot\sqrt{1+x_2})-4(1+x_1)(1+x_2)}{(1+\lambda)(1+x_1)(1+x_2)}=$$

$$\frac{(1+\lambda)(2+t^2-\lambda^2-1+2t)-4t^2}{(1+\lambda)t^2}=$$

$$\frac{(\lambda-3)t^2+2(1+\lambda)t-(\lambda+1)(\lambda^2-1)}{(1+\lambda)t^2}=$$

$$\frac{[(\lambda-3)t+\lambda^2-1][t-(\lambda+1)]}{(1+\lambda)t^2} \geqslant 0$$

由$\lambda \geqslant 3$及$t \geqslant \lambda+1$,知后一不等式成立,所以式(8)成立.

当$\lambda=3$时,应用式(8)有$\frac{1}{\sqrt{1+x_1}}+\frac{1}{\sqrt{1+x_2}} \geqslant 1$,其中$x_1,x_2>0,x_1x_2=9$,因此,当$0<\lambda<3$时,令$x_1=\lambda y_1,x_2=\lambda y_2$,则

$$y_1y_2=1,(3y_1)(3y_2)=9$$

$$\frac{1}{\sqrt{1+x_1}}+\frac{1}{\sqrt{1+x_2}}=\frac{1}{\sqrt{1+\lambda y_1}}+\frac{1}{\sqrt{1+\lambda y_2}}>\frac{1}{\sqrt{1+3y_1}}+\frac{1}{\sqrt{1+3y_2}} \geqslant 1$$

即式(9)成立.引理证毕.

现在证明式(1):令$x=\frac{8bc}{a^2},y=\frac{8ca}{b^2},z=\frac{8ab}{c^2}$,则$x,y,z>0,xyz=8^3$,不等式

$$\frac{1}{\sqrt{1+x}}+\frac{1}{\sqrt{1+y}}+\frac{1}{\sqrt{1+z}} \geqslant 1 \tag{10}$$

不妨设$x \leqslant y \leqslant z$,有:

若$0<xy<9$,则

$$\frac{1}{\sqrt{1+x}}+\frac{1}{\sqrt{1+y}}+\frac{1}{\sqrt{1+z}}>\frac{1}{\sqrt{1+x}}+\frac{1}{\sqrt{1+y}}>1$$

若$xy>9$,注意到$8z \geqslant 8^2>9$,应用引理1有

$$\frac{1}{\sqrt{1+x}}+\frac{1}{\sqrt{1+y}}+\frac{1}{\sqrt{1+z}}+\frac{1}{\sqrt{1+8}} \geqslant$$

$$\frac{2}{\sqrt{1+\sqrt{xy}}}+\frac{2}{\sqrt{1+\sqrt{8z}}} \geqslant$$

$$2 \cdot \frac{2}{\sqrt{1+\sqrt{\sqrt{xy} \cdot \sqrt{8z}}}} = \frac{4}{\sqrt{1+8}}$$

即不等式(10) 成立,不等式得证.

## 3 推 广

**推广 1** (加权推广) 设 $a,b,c>0,\lambda$ 为正常数,则当 $\lambda \geqslant 8$ 时,有

$$\frac{a}{\sqrt{a^2+\lambda bc}}+\frac{b}{\sqrt{b^2+\lambda ca}}+\frac{c}{\sqrt{c^2+\lambda ab}} \geqslant \frac{3}{\sqrt{1+\lambda}} \tag{11}$$

当 $0<\lambda<8$ 时,有

$$\frac{a}{\sqrt{a^2+\lambda bc}}+\frac{b}{\sqrt{b^2+\lambda ca}}+\frac{c}{\sqrt{c^2+\lambda ab}} > 1 \tag{12}$$

且式(12) 左边的下界不可再改进.

**证明** (1) 当 $\lambda \geqslant 8$ 时,由柯西不等式,有

$$\left(\frac{a}{\sqrt{a^2+\lambda bc}}+\frac{b}{\sqrt{b^2+\lambda ca}}+\frac{c}{\sqrt{c^2+\lambda ab}}\right)\left(a\sqrt{a^2+\lambda bc}+b\sqrt{b^2+\lambda ca}+c\sqrt{c^2+\lambda ab}\right) \geqslant (a+b+c)^2 \Rightarrow$$

$$\frac{a}{\sqrt{a^2+\lambda bc}}+\frac{b}{\sqrt{b^2+\lambda ca}}+\frac{c}{\sqrt{c^2+\lambda ab}} \geqslant \frac{(a+b+c)^2}{a\sqrt{a^2+\lambda bc}+b\sqrt{b^2+\lambda ca}+c\sqrt{c^2+\lambda ab}}$$

又由柯西不等式,有

$$a\sqrt{a^2+\lambda bc}+b\sqrt{b^2+\lambda ca}+c\sqrt{c^2+\lambda ab} \leqslant (a+b+c)^{\frac{1}{2}}(a^3+b^3+c^3+3\lambda abc)^{\frac{1}{2}}$$

于是

$$\frac{a}{\sqrt{a^2+\lambda bc}}+\frac{b}{\sqrt{b^2+\lambda ca}}+\frac{c}{\sqrt{c^2+\lambda ab}} \geqslant \frac{(a+b+c)^2}{(a+b+c)^{\frac{1}{2}}(a^3+b^3+c^3+3\lambda abc)^{\frac{1}{2}}}$$

所以,要证不等式(11),只需证

$$\frac{(a+b+c)^{\frac{3}{2}}}{(a^3+b^3+c^3+3\lambda abc)^{\frac{1}{2}}} \geqslant \frac{3}{\sqrt{1+\lambda}} \Leftrightarrow$$

$$(1+\lambda)(a+b+c)^3 \geqslant 9(a^3+b^3+c^3+3\lambda abc) \tag{13}$$

将 $(a+b+c)^3$ 展开,用平均值不等式可得

$$(a+b+c)^3 \geqslant a^3+b^3+c^3+24abc$$

因此,要证不等式(13),只需证

$$(1+\lambda)[a^3+b^3+c^3+24abc] \geqslant 9(a^3+b^3+c^3+3\lambda abc) \Leftrightarrow$$
$$(\lambda-8)(a^3+b^3+c^3-3abc) \geqslant 0$$

由 $\lambda \geqslant 8$ 及 $a^3+b^3+c^3 \geqslant 3abc$,后一不等式成立,因此不等式(11) 成立.

(2) 当 $8 > \lambda > 0$ 时,应用不等式(11),有

$$\frac{a}{\sqrt{a^2+\lambda bc}}+\frac{b}{\sqrt{b^2+\lambda ca}}+\frac{c}{\sqrt{c^2+\lambda ab}} >$$
$$\frac{a}{\sqrt{a^2+8bc}}+\frac{b}{\sqrt{b^2+8ca}}+\frac{c}{\sqrt{c^2+8ab}} \geqslant 1$$

即不等式(12) 成立.

另外,取 $\frac{bc}{a^2}=\frac{ca}{b^2}=t, \frac{ab}{c^2}=\frac{1}{t^2}$,令 $t \to +\infty$,则

$$\frac{a}{\sqrt{a^2+\lambda bc}}+\frac{b}{\sqrt{b^2+\lambda ca}}+\frac{c}{\sqrt{c^2+\lambda ab}} \to 1$$

所以式(12) 左边的下界不可再改进.

**注记**　由不等式(11) 易得:(2004 年中国台湾数学奥林匹克题) 设 $a,b,c > 0$ 且 $abc \geqslant 8^3$,则

$$\frac{1}{\sqrt{1+a}}+\frac{1}{\sqrt{1+b}}+\frac{1}{\sqrt{1+c}} \geqslant \frac{3}{\sqrt{1+\sqrt[3]{abc}}}$$

**推广 2**　(元数及根指数推广) 设 $a_i \in \mathbf{R}^+ (i=1,2,\cdots,n), n \geqslant 2, k \in \mathbf{R}, m \in \mathbf{N}, m > 0$,则:

当 $\lambda \geqslant n^m - 1$,有

$$\sum_{i=1}^{n}\left[\frac{a_i^k}{a_i^k+\lambda(a_1a_2\cdots a_n)^{\frac{k}{n}}}\right]^{\frac{1}{m}} \geqslant n\left(\frac{1}{1+\lambda}\right)^{\frac{1}{m}} \tag{14}$$

当 $0 < \lambda < n^m - 1$,有

$$\sum_{i=1}^{n}\left[\frac{a_i^k}{a_i^k+\lambda(a_1a_2\cdots a_n)^{\frac{k}{n}}}\right]^{\frac{1}{m}} > 1 \tag{15}$$

**注**　当 $n=3, m=2, k=3$ 时,由式(14) 即得式(11).

**证明**　当 $\lambda \geqslant n^m - 1$ 时,设 $T=(a_1a_2\cdots a_n)^{\frac{k}{n}}$,应用权方和不等式(6),有

$$\sum_{i=1}^{n}\left[\frac{a_i^k}{a_i^k+\lambda(a_1a_2\cdots a_n)^{\frac{k}{n}}}\right]^{\frac{1}{m}} = \sum_{i=1}^{n}\frac{a_i^{\frac{k}{m}}}{(a_i^k+\lambda T)^{\frac{1}{m}}} =$$
$$\sum_{i=1}^{n}\frac{(a_i^{\frac{k}{m+1}})^{\frac{1}{m}+1}}{(a_i^k+\lambda T)^{\frac{1}{m}}} \geqslant \frac{\left(\sum_{i=1}^{n}a_i^{\frac{k}{m+1}}\right)^{\frac{1}{m}+1}}{\left(\sum_{i=1}^{n}a_i^k+\lambda nT\right)^{\frac{1}{m}}}$$

要证式(14),只需证明

$$\left(\sum_{i=1}^{n} a_i^{\frac{k}{m+1}}\right)^{\frac{m+1}{m}} \Big/ \left(\sum_{i=1}^{n} a_i^n + \lambda nT\right)^{\frac{1}{m}} \geqslant n \Big/ (1+\lambda)^{\frac{1}{m}} \Leftrightarrow$$

$$(1+\lambda)\left(\sum_{i=1}^{n} a_i^{\frac{k}{m+1}}\right)^{m+1} \geqslant n^m\left(\sum_{i=1}^{n} a_i^n + \lambda nT\right) \tag{16}$$

将 $\left(\sum_{i=1}^{n} a_i^{\frac{k}{m+1}}\right)^{m+1}$ 展开,并用平均值不等式可得(注)

$$\left(\sum_{i=1}^{n} a_i^{\frac{k}{m+1}}\right)^{m+1} \geqslant \sum_{i=1}^{n} a_i^k + (n^{m+1}-n)(a_1a_2\cdots a_n)^{\frac{k}{n}} = \sum_{i=1}^{n} a_i^k + (n^{m+1}-n)T$$

因此,要证式(16),只需证明

$$(1+\lambda)\left(\sum_{i=1}^{n} a_i^k + (n^{m+1}-n)T\right) \geqslant n^m\left(\sum_{i=1}^{n} a_i^k + \lambda nT\right) \Leftrightarrow$$

$$(1+\lambda-n^m)\left(\sum_{i=1}^{n} a_i^k - nT\right) \geqslant 0 \tag{17}$$

由 $\lambda \geqslant n^m - 1$ 及 $\sum_{i=1}^{n} a_i^k \geqslant n(a_1a_2\cdots a_n)^{\frac{k}{n}} = nT$ 知不等式(17)成立,因而不等式(14)成立.

**注** 我们证明更一般的结论:设 $x_i \in \mathbf{R}^+ (i=1,2,\cdots,n)$, $r \in \mathbf{N}$, $r > 0$,则

$$\left(\sum_{i=1}^{n} x_i\right)^r \geqslant \sum_{i=1}^{n} x_i^r + (n^r - n)(x_1x_2\cdots x_n)^{\frac{r}{n}} \tag{18}$$

**证明** 因为 $\left(\sum_{i=1}^{n} x_i\right)^r$ 的展开式共 $n^r$ 项(同类项不合并),由于每个字母 $x_i$ 在展开式中出现的机会是均等的,故每个字母 $x_i$ 都在展开式中出现 $\frac{rn^r}{n}$ 次.

设 $\left(\sum_{i=1}^{n} x_i\right)^r = \sum_{i=1}^{n} x_i^r + \sum x_1^{q_1}x_2^{q_2}\cdots x_n^{q_n}$ ($q_1+q_2+\cdots+q_n = r$, $q_i$ 为非负整数),因 $\sum_{i=1}^{n} x_i^r$ 共有 $n$ 项,其中每个字母 $x_i$ 都出现 $r$ 次,所以 $\sum x_1^{q_1}x_2^{q_2}\cdots x_n^{q_n}$ 中共有 $n^m - n$ 项,其中每个字母 $x_i$ 都出现 $\frac{rn^r}{n} - r = \frac{r}{n}(n^r - n)$ 次.

当 $r \geqslant 2$ 时,应用 $n^r - n$ 维平均值不等式,有

$$\sum x_1^{q_1}x_2^{q_2}\cdots x_n^{q_n} \geqslant (n^r-n)\left[(x_1x_2\cdots x_n)^{\frac{r}{n}(n^r-n)}\right]^{\frac{1}{n^r-n}} =$$

$$(n^r-n)(x_1x_2\cdots x_n)^{\frac{r}{n}}$$

当 $r = 1$ 时,有

$$\sum x_1^{q_1}x_2^{q_2}\cdots x_n^{q_n} = 0 \geqslant 0 = (n^r-n)(x_1x_2\cdots x_n)^{\frac{r}{n}}$$

因此

$$\left(\sum_{i=1}^{n} x_i\right)^r = \sum_{i=1}^{n} x_i^r + \sum x_1^{q_1} x_2^{q_2} \cdots x_n^{q_n} \geqslant \sum_{i=1}^{n} x_i^r + (n^r - n)(x_1 x_2 \cdots x_n)^{\frac{r}{n}}$$

当 $\lambda = n^m - 1$,应用式(14)有 $\sum_{i=1}^{n}\left[\frac{a_i^k}{a_i^k + (n^m - 1)(a_1 a_2 \cdots a_n)^{\frac{k}{n}}}\right]^{\frac{1}{m}} \geqslant 1$,因此,$0 < \lambda < n^m - 1$,有

$$\sum_{i=1}^{n}\left[\frac{a_i^k}{a_i^k + \lambda(a_1 a_2 \cdots a_n)^{\frac{k}{n}}}\right]^{\frac{1}{m}} > \sum_{i=1}^{n}\left[\frac{a_i^k}{a_i^k + (n^m - 1)(a_1 a_2 \cdots a_n)^{\frac{k}{n}}}\right]^{\frac{1}{m}} \geqslant 1$$

即式(15)成立.

**推广3** (指数推广)设 $a_i \in \mathbf{R}^+ (i = 1,2,\cdots,n)$,$n \geqslant 2$,$k \in \mathbf{R}$,$0 < \alpha \leqslant n - 1$,则:当 $\lambda \geqslant n^{\frac{1}{\alpha}} - 1$ 时,有

$$\sum_{i=1}^{n}\left[\frac{a_i^k}{a_i^k + \lambda(a_1 a_2 \cdots a_n)^{\frac{k}{n}}}\right]^{\alpha} \geqslant \frac{n}{(1 + \lambda)^{\alpha}} \tag{19}$$

当 $0 < \lambda < n^{\frac{1}{\alpha}} - 1$ 时,有

$$\sum_{i=1}^{n}\left[\frac{a_i^k}{a_i^k + \lambda(a_1 a_2 \cdots a_n)^{\frac{k}{n}}}\right]^{\alpha} > 1 \tag{20}$$

式(19)的证明需用到如下的:

**引理2**[2] 设 $x_i \in \mathbf{R}^+ (i = 1,2,\cdots,n)$,$r \in \mathbf{R}$,$r \geqslant \frac{n}{n-1}$,则

$$\left(\sum_{i=1}^{n} x_i\right)^r \geqslant \sum_{i=1}^{n} x_i^r + (n^r - n)(x_1 x_2 \cdots x_n)^{\frac{r}{n}} \tag{21}$$

**推广3的证明** 设 $T = (a_1 a_2 \cdots a_n)^{\frac{k}{n}}$ 由权方和不等式(6),有

$$\sum_{i=1}^{n}\left[\frac{a_i^k}{a_i^k + \lambda(a_1 a_2 \cdots a_n)^{\frac{k}{n}}}\right]^{\alpha} = \sum_{i=1}^{n}\frac{a_i^{k\alpha}}{(a_i^k + \lambda T)^{\alpha}} =$$

$$\sum_{i=1}^{n}\frac{\left(a_i^{\frac{k\alpha}{\alpha+1}}\right)^{\alpha+1}}{(a_i^k + \lambda T)^{\alpha}} \geqslant \frac{\left(\sum_{i=1}^{n} a_i^{\frac{k\alpha}{\alpha+1}}\right)^{\alpha+1}}{\left(\sum_{i=1}^{n} a_i^k + \lambda n T\right)^{\alpha}}$$

要证式(19),只需证

$$(1 + \lambda)\left[\sum_{i=1}^{n} a_i^{\frac{k\alpha}{\alpha+1}}\right]^{\frac{\alpha+1}{\alpha}} \geqslant n^{\frac{1}{\alpha}}\left(\sum_{i=1}^{n} a_i^k + \lambda n T\right) \tag{22}$$

又 $0 < \alpha \leqslant n - 1 \Rightarrow \frac{\alpha+1}{\alpha} \geqslant \frac{n}{n-1}$,由引理2,有

$$\left(\sum_{i=1}^{n} a_i^{\frac{k\alpha}{\alpha+1}}\right)^{\frac{\alpha+1}{\alpha}} \geqslant \sum_{i=1}^{n} a_i^{\frac{k\alpha}{\alpha+1}\cdot\frac{\alpha+1}{\alpha}} + \left(n^{\frac{\alpha+1}{\alpha}} - n\right)\left(\prod_{i=1}^{n} a_i^{\frac{k\alpha}{\alpha+1}}\right)^{\frac{\alpha+1}{n\alpha}} = \sum_{i=1}^{n} a_i^k + \left(n^{\frac{1}{\alpha}} - 1\right) n T$$

因而,要证式(22),只需证明

$$(1+\lambda)\left[\sum_{i=1}^{n}a_i^k+(n^{\frac{1}{\alpha}}-1)nT\right]\geqslant n^{\frac{1}{\alpha}}\left(\sum_{i=1}^{n}a_i^k+\lambda nT\right)\Leftrightarrow$$

$$(1+\lambda-n^{\frac{1}{\alpha}})\left(\sum_{i=1}^{n}a_i^k-nT\right)\geqslant 0 \tag{23}$$

由 $\lambda\geqslant n^{\frac{1}{\alpha}}-1$ 及 $\sum_{i=1}^{n}a_i^k\geqslant n(a_1a_2\cdots a_n)^{\frac{k}{n}}=nT$ 知式(23)显然成立,因而式(19)式成立.

当 $\lambda=n^{\frac{1}{\alpha}}-1$,应用式(19)有

$$\sum_{i=1}^{n}\left[\frac{a_i^k}{a_i^k+(n^{\frac{1}{\alpha}}-1)(a_1a_2\cdots a_n)^{\frac{k}{n}}}\right]^{\alpha}\geqslant 1$$

因此,当 $0<\lambda<n^{\frac{1}{\alpha}}-1$ 时

$$\sum_{i=1}^{n}\left[\frac{a_i^k}{a_i^k+\lambda(a_1a_2\cdots a_n)^{\frac{k}{n}}}\right]^{\alpha}>\sum_{i=1}^{n}\left[\frac{a_i^k}{a_i^k+(n^{\frac{1}{\alpha}}-1)(a_1a_2\cdots a_n)^{\frac{k}{n}}}\right]^{\alpha}\geqslant 1$$

**注记** 当 $0<\alpha\leqslant 1$ 时,对一切 $n\geqslant 2$ 均有 $n\geqslant\alpha+1$,此时对一切自然数 $n(n\geqslant 2)$ 不等式(19),(20)成立;当 $\alpha>1$ 时,$n\geqslant\alpha+1>2$,此时不等式(19),(20)仅对满足 $n\geqslant\alpha+1$ 的自然数 $n$ 成立,对满足 $2\leqslant n<\alpha+1$ 的自然数 $n$ 是否成立尚未解决.

特别地,当 $n=3,\alpha=2,k=3$ 时,由式(19)得到:

设 $a,b,c,\lambda>0$,则当 $\lambda\geqslant\sqrt{3}-1$ 时,有

$$\frac{a^4}{(a^2+\lambda bc)^2}+\frac{b^4}{(b^2+\lambda ca)^2}+\frac{c^4}{(c^2+\lambda ab)^2}\geqslant\frac{3}{(1+\lambda)^2} \tag{24}$$

在式(21)中取 $\lambda=\sqrt{3}-1$,有

$$\frac{a^4}{[a^2+(\sqrt{3}-1)bc]^2}+\frac{b^4}{[b^2+(\sqrt{3}-1)ca]^2}+\frac{c^4}{[c^2+(\sqrt{3}-1)ab]^2}\geqslant 1 \tag{25}$$

## 参考文献

[1] 俞武扬.一个猜想的证明[J].数学通报,2002(2).

[2] 陈计,王振.一个分析不等式的证明[J].宁波大学学报(理工版),1992(2):12-14.

# 第 42 届 IMO 第二题的溯源、推广及其他

第 42 届 IMO(2001 年) 第二题为:设 $a,b,c>0$,则

$$\frac{a}{\sqrt{a^2+8bc}}+\frac{b}{\sqrt{b^2+8ca}}+\frac{c}{\sqrt{c^2+8ab}}\geqslant 1 \tag{1}$$

近期已有多篇文章研究了此题的证明与推广(如文[1] ~ [10]),本文将首先追溯此题的源头,然后给出式(1) 及其相关不等式的推广.

## 1　试题溯源

此题源头最早可追溯到 1968 年 A. Zulauf 在文[11] 对于修改循环和

$$g_n(x_1,x_2,\cdots,x_n)=\sum_{i=1}^{n}\frac{x_i}{x_i+x_{i+1}},x_i>0(i=1,2,\cdots,n,n\geqslant 3,x_{n+1}=x_1)$$

建立的不等式

$$1<g_n(x_1,x_2,\cdots,x_n)<n-1 \tag{2}$$

特别地,当 $n=3$ 时,式(2) 为:$x,y,z>0$,则

$$1<\frac{x}{x+y}+\frac{y}{y+z}+\frac{z}{z+x}<2 \tag{2-1}$$

由式(2) 左边的不等式可以得到

$$\sum_{i=1}^{n}\sqrt{\frac{x_i}{x_i+x_{i+1}}}>1 \tag{3}$$

设 $a_i>0(i=1,2,\cdots,n)$,在式(3) 中令

$$\frac{x_2}{x_1}=\frac{a_2a_3\cdots a_n}{a_1^{n-1}},\frac{x_3}{x_2}=\frac{a_1a_3\cdots a_n}{a_2^{n-1}},\cdots,\frac{x_1}{x_n}=\frac{a_1a_2\cdots a_{n-1}}{a_n^{n-1}} \tag{4}$$

则得文[12] 中的不等式

$$\sqrt{\frac{a_1^{n-1}}{a_1^{n-1}+a_2a_3\cdots a_n}}+\sqrt{\frac{a_2^{n-1}}{a_2^{n-1}+a_1a_3\cdots a_n}}+\cdots+\sqrt{\frac{a_n^{n-1}}{a_n^{n-1}+a_1a_2\cdots a_{n-1}}}>1 \tag{3-1}$$

当 $n=3$ 时,式(3 - 1) 为

$$\frac{a}{\sqrt{a^2+bc}}+\frac{b}{\sqrt{b^2+ca}}+\frac{c}{\sqrt{c^2+ab}}\geqslant 1 \tag{3-2}$$

式(3 - 2) 显然等价于文[13] 中给出的不等式

$$\sqrt{\frac{x}{x+y}}+\sqrt{\frac{y}{y+z}}+\sqrt{\frac{z}{z+x}}>1 \tag{3-3}$$

加强式(3 - 3) 即得到第42届IMO(2001年) 第二题即不等式(1). 很显然式(1) 等价于

$$\sqrt{\frac{x}{x+8y}}+\sqrt{\frac{y}{y+8z}}+\sqrt{\frac{z}{z+8x}}\geqslant 1 \tag{5}$$

顺便指出,式(3 - 1) 也是一道竞赛题;同时在式(1) 中令$\frac{x_{i+1}x_{i+2}}{x_i}=\frac{a_{i+1}}{a_i}$,且$a_i>0(i=1,2,\cdots,n)$,$a_{n+1}=a_1$,$a_{n+2}=a_2$,由左边的不等式可得第26届(1985年) IMO 的一道备选题

$$\sum_{i=1}^{n}\frac{a_i^{\ 2}}{a_i^{\ 2}+a_{i+1}a_{i+2}}<n-1 \tag{2 - 2}$$

## 2 试题即不等式(1) 的推广

文[4] ~ [8] 给出了式(1) 的一个推广:设$a,b,c>0$,$\lambda\geqslant 8$,则

$$\frac{a}{\sqrt{a^2+\lambda bc}}+\frac{b}{\sqrt{b^2+\lambda ca}}+\frac{c}{\sqrt{c^2+\lambda ab}}\geqslant\frac{3}{\sqrt{1+\lambda}} \tag{6}$$

很显然,当$0<\lambda<8$时,我们有

$$\frac{a}{\sqrt{a^2+\lambda bc}}+\frac{b}{\sqrt{b^2+\lambda ca}}+\frac{c}{\sqrt{c^2+\lambda ab}}>1 \tag{7}$$

文[8],[10] 还将式(6) 推广到$n$个的情形:设$a_i>0(i=1,2,\cdots,n)$,则当$\lambda\geqslant n^2-1$时,有

$$\frac{a_1}{\sqrt{a_1^2+\lambda a_2a_3}}+\frac{a_2}{\sqrt{a_2^2+\lambda a_3a_4}}+\cdots+\frac{a_n}{\sqrt{a_n^2+\lambda a_1a_2}}\geqslant\frac{n}{\sqrt{1+\lambda}} \tag{8}$$

与式(7) 类似,当$0<\lambda<n^2-1$时,我们有

$$\frac{a_1}{\sqrt{a_1^2+\lambda a_2a_3}}+\frac{a_2}{\sqrt{a_2^2+\lambda a_3a_4}}+\cdots+\frac{a_n}{\sqrt{a_n^2+\lambda a_1a_2}}>1 \tag{9}$$

考虑式(6),式(7) 中各项的指数推广,我们有:

**猜想1** 设$a,b,c>0$,$\lambda,\alpha$为实常数:

(1) 当$\lambda\geqslant 3^{\frac{1}{\alpha}}-1$且$\alpha>0$;或者$\alpha\leqslant 0$时,有

$$\left(\frac{a^2}{a^2+\lambda bc}\right)^{\alpha}+\left(\frac{b^2}{b^2+\lambda ca}\right)^{\alpha}+\left(\frac{c^2}{c^2+\lambda ab}\right)^{\alpha}\geqslant\frac{3}{(1+\lambda)^{\alpha}} \tag{10}$$

(2) 当$0<\lambda<3^{\frac{1}{\alpha}}-1$且$\alpha>0$时,有

$$\left(\frac{a^2}{a^2+\lambda bc}\right)^{\alpha}+\left(\frac{b^2}{b^2+\lambda ca}\right)^{\alpha}+\left(\frac{c^2}{c^2+\lambda ab}\right)^{\alpha}>1 \tag{11}$$

此猜想等价于:

**猜想1′** 设$a,b,c,\lambda>0$,则:

(1) 当 $\alpha \geqslant \log_{1+\lambda}3$ 或 $\alpha < 0$ 时,式(10) 成立;

(2) 当 $0 < \alpha < \log_{1+\lambda}3$ 时,式(11) 成立.

将猜想 1、猜想 1′ 推广到 $n$ 个的情形有:

**猜想 2** 设 $a_i > 0(i = 1,2,\cdots,n)$, $a_{n+1} = a_1$, $a_{n+2} = a_2$, $\lambda > 0$,则:

(1) 当 $\lambda \geqslant n^{\frac{1}{\alpha}} - 1$ 且 $\alpha > 0$;或者 $\alpha \leqslant 0$ 时,有

$$\sum_{i=1}^{n}\left(\frac{a_i^2}{a_i^2 + \lambda a_{i+1}a_{i+2}}\right)^{\alpha} \geqslant \frac{n}{(1+\lambda)^{\alpha}} \tag{12}$$

(2) 当 $0 < \lambda < n^{\frac{1}{\alpha}} - 1$ 且 $\alpha > 0$ 时,有

$$\sum_{i=1}^{n}\left(\frac{a_i^2}{a_i^2 + \lambda a_{i+1}a_{i+2}}\right)^{\alpha} > 1 \tag{13}$$

**猜想 2′** 设 $a_i > 0(i = 1,2,\cdots,n)$, $a_{n+1} = a_1$, $a_{n+2} = a_2$, $\lambda > 0$,则:

(1) 当 $\alpha \geqslant \log_{1+\lambda}n$ 或 $\alpha < 0$ 时,式(12) 成立;

(2) 当 $0 < \alpha < \log_{1+\lambda}n$ 时,式(13) 成立.

**注记** 在式(12) 中取 $\alpha = \frac{1}{m}$, $\lambda \geqslant n^m - 1$ $(m,n \in \mathbf{N}, n \geqslant 3, m \geqslant 2)$,可得文[9] 给出的式(1) 的一个推广(即文[9] 的推广式 3(1))

$$\sum_{i=1}^{n}\left[\frac{a_i^2}{a_i^2 + (n^m - 1)a_{i+1}a_{i+2}}\right]^{\frac{1}{m}} \geqslant 1 \tag{14}$$

作变换 $\frac{a_{i+1}a_{i+2}}{a_i^2} \to \frac{a_1a_2\cdots a_{i-1}a_{i+1}\cdots a_n}{a_i^{n-1}}$,知式(14) 等价于

$$\sum_{i=1}^{n}\left[\frac{a_i^n}{a_i^n + (n^m - 1)a_1a_2\cdots a_{i-1}a_{i+1}\cdots a_n}\right]^{\frac{1}{m}} \geqslant 1 \tag{15}$$

## 3 不等式(1) 左边的上界及其推广

2000 年 11 月,刘保乾在文[14] 中通过增大或减少各项的指数得到如下的猜想不等式:

设 $x,y,z > 0$,则

$$\sqrt{\frac{x}{x+y}} + \sqrt{\frac{y}{y+z}} + \sqrt{\frac{z}{z+x}} \leqslant \frac{3\sqrt{2}}{2} \tag{16}$$

吴善和[15]、舒金根[16]、李建潮[17,18] 用不同的方法先后给出了式(16) 的证明.

安振平在文[19] 给出了式(16) 的一个类似不等式

$$\sqrt{\frac{x}{2x+y}} + \sqrt{\frac{y}{2y+z}} + \sqrt{\frac{z}{2z+x}} \leqslant \sqrt{3} \tag{17}$$

并提出如下猜想不等式:当 $\lambda \geqslant 1$ 时,有

$$\sqrt{\frac{x}{\lambda x+y}}+\sqrt{\frac{y}{\lambda y+z}}+\sqrt{\frac{z}{\lambda z+x}}\leqslant\frac{3}{\sqrt{\lambda+1}} \tag{18}$$

运用计算机作了大量的验证,发现上述猜想不等式应当修正为:

**猜想** 3 (1) 当 $\lambda\geqslant\frac{4}{5}$ 时,式(18) 成立;(2) 当 $0<\lambda<\frac{4}{5}$ 时,有

$$\sqrt{\frac{x}{\lambda x+y}}+\sqrt{\frac{y}{\lambda y+z}}+\sqrt{\frac{z}{\lambda z+x}}<\frac{2}{\sqrt{\lambda}} \tag{19}$$

它等价于:

**猜想** 3′ (1) 当 $0<\lambda\leqslant\frac{5}{4}$ 时,有

$$\sqrt{\frac{x}{x+\lambda y}}+\sqrt{\frac{y}{y+\lambda z}}+\sqrt{\frac{z}{z+\lambda x}}\leqslant\frac{3}{\sqrt{\lambda+1}} \tag{20}$$

(2) 当 $\lambda>\frac{5}{4}$ 时,有

$$\sqrt{\frac{x}{x+\lambda y}}+\sqrt{\frac{y}{y+\lambda z}}+\sqrt{\frac{z}{z+\lambda x}}<2 \tag{21}$$

很显然猜想 3′ 又等价于:

**猜想** 3″ (1) 当 $0<\lambda\leqslant\frac{5}{4}$ 时,有

$$\frac{a}{\sqrt{a^2+\lambda bc}}+\frac{b}{\sqrt{b^2+\lambda ca}}+\frac{c}{\sqrt{c^2+\lambda ab}}\leqslant\frac{3}{\sqrt{\lambda+1}} \tag{22}$$

(2) 当 $\lambda>\frac{5}{4}$ 时,有

$$\frac{a}{\sqrt{a^2+\lambda bc}}+\frac{b}{\sqrt{b^2+\lambda ca}}+\frac{c}{\sqrt{c^2+\lambda ab}}<2 \tag{23}$$

特别地,当 $\lambda=8>\frac{5}{4}$,则可得出不等式(1) 左边的上界

$$\frac{a}{\sqrt{a^2+8bc}}+\frac{b}{\sqrt{b^2+8ca}}+\frac{c}{\sqrt{c^2+8ab}}<2 \tag{24}$$

推广到 $n$ 个,有:

**猜想** 4 设 $a_i>0(i=1,2,\cdots,n)$,$a_{n+1}=a_1$,$a_{n+2}=a_2$,$\lambda>0$,则:

(1) 当 $0<\lambda\leqslant\frac{2n-1}{(n-1)^2}$ 时,有

$$\sum_{i=1}^{n}\sqrt{\frac{a_i^2}{a_i^2+\lambda a_{i+1}a_{i+2}}}\leqslant\frac{n}{\sqrt{1+\lambda}} \tag{25}$$

(2) 当 $\lambda > \frac{2n-1}{(n-1)^2} < \lambda$ 时,有

$$\sum_{i=1}^{n}\sqrt{\frac{a_i^2}{a_i^2+\lambda a_{i+1}a_{i+2}}} < n-1 \tag{26}$$

考虑式(22),(23),(25),(26) 的指数推广,我们有:

**猜想5** 设 $a,b,c,\alpha > 0$,则:

(1) 当 $0 < \alpha \leqslant \log_{1+\lambda}\frac{3}{2}$ 时,有

$$\left(\frac{a^2}{a^2+\lambda bc}\right)^{\alpha}+\left(\frac{b^2}{b^2+\lambda ca}\right)^{\alpha}+\left(\frac{c^2}{c^2+\lambda ab}\right)^{\alpha} \leqslant \frac{3}{(1+\lambda)^{\alpha}} \tag{27}$$

(2) 当 $\alpha > \log_{1+\lambda}\frac{3}{2}$ 时,有

$$\left(\frac{a^2}{a^2+\lambda bc}\right)^{\alpha}+\left(\frac{b^2}{b^2+\lambda ca}\right)^{\alpha}+\left(\frac{c^2}{c^2+\lambda ab}\right)^{\alpha} < 2 \tag{28}$$

**猜想6** 设 $a_i > 0(i=1,2,\cdots,n)$,$a_{n+1}=a_1$,$a_{n+2}=a_2$,$\lambda > 0$,则:

(1) 当 $0 < \lambda \leqslant \left(\frac{n}{n-1}\right)^{\frac{1}{\alpha}}$ 时,有

$$\sum_{i=1}^{n}\left(\frac{a_i^2}{a_i^2+\lambda a_{i+1}a_{i+2}}\right)^{\alpha} \leqslant \frac{n}{(1+\lambda)^{\alpha}} \tag{29}$$

(2) 当 $\lambda > \left(\frac{n}{n-1}\right)^{\frac{1}{\alpha}}$ 时,有

$$\sum_{i=1}^{n}\left(\frac{a_i^2}{a_i^2+\lambda a_{i+1}a_{i+2}}\right)^{\alpha} < n-1 \tag{30}$$

## 参考文献


[1] 第42届IMO中国代表队.第42届IMO试题解答[J].中等数学,2001(5).

[2] 魏维,等.第42届国际数学奥林匹克试题解答集锦[J].中等数学,2002(2).

[3] 安振平,千海军.由一道竞赛题引发的思考[J].中学数学教学参考,2001(12)

[4] 龚浩生,宋庆.IMO42-2的推广[J].中学数学,2002(1).

[5] 沈家书.第42届IMO试题二研讨[J].中学数学月刊,2002(2).

[6] 相生亚,裘良.第42届IMO试题2的推广、证明及其它[J].中学数学研究(南昌),2002(2).

[7] 杨卫华,王卫华.第42届IMO第2题的再探究[J].中学数学研究(南昌),2002(5)

[8] 王卫华.第42届IMO第二题的简证、推广和变形[J].中学教研(数学),

2002(7)
[9] 姜卫东.第42届IMO第2题简证[J].中学数学月刊,2002(4).
[10] 罗增儒.IMO42 - 2探索过程[J].中学数学教学参考,2002(7).
[11] ZULAUF A. Note on the expression…[J]. Math. Gaz. ,1958(42):42 .
[12] 匡继昌.常用不等式[M].长沙:湖南教育出版社,1989.
[13] 安振平.一个不等式的下界估计[J].中学数学月刊,2001(12).
[14] 刘保乾.试谈发现三角不等式的7种模型[J].中学教研(数学),2000(11).
[15] 吴善和.一个猜想不等式的证明与推广[J].中学教研(数学),2001(4).
[16] 舒金根.一个不等式简证、推广及其它[J].中学数学月刊,2001(5).
[17] 李建潮.一个猜想不等式的证明[J].中学数学教学,2001(6).
[18] 李建潮.也谈一个猜想不等式的证明[J].中学数学月刊,2001(12).
[19] 安振平.一个代数不等式的类似及猜想[J].中学教研(数学),2001(9).

# 对一个不等式的再探讨

第42届IMO(2001年)第二题为:对所有正实数$a,b,c$,证明

$$\frac{a}{\sqrt{a^2+8bc}}+\frac{b}{\sqrt{b^2+8ca}}+\frac{c}{\sqrt{c^2+8ab}}\geqslant 1 \tag{1}$$

令$x_1=\frac{bc}{a^2},x_2=\frac{ca}{b^2},x_3=\frac{ab}{c^2}$,则式(1)等价于:设$x_1,x_2,x_3>0$,且$x_1x_2x_3=1$,则

$$\frac{1}{\sqrt{1+8x_1}}+\frac{1}{\sqrt{1+8x_2}}+\frac{1}{\sqrt{1+8x_3}}\geqslant 1 \tag{2}$$

文[2]将式(2)推广为:设$x_i>0(i=1,2,\cdots,n)$,$n\geqslant 2$,$x_1x_2\cdots x_n=1$,$m$是正整数且$m\geqslant 2$,$\lambda$为正常数,则当$\lambda\geqslant n^m-1$时,有

$$\sum_{i=1}^{n}\left(\frac{1}{1+\lambda x_i}\right)^{\frac{1}{m}}\geqslant n\left(\frac{1}{1+\lambda}\right)^{\frac{1}{m}} \tag{3}$$

对此,有三个问题值得探讨:

(1) 文[2]指出条件$\lambda\geqslant n^m-1$是必要的,并举反例说明,当$0<\lambda<n^m-1$时,式(3)不成立,一个自然的问题此时$\sum\limits_{i=1}^{n}\left(\frac{1}{1+\lambda x_i}\right)^{\frac{1}{m}}$的下界是什么?

(2) $\sum\limits_{i=1}^{n}\left(\frac{1}{1+\lambda x_i}\right)^{\alpha}(\alpha\in\mathbf{R})$的下界是什么?

(3) $\sum\limits_{i=1}^{n}\left(\frac{1}{1+\lambda x_i}\right)^{\alpha}(\alpha\in\mathbf{R})$的上界又是什么?

本文拟探讨这些问题.

**定理1** 设$x_i>0(i=1,2,\cdots,n)$,$n\geqslant 2$,$x_1x_2\cdots x_n=1$,$m$是正整数且$m\geqslant 2$,$\lambda$为正常数,则当$0<\lambda<n^m-1$时,有

$$\sum_{i=1}^{n}\left(\frac{1}{1+\lambda x_i}\right)^{\frac{1}{m}}>1 \tag{4}$$

**证明** 因为当$\lambda=n^m-1$时,由式(3)有

$$\sum_{i=1}^{n}\left[\frac{1}{1+(n^m-1)x_i}\right]^{\frac{1}{m}}\geqslant 1$$

所以,当$0<\lambda<n^m-1$时,有

$$\sum_{i=1}^{n}\left(\frac{1}{1+\lambda x_i}\right)^{\frac{1}{m}} > \sum_{i=1}^{n}\left(\frac{1}{1+(n^m-1)x_i}\right)^{\frac{1}{m}} \geqslant 1$$

即式(4) 成立.

**注记** 文[2] 已经否定了文[3] 的两个猜想:设 $x,y,z>0$,且 $xyz=1$,则

$$\frac{1}{\sqrt{1+3x}}+\frac{1}{\sqrt{1+3y}}+\frac{1}{\sqrt{1+3z}} \geqslant \frac{3}{2} \tag{5}$$

$$\frac{1}{\sqrt[3]{1+7x}}+\frac{1}{\sqrt[3]{1+7y}}+\frac{1}{\sqrt[3]{1+7z}} \geqslant \frac{3}{2} \tag{6}$$

由定理 1 知,有

$$\frac{1}{\sqrt{1+3x}}+\frac{1}{\sqrt{1+3y}}+\frac{1}{\sqrt{1+3z}} > 1 \tag{7}$$

$$\frac{1}{\sqrt[3]{1+7x}}+\frac{1}{\sqrt[3]{1+7y}}+\frac{1}{\sqrt[3]{1+7z}} > 1 \tag{8}$$

**定理 2** 设 $x_i>0(i=1,2,\cdots,n)$,$n\geqslant 2$,$x_1x_2\cdots x_n=1$,$\lambda$ 为正常数,则:

(1) 当 $\lambda\geqslant n-1$ 时,有

$$\sum_{i=1}^{n}\frac{1}{1+\lambda x_i} \geqslant \frac{n}{1+\lambda} \tag{9}$$

(2) 当 $0<\lambda<n-1$ 时,有

$$\sum_{i=1}^{n}\frac{1}{1+\lambda x_i} > 1 \tag{10}$$

**证明** (1) 式(9) 等价于

$$P=(1+\lambda)\sum_{i=1}^{n}(1+\lambda x_1)\cdots(1+\lambda x_{i-1})(1+\lambda x_{i+1})\cdots(1+\lambda x_n)-n(1+\lambda x_1)(1+\lambda x_2)\cdots(1+\lambda x_n)\geqslant 0 \tag{11}$$

用 $\sum x_1x_2\cdots x_i$ 表示 $x_1,x_2,\cdots,x_n$ 中 $i$ 个的积,共 $\mathrm{C}_n^i$ 个之和,则

$$\begin{aligned}P=&[(1+\lambda)n-n]+[(1+\lambda)(n-1)-n]\lambda\sum x_1+\\&[(1+\lambda)(n-2)-n]\lambda^2\sum x_1x_2+\cdots+\\&[(1+\lambda)(n-i)-n]\lambda^i\sum x_1x_2\cdots x_i+\cdots+\\&[(1+\lambda)-n]\lambda^{n-1}\sum x_1x_2\cdots x_{n-1}-n\lambda^n x_1x_2\cdots x_n=\\&\sum_{i=0}^{n-1}\{[(1+\lambda)(n-i)-n]\lambda^i\sum x_1x_2\cdots x_i\}-n\lambda^2\end{aligned} \tag{12}$$

由 $x_1x_2\cdots x_n=1$,有

$$\sum x_1x_2\cdots x_i\geqslant \mathrm{C}_n^i\left[(x_1x_2\cdots x_n)^{\frac{i\mathrm{C}_n^i}{n}}\right]^{\frac{1}{\mathrm{C}_n^i}}=\mathrm{C}_n^i$$

又 $\lambda\geqslant n-1$,则当 $1\leqslant i\leqslant n-1$ 时,有

$$(1+\lambda)(n-i)-n \geqslant (1+\lambda)-n \geqslant 0$$

于是

$$\begin{aligned}
P \geqslant & \sum_{i=0}^{n-1}\{[(1+\lambda)(n-i)-n]\lambda^{i}C_{n}^{i}\}-n\lambda^{n}= \\
& (1+\lambda)\sum_{i=0}^{n-1}(n-i)\lambda^{i}C_{n}^{i}-n\sum_{i=0}^{n}\lambda^{i}C_{n}^{i}= \\
& (1+\lambda)\sum_{i=0}^{n-1}n\lambda^{i}C_{n-1}^{i}-n(1+\lambda)^{n}= \\
& (1+\lambda)n(1+\lambda)^{n-1}-n(1+\lambda)^{n}=0
\end{aligned}$$

即 $P \geqslant 0$,因而式(11)成立,故式(9)成立.

(2)因为当 $\lambda=n-1$ 时,由式(9)有 $\sum_{i=1}^{n}\frac{1}{1+(n-1)x_{i}} \geqslant 1$,那么当 $0<\lambda<n-1$ 时

$$\sum_{i=1}^{n}\frac{1}{1+\lambda x_{i}}>\sum_{i=1}^{n}\frac{1}{1+(n-1)x_{i}} \geqslant 1$$

即式(10)成立.

**定理3** 设 $x_{i}>0(i=1,2,\cdots,n)$,$n \geqslant 2$,$x_{1}x_{2}\cdots x_{n}=1$,$\lambda$ 为正常数,$\alpha$ 为实常数,则当 $\alpha>1$ 且 $\lambda \geqslant n-1$,或者 $\alpha \leqslant 0$ 时,有

$$\sum_{i=1}^{n}\left(\frac{1}{1+\lambda x_{i}}\right)^{\alpha} \geqslant \frac{n}{(1+\lambda)^{\alpha}} \tag{13}$$

**证明** 当 $\alpha>1$ 且 $\lambda \geqslant n-1$ 时,应用幂平均不等式及式(9),有

$$\sum_{i=1}^{n}\left(\frac{1}{1+\lambda x_{i}}\right)^{\alpha} \geqslant n\left(\frac{1}{n}\sum_{i=1}^{n}\frac{1}{1+\lambda x_{i}}\right)^{\alpha} \geqslant n\left(\frac{1}{n}\frac{n}{1+\lambda}\right)^{\alpha}=\frac{n}{(1+\lambda)^{\alpha}}$$

即当 $\alpha>1$ 且 $\lambda \geqslant n-1$ 时,式(13)成立.

当 $\alpha \leqslant 0$ 时,令 $\alpha=-\beta$,则 $\beta \geqslant 0$,不等式(13)等价于

$$\sum_{i=1}^{n}\left(\frac{1}{1+\lambda x_{i}}\right)^{-\beta} \geqslant n\left(\frac{1}{1+\lambda}\right)^{-\beta} \Leftrightarrow \sum_{i=1}^{n}(1+\lambda x_{i})^{\beta} \geqslant n(1+\lambda)^{\beta} \tag{14}$$

由平均值不等式,有

$$\sum_{i=1}^{n}(1+\lambda x_{i})^{\beta} \geqslant n[(1+\lambda x_{1})(1+\lambda x_{2})\cdots(1+\lambda x_{n})]^{\frac{\beta}{n}}$$

从定理2的证明过程中,知 $\sum x_{1}x_{2}\cdots x_{i} \geqslant C_{n}^{i}$,所以

$$\begin{aligned}
& (1+\lambda x_{1})(1+\lambda x_{2})\cdots(1+\lambda x_{n})= \\
& \sum_{i=0}^{n}(\lambda^{i}\sum x_{1}x_{2}\cdots x_{i}) \geqslant \sum_{i=0}^{n}(\lambda^{i}C_{n}^{i})=(1+\lambda)^{n}
\end{aligned}$$

于是

$$\sum_{i=1}^{n}(1+\lambda x_{i})^{\beta} \geqslant n[(1+\lambda)^{n}]^{\frac{\beta}{n}}=n(1+\lambda)^{\beta}$$

即式(14) 成立,故当 $\alpha \leqslant 0$ 时,式(13) 成立.

对于一般的情形,我们有:

**猜想 1** 设 $x_i > 0(i=1,2,\cdots,n)$, $n \geqslant 2$, $x_1x_2\cdots x_n = 1$, $\lambda$ 为正常数, $\alpha$ 为实常数,则:

(1) 当 $\lambda \geqslant n^{\frac{1}{\alpha}} - 1$ 且 $\alpha \geqslant 0$ 时,或者 $\alpha < 0$ 有

$$\sum_{i=1}^{n}\left(\frac{1}{1+\lambda x_i}\right)^{\alpha} \geqslant \frac{n}{(1+\lambda)^{\alpha}} \tag{15}$$

(2) $0 < \lambda < n^{\frac{1}{\alpha}} - 1$, $\alpha > 0$ 时,有

$$\sum_{i=1}^{n}\left(\frac{1}{1+\lambda x_i}\right)^{\alpha} > 1 \tag{16}$$

**注** 由文[2] 的结论及上面的定理知,当 $\alpha = \frac{1}{m}$ ($m$ 是正整数) 及 $\alpha \leqslant 0$ 时上述猜想 1 已完全解决;当 $\alpha \geqslant 1$ 时仅部分解决;其余情形尚未解决.

下面讨论 $\sum\limits_{i=1}^{n}\left(\frac{1}{1+\lambda x_i}\right)^{\alpha}$ 的上界.

**定理 4** 设 $x_i > 0(i=1,2,\cdots,n)$, $n \geqslant 2$, $x_1x_2\cdots x_n = 1$, $\lambda$ 为正常数,则:

(1) 当 $0 < \lambda \leqslant \frac{1}{n-1}$ 时,有

$$\sum_{i=1}^{n}\frac{1}{1+\lambda x_i} \leqslant \frac{n}{1+\lambda} \tag{17}$$

(2) 当 $\lambda > \frac{1}{n-1}$,有

$$\sum_{i=1}^{n}\frac{1}{1+\lambda x_i} < n-1 \tag{18}$$

**证明** (1) $P$ 的意义同式(11),则式(17)$\Leftrightarrow P \leqslant 0$,由定理 2 的证明知

$$P = \sum_{i=0}^{n-1}\{[(1+\lambda)(n-i)-n]\lambda^i \sum x_1x_2\cdots x_i\} - n\lambda^2$$

$$\sum x_1x_2\cdots x_i \geqslant \mathrm{C}_n^i$$

又 $0 < \lambda \leqslant \frac{1}{n-1}$,则当 $1 \leqslant i \leqslant n-1$ 时,有

$$(1+\lambda)(n-i)-n \leqslant (1+\lambda)(n-1)-n \leqslant 0$$

于是

$$P \leqslant \sum_{i=0}^{n-1}\{[(1+\lambda)(n-i)-n]\lambda^i\mathrm{C}_n^i\} - n\lambda^n =$$

$$(1+\lambda)\sum_{i=0}^{n-1}(n-i)\lambda^i\mathrm{C}_n^i - n\sum_{i=0}^{n}\lambda^i\mathrm{C}_n^i =$$

$$(1+\lambda)\sum_{i=0}^{n-1} n\lambda^i C_{n-1}^i - n(1+\lambda)^n =$$
$$(1+\lambda)n(1+\lambda)^{n-1} - n(1+\lambda)^n = 0$$

即 $P \leqslant 0$,因而式(17)成立.

(2)当 $\lambda = \frac{1}{n-1}$ 时,由式(17)有 $\sum_{i=1}^{n} \frac{1}{1+\frac{1}{n-1}x_i} \leqslant n-1$,那么当 $\lambda > \frac{1}{n-1}$ 时

$$\sum_{i=1}^{n} \frac{1}{1+\lambda x_i} < \sum_{i=1}^{n} \frac{1}{1+\frac{1}{n-1}x_i} \leqslant n-1$$

**定理5** 设 $x_i > 0(i=1,2,\cdots,n)$, $n \geqslant 2$, $x_1x_2\cdots x_n = 1$, $\alpha,\lambda$ 为正常数,则当 $0<\alpha<1$ 且 $0<\lambda \leqslant \frac{1}{n-1}$ 时,有

$$\sum_{i=1}^{n}\left(\frac{1}{1+\lambda x_i}\right)^{\alpha} \leqslant \frac{n}{(1+\lambda)^{\alpha}} \tag{19}$$

**证明** 当 $0<\alpha<1$ 且 $0<\lambda \leqslant \frac{1}{n-1}$,应用幂平均不等式及式(17),有

$$\sum_{i=1}^{n}\left(\frac{1}{1+\lambda x_i}\right)^{\alpha} \leqslant n\left(\frac{1}{n}\sum_{i=1}^{n}\frac{1}{1+\lambda x_i}\right)^{\alpha} \leqslant n\left(\frac{1}{n}\cdot\frac{n}{1+\lambda}\right)^{\alpha} = \frac{n}{(1+\lambda)^{\alpha}}$$

即式(19)成立.

对于一般的情形,我们有:

**猜想2** 设 $x_i > 0(i=1,2,\cdots,n)$, $n \geqslant 2$, $x_1x_2\cdots x_n = 1$, $\alpha,\lambda$ 为正常数,则:

(1)当 $0<0<\lambda \leqslant \left(\frac{n}{n-1}\right)^{\frac{1}{\alpha}} - 1$,有

$$\sum_{i=1}^{n}\left(\frac{1}{1+\lambda x_i}\right)^{\alpha} \leqslant \frac{n}{(1+\lambda)^{\alpha}} \tag{20}$$

(2)当 $\lambda > \left(\frac{n}{n-1}\right)^{\frac{1}{\alpha}} - 1$,有

$$\sum_{i=1}^{n}\left(\frac{1}{1+\lambda x_i}\right)^{\alpha} < n-1 \tag{21}$$

**注** 由上面的定理知,当 $\alpha=1$ 时上述猜想2已完全解决;当 $0<\alpha<1$ 时仅部分解决;其余情形尚未解决.

## 参考文献

[1] 第42届IMO中国代表队.第42届IMO试题解答[J].中等数学,2001(5).

[2] 沈家书.一道国际奥林匹克试题的再研讨[J].中学教研,2002(11).
[3] 安振平,千海军.由一道竞赛题引发的思考[J].中学数学教学参考,2001(12).

# 关于 IMO42 - 2 加强的推广的证明与注记

第 42 届 IMO(2001 年) 第二题为:对所有正实数 $a,b,c$,证明

$$\frac{a}{\sqrt{a^2+8bc}}+\frac{b}{\sqrt{b^2+8ca}}+\frac{c}{\sqrt{c^2+8ab}}\geqslant 1 \tag{1}$$

文[1] 将式(1) 加强为:若 $a,b,c$ 为正实数,则

$$\frac{a}{\sqrt{a^2+2(b+c)^2}}+\frac{b}{\sqrt{b^2+2(c+a)^2}}+\frac{c}{\sqrt{c^2+2(a+b)^2}}\geqslant 1 \tag{2}$$

并在文末提出了:

**猜想** 若 $a,b,c$ 为正实数,$\lambda\geqslant 2$,则

$$\frac{a}{\sqrt{a^2+\lambda(b+c)^2}}+\frac{b}{\sqrt{b^2+\lambda(c+a)^2}}+\frac{c}{\sqrt{c^2+\lambda(a+b)^2}}\geqslant\frac{3}{\sqrt{4\lambda+1}} \tag{3}$$

文[2] 通过构造“零件不等式”(局部不等式) 给出了式(3) 的巧证,本文用柯西不等式给出式(3) 的证明并给出两点注记.

**证明** 由柯西不等式,有

$$\left[\frac{a}{\sqrt{a^2+\lambda(b+c)^2}}+\frac{b}{\sqrt{b^2+\lambda(c+a)^2}}+\frac{c}{\sqrt{c^2+\lambda(a+b)^2}}\right]\cdot$$

$\left[a\sqrt{a^2+\lambda(b+c)^2}+b\sqrt{b^2+\lambda(c+a)^2}+c\sqrt{c^2+\lambda(a+b)^2}\right]\geqslant(a+b+c)^2\Leftrightarrow$

$$\frac{a}{\sqrt{a^2+\lambda(b+c)^2}}+\frac{b}{\sqrt{b^2+\lambda(c+a)^2}}+\frac{c}{\sqrt{c^2+\lambda(a+b)^2}}\geqslant$$
$$\frac{(a+b+c)^2}{a\sqrt{a^2+\lambda(b+c)^2}+b\sqrt{b^2+\lambda(c+a)^2}+c\sqrt{c^2+\lambda(a+b)^2}}$$

又由柯西不等式,有

$$a\sqrt{a^2+\lambda(b+c)^2}+b\sqrt{b^2+\lambda(c+a)^2}+c\sqrt{c^2+\lambda(a+b)^2}=$$
$$\sqrt{a}\sqrt{a^3+\lambda a(b+c)^2}+\sqrt{b}\sqrt{b^3+\lambda b(c+a)^2}+\sqrt{c}\sqrt{c^3+\lambda c(a+b)^2}\leqslant$$
$$\sqrt{a+b+c}\sqrt{a^3+\lambda a(b+c)^2+b^3+\lambda b(c+a)^2+c^3+\lambda c(a+b)}$$

所以

$$\frac{a}{\sqrt{a^2+\lambda(b+c)^2}}+\frac{b}{\sqrt{b^2+\lambda(c+a)^2}}+\frac{c}{\sqrt{c^2+\lambda(a+b)^2}}\geqslant$$

$$\frac{(a+b+c)^2}{\sqrt{a+b+c}\sqrt{a^3+\lambda a(b+c)^2+b^3+\lambda b(c+a)^2+c^3+\lambda c(a+b)}}=$$

$$\frac{\sqrt{(a+b+c)^3}}{\sqrt{a^3+\lambda a(b+c)^2+b^3+\lambda b(c+a)^2+c^3+\lambda c(a+b)^2}} \tag{4}$$

要证不等式(3),只需证

$$\frac{\sqrt{(a+b+c)^3}}{\sqrt{a^3+\lambda a(b+c)^2+b^3+\lambda b(c+a)^2+c^3+\lambda c(a+b)^2}}\geqslant\frac{3}{\sqrt{4\lambda+1}}\Leftrightarrow$$

$(4\lambda+1)(a+b+c)^3\geqslant$

$9[a^3+\lambda a(b+c)^2+b^3+\lambda b(c+a)^2+c^3+\lambda c(a+b)^2]\Leftrightarrow$

$(4\lambda+1)(a^3+b^3+c^3+3a^2b+3b^2c+3c^2a+3ab^2+3bc^2+3ca^2+6abc)\geqslant$

$9[a^3+b^3+c^3+\lambda a^2b+\lambda b^2c+\lambda c^2a+\lambda ab^2+\lambda bc^2+\lambda ca^2+6\lambda abc]\Leftrightarrow$

$4(\lambda-2)(a^3+b^3+c^3)+3(\lambda+1)(a^2b+b^2c+c^2a+ab^2+bc^2+ca^2)\geqslant$

$(30\lambda-6)abc$ (5)

由均值不等式,有

$$a^2b+b^2c+c^2a+ab^2+bc^2+ca^2\geqslant$$
$$6\sqrt[6]{a^2b+b^2c+c^2a+ab^2+bc^2+ca^2}=6abc$$

由此并注意到 $\lambda\geqslant 2$ 及 $a^3+b^3+c^3\geqslant 3abc$,有

$4(\lambda-2)(a^3+b^3+c^3)+3(\lambda+1)(a^2b+b^2c+c^2a+ab^2+bc^2+ca^2)\geqslant$

$4(\lambda-2)\cdot 3abc+3(\lambda+1)\cdot 6abc=(30\lambda-6)abc$

即不等式(5)成立,故不等式(3)成立.

**注记 1** 式(3)给出了当 $\lambda\geqslant 2$ 时,$P=\frac{a}{\sqrt{a^2+\lambda(b+c)^2}}+\frac{b}{\sqrt{b^2+\lambda(c+a)^2}}+\frac{c}{\sqrt{c^2+\lambda(a+b)^2}}$ 的下界,那么当 $0<\lambda<2$ 时,$P$ 的下界是什么呢?我们有:

若 $a,b,c>0$,$0<\lambda<2$,则

$$\frac{a}{\sqrt{a^2+\lambda(b+c)^2}}+\frac{b}{\sqrt{b^2+\lambda(c+a)^2}}+\frac{c}{\sqrt{c^2+\lambda(a+b)^2}}>1 \tag{6}$$

且下界 1 不可再改进.

**证明** 在式(3)中取 $\lambda=2$ 有

$$\frac{a}{\sqrt{a^2+2(b+c)^2}}+\frac{b}{\sqrt{b^2+2(c+a)^2}}+\frac{c}{\sqrt{c^2+2(a+b)^2}}\geqslant 1$$

所以,当 $0<\lambda<2$ 时,有

$$\frac{a}{\sqrt{a^2+\lambda(b+c)^2}}+\frac{b}{\sqrt{b^2+\lambda(c+a)^2}}+\frac{c}{\sqrt{c^2+\lambda(a+b)^2}}>$$

$$\frac{a}{\sqrt{a^2+2(b+c)^2}}+\frac{b}{\sqrt{b^2+2(c+a)^2}}+\frac{c}{\sqrt{c^2+2(a+b)^2}}\geqslant 1$$

即式(6)成立,且当$a\to 0,b\to 0$时,$P\to 1$,所以式(6)左边的下界不可再改进.

**注记2** 文[3]探讨了$P$的上界,提出:

**猜测1** 若$a,b,c>0$,则当$0\leqslant\lambda\leqslant\frac{5}{7}$时,有

$$\frac{a}{\sqrt{a^2+\lambda(b+c)^2}}+\frac{b}{\sqrt{b^2+\lambda(c+a)^2}}+\frac{c}{\sqrt{c^2+\lambda(a+b)^2}}\leqslant\frac{3}{\sqrt{4\lambda+1}} \tag{7}$$

并指出,他已证明当$0\leqslant\lambda\leqslant\frac{1}{5}$时成立,以及$\lambda>\frac{5}{7}$时式(7)不成立.

应用笔者在文[4]的结论:设$x,y,z>0,k=\sqrt[3]{xyz}$,则当$0<k\leqslant\frac{5}{4}$时,有

$$\frac{1}{\sqrt{1+x}}+\frac{1}{\sqrt{1+y}}+\frac{1}{\sqrt{1+z}}\leqslant\frac{3}{\sqrt{1+k}} \tag{8}$$

可以证明当$0\leqslant\lambda\leqslant\frac{5}{16}$时,式(7)成立,事实上,因为

$$\frac{a}{\sqrt{a^2+\lambda(b+c)^2}}+\frac{b}{\sqrt{b^2+\lambda(c+a)^2}}+\frac{c}{\sqrt{c^2+\lambda(a+b)^2}}\leqslant$$
$$\frac{a}{\sqrt{a^2+4\lambda bc}}+\frac{b}{\sqrt{b^2+4\lambda ca}}+\frac{c}{\sqrt{c^2+4\lambda ab}}$$

取$x=\frac{4\lambda bc}{a^2},y=\frac{4\lambda ca}{b^2},z=\frac{4\lambda ab}{c^2}$,由$0\leqslant\lambda\leqslant\frac{5}{16}\Leftrightarrow 0<\sqrt[3]{xyz}=4\lambda\leqslant\frac{5}{4}$,应用式(8)有

$$\frac{a}{\sqrt{a^2+4\lambda bc}}+\frac{b}{\sqrt{b^2+4\lambda ca}}+\frac{c}{\sqrt{c^2+4\lambda ab}}\leqslant\frac{3}{\sqrt{1+4\lambda}}$$

故当$0\leqslant\lambda\leqslant\frac{5}{16}$时,式(7)成立.

另外,当$\lambda>\frac{5}{7}$时,我们有:

**猜测2** 若$a,b,c>0$,则当$\lambda>\frac{5}{7}$时,有

$$\frac{a}{\sqrt{a^2+\lambda(b+c)^2}}+\frac{b}{\sqrt{b^2+\lambda(c+a)^2}}+\frac{c}{\sqrt{c^2+\lambda(a+b)^2}}<\frac{2}{\sqrt{2\lambda+1}} \tag{9}$$

## 参考文献

[1] 宋庆. 一道第42届IMO试题的加强[J]. 数学通讯,2009(5)(下半月).

[2] 杨志明. IMO42 - 2 加强的推广[J]. 数学通讯,2009(10)(下半月).
[3] 何灯. 两个双边不等式及两个问题的探究[J]. 不等式研究通讯,2009(3).
[4] 蒋明斌. 一道西部数学奥林匹克赛题的溯源与推广[J]. 中学数学研究(南昌),2006(2).

# IMO42 - 2 加强的一个错证及其他

第 42 届 IMO(2001 年) 第二题为:对所有正实数 $a,b,c$,证明

$$\frac{a}{\sqrt{a^2+8bc}}+\frac{b}{\sqrt{b^2+8ca}}+\frac{c}{\sqrt{c^2+8ab}}\geqslant 1 \tag{1}$$

文[1] 将式(1) 加强为:若 $a,b,c$ 为正实数,则

$$\frac{a}{\sqrt{a^2+2(b+c)^2}}+\frac{b}{\sqrt{b^2+2(c+a)^2}}+\frac{c}{\sqrt{c^2+2(a+b)^2}}\geqslant 1 \tag{2}$$

文[2] 试图给出式(1) 的一个简证,其证明大致为:"设

$$M=\frac{a}{\sqrt{a^2+2(b+c)^2}}+\frac{b}{\sqrt{b^2+2(c+a)^2}}+\frac{c}{\sqrt{c^2+2(a+b)^2}}$$

$$N=\frac{\sqrt{a^2+2(b+c)^2}}{9a}+\frac{\sqrt{b^2+2(c+a)^2}}{9b}+\frac{\sqrt{c^2+2(a+b)^2}}{9c}$$

易得 $M+N\geqslant 2$,要证 $M\geqslant 1$,只需证 $M\geqslant N$,而

$$M-N=\frac{8a^2-2(b+c)^2}{9a\sqrt{a^2+2(b+c)^2}}+\frac{8b^2-2(c+a)^2}{9b\sqrt{b^2+2(c+a)^2}}+\frac{8c^2-2(a+b)^2}{9c\sqrt{c^2+2(a+b)^2}}$$

设 $K$ 为 $9a\sqrt{a^2+2(b+c)^2}$,$9b\sqrt{b^2+2(c+a)^2}$,$9c\sqrt{c^2+2(a+b)^2}$ 中的最大者,则

$$M-N\geqslant\frac{8a^2-2(b+c)^2}{K}+\frac{8b^2-2(c+a)^2}{K}+\frac{8c^2-2(a+b)^2}{K}=$$

$$\frac{2[(a-b)^2+(b-c)^2+(c-a)^2]}{K}\geqslant 0"$$

上述证明是错误的. 因为 $M\geqslant N$ 不成立,比如,取 $a=b=1,c=10$ 时,$M=\frac{2}{\sqrt{243}}+\frac{10}{\sqrt{108}}<2$,$N=\frac{2\sqrt{243}}{9}+\frac{\sqrt{108}}{90}>\frac{2\sqrt{225}}{9}=\frac{30}{9}>2$,有 $M<N$(下文将证明,一般情形有,$M<N$).

上述证明错误出在

$$M-N\geqslant\frac{8a^2-2(b+c)^2}{K}+\frac{8b^2-2(c+a)^2}{K}+\frac{8c^2-2(a+b)^2}{K} \tag{*}$$

这一步,得出这一步的依据是一个不正确的结论"把分式的分母放大,分式值将变小",当分母为正数时,分子也为正数时,这一性质才能成立,即如果 $K=9a\sqrt{a^2+2(b+c)^2}$,当 $8b^2-2(c+a)^2\geqslant 0$,$8c^2-2(a+b)^2\geqslant 0$ 时式(*)

才成立,但这由已知条件是得不出的.

顺便指出,颇有影响的奥数专著[3] 也给出了不等式(1) 的一个类似的错证.

**注记 1** 通过对大量的数值的试算,我们有:

**猜想 1** 若 $a,b,c$ 为正实数,则

$$M=\frac{\sqrt{a^2+2(b+c)^2}}{9a}+\frac{\sqrt{b^2+2(c+a)^2}}{9b}+\frac{\sqrt{c^2+2(a+b)^2}}{9c}\geqslant$$

$$\frac{a}{\sqrt{a^2+2(b+c)^2}}+\frac{b}{\sqrt{b^2+2(c+a)^2}}+\frac{c}{\sqrt{c^2+2(a+b)^2}}=N \quad (3)$$

猜想 1 是成立的,下面给出证明.

**证明** (徐国辉,舒红霞)不妨设 $a\geqslant b\geqslant c$,则

$$a+b-2c\geqslant a+c-2b\geqslant b+c-2a \quad (4)$$

一方面

$$M-N=\frac{2(b+c)^2-8a^2}{9a\sqrt{a^2+2(b+c)^2}}+\frac{2(a+c)^2-8b^2}{9b\sqrt{b^2+2(a+c)^2}}+\frac{2(a+b)^2-8c^2}{9c\sqrt{c^2+2(a+b)^2}}=$$

$$\frac{2}{9}\left[(b+c-2a)\frac{(b+c+2a)}{a\sqrt{a^2+2(b+c)^2}}+\right.$$

$$(a+c-2b)\frac{(a+c+2b)}{b\sqrt{b^2+2(a+c)^2}}+$$

$$\left.(a+b-2c)\frac{(a+b+2c)}{c\sqrt{c^2+2(a+b)^2}}\right]$$

另一方面,因为

$$(a+b+2c)^2[b^4+2b^2(a+c)^2]-(a+c+2b)^2[c^4+2c^2(a+b)^2]=$$
$$(b-c)[b^5+(5c+2a)b^4+(3c^2+3a^2+10ac)b^3+$$
$$(3c^3+6ac^2+4a^3+19a^2c)b^2+$$
$$(16a^3c+19a^2c^2+2a^4+10ac^3+5c^4)b+$$
$$3a^2c^3+4a^3c^2+c^5+2ac^4+2ca^4]$$

由 $a\geqslant b\geqslant c>0$,有

$$(a+b+2c)^2[b^4+2b^2(a+c)^2]-(a+c+2b)^2[c^4+2c^2(a+b)^2]\geqslant 0\Leftrightarrow$$
$$(a+b+2c)^2[b^4+2b^2(a+c)^2]\geqslant(a+c+2b)^2[c^4+2c^2(a+b)^2]\Leftrightarrow$$
$$(a+b+2c)b\sqrt{b^2+2(a+c)^2}\geqslant(a+c+2b)c\sqrt{c^2+2(a+b)^2}\Leftrightarrow$$
$$\frac{a+b+2c}{c\sqrt{c^2+2(a+b)^2}}\geqslant\frac{a+c+2b}{b\sqrt{b^2+2(a+c)^2}} \quad (5)$$

同理,可得

$$\frac{a+c+2b}{b\sqrt{b^2+2(a+c)^2}} \geqslant \frac{b+c+2a}{a\sqrt{a^2+2(b+c)^2}} \tag{6}$$

由式(5),(6) 可得

$$\frac{a+b+2c}{c\sqrt{c^2+2(a+b)^2}} \geqslant \frac{a+c+2b}{b\sqrt{b^2+2(a+c)^2}} \geqslant \frac{b+c+2a}{a\sqrt{a^2+2(b+c)^2}} \tag{7}$$

由式(4) 和式(7) 及切比雪夫不等式可得

$$(b+c-2a)\frac{(b+c+2a)}{a\sqrt{a^2+2(b+c)^2}}+(a+c-2b)\frac{(a+c+2b)}{b\sqrt{b^2+2(a+c)^2}}+$$

$$(a+b-2c)\frac{(a+b+2c)}{c\sqrt{c^2+2(a+b)^2}} \geqslant$$

$$\frac{1}{3}[(b+c-2a)+(a+c-2b)+(a+b-2c)]\cdot$$

$$\left[\frac{(b+c+2a)}{a\sqrt{a^2+2(b+c)^2}}+\frac{(a+c+2b)}{b\sqrt{b^2+2(a+c)^2}}+\frac{(a+b+2c)}{c\sqrt{c^2+2(a+b)^2}}\right]=0$$

所以 $M-N \geqslant 0 \Leftrightarrow M \geqslant N$

**注记 2** 文[4],[5],[6] 分别证明了式(2) 的推广:

若 $a,b,c$ 为正实数,$\lambda \geqslant 2$,则

$$\frac{a}{\sqrt{a^2+\lambda(b+c)^2}}+\frac{b}{\sqrt{b^2+\lambda(c+a)^2}}+\frac{c}{\sqrt{c^2+\lambda(a+b)^2}} \geqslant \frac{3}{\sqrt{4\lambda+1}} \tag{8}$$

文[7] 得到:若 $a,b,c$ 为正实数,$0 \leqslant \lambda \leqslant 3$,则

$$\frac{a}{\sqrt{a^2+\lambda(b^2+c^2)+(8-2\lambda)bc}}+\frac{b}{\sqrt{b^2+\lambda(c^2+a^2)+(8-2\lambda)ca}}+$$

$$\frac{c}{\sqrt{c^2+\lambda(a^2+b^2)+(8-2\lambda)ab}} \geqslant 1 \tag{9}$$

式(8),(9) 可以推广为:

**命题** 若 $a,b,c$ 为正实数,$k \geqslant 2$ 且 $4-\frac{1}{2}k \leqslant t \leqslant \frac{7}{4}k-\frac{1}{2}$,则

$$\frac{a}{\sqrt{a^2+t(b^2+c^2)+kbc}}+\frac{b}{\sqrt{b^2+t(c^2+a^2)+kca}}+$$

$$\frac{c}{\sqrt{c^2+t(a^2+b^2)+kab}} \geqslant \frac{3}{\sqrt{1+2t+k}} \tag{10}$$

**证明** 记式(10) 左边为 $P$,由柯西不等式,有

$$P[a\sqrt{a^2+t(b^2+c^2)+kbc}+b\sqrt{b^2+t(c^2+a^2)+kca}+$$

$$c\sqrt{c^2+t(a^2+b^2)+kab}] \geqslant (a+b+c)^2 \Leftrightarrow$$

$$P \geqslant \frac{(a+b+c)^2}{a\sqrt{a^2+t(b^2+c^2)+kbc}+b\sqrt{b^2+t(c^2+a^2)+kca}+c\sqrt{c^2+t(a^2+b^2)+kab}}$$

又由柯西不等式,有

$$a\sqrt{a^2+t(b^2+c^2)+kbc}+b\sqrt{b^2+t(c^2+a^2)+kca}+c\sqrt{c^2+t(a^2+b^2)+kab}=$$

$$\sqrt{a}\sqrt{a^3+ta(b^2+c^2)^2+kabc}+\sqrt{b}\sqrt{b^3+tb(c^2+a^2)+kabc}+\sqrt{c}\sqrt{c^3+tc(a^2+b^2)+kabc}\leqslant$$

$$\sqrt{a+b+c}\cdot\sqrt{a^3+ta(b^2+c^2)^2+kabc+b^3+tb(c^2+a^2)+kabc+c^3+tc(a^2+b^2)+kabc}$$

所以

$$P \geqslant \frac{(a+b+c)^2}{\sqrt{a+b+c}\sqrt{a^3+b^3+c^3+ta(b^2+c^2)^2+tb(c^2+a^2)+tc(a^2+b^2)+3kabc}}=$$

$$\frac{\sqrt{(a+b+c)^3}}{\sqrt{a^3+b^3+c^3+ta(b^2+c^2)^2+tb(c^2+a^2)+tc(a^2+b^2)+3kabc}} \tag{11}$$

要证不等式(11),只需证

$$\frac{\sqrt{(a+b+c)^3}}{\sqrt{a^3+b^3+c^3+ta(b^2+c^2)^2+tb(c^2+a^2)+tc(a^2+b^2)+3kabc}}\geqslant \frac{3}{\sqrt{1+2t+k}}\Leftrightarrow$$

$$(1+2t+k)(a+b+c)^3\geqslant 9[a^3+b^3+c^3+ta(b^2+c^2)^2+tb(c^2+a^2)+tc(a^2+b^2)+3kabc]\Leftrightarrow$$

$$(1+2t+k)[a^3+b^3+c^3+3(a^2b+b^2c+c^2a)+3(ab^2+bc^2+ca^2)+6abc]\geqslant$$

$$9[a^3+b^3+c^3+t(a^2b+b^2c+c^2a)+t(ab^2+bc^2+ca^2)+3kabc]\Leftrightarrow$$

$$(2t+k-8)(a^3+b^3+c^3)+3(k-t+1)(a^2b+b^2c+c^2a+ab^2+bc^2+ca^2)\geqslant 3(7k-4t-2)abc\Leftrightarrow$$

$$\left(t+\frac{k}{2}-4\right)\{[a^3+b^3-ab(a+b)]+[b^3+c^3-bc(b+c)]+[c^3+a^3-ca(c+a)]\}+\left[3(k-t+1)+\left(t+\frac{k}{2}-4\right)\right](a^2b+b^2c+c^2a+ab^2+bc^2+ca^2)-3(7k-4t-2)abc\geqslant 0\Leftrightarrow$$

$$\left(t+\frac{k}{2}-4\right)\left[(a+b)(a-b)^2+(b+c)(b-c)^2+(c+a)(c-a)^2\right]+$$

$$\left(\frac{7k}{2}-2t-1\right)\left[c(a^2+b^2-2ab)+a(b^2+c^2-2bc)+a(b^2+c^2-2bc)\right]\geqslant 0\Leftrightarrow$$

$$\left(t+\frac{k}{2}-4\right)\left[(a+b)(a-b)^2+(b+c)(b-c)^2+(c+a)(c-a)^2\right]+$$

$$\left(\frac{7k}{2}-2t-1\right)\left[c(a-b)^2+b(c-a)^2+a(b-c)^2\right]\geqslant 0 \tag{12}$$

由 $k\geqslant 2$ 且 $4-\frac{1}{2}k\leqslant t\leqslant\frac{7}{4}k-\frac{1}{2}$,有 $t+\frac{k}{2}-4\geqslant 0$ 及 $\frac{7k}{2}-2t-1\geqslant 0$,所以不等式(12)成立,故不等式(10)成立.

**注记 3** 文[8]研究了 $\frac{a}{\sqrt{a^2+\lambda(b+c)^2}}+\frac{b}{\sqrt{b^2+\lambda(c+a)^2}}+\frac{c}{\sqrt{c^2+\lambda(a+b)^2}}$ 的上界,猜测:

若 $a,b,c>0$,则当 $0\leqslant\lambda\leqslant\frac{5}{7}$ 时,有

$$\frac{a}{\sqrt{a^2+\lambda(b+c)^2}}+\frac{b}{\sqrt{b^2+\lambda(c+a)^2}}+\frac{c}{\sqrt{c^2+\lambda(a+b)^2}}\leqslant\frac{3}{\sqrt{4\lambda+1}} \tag{13}$$

在文[6]中,我们证明了当 $0\leqslant\lambda\leqslant\frac{5}{16}$ 时,式(13)成立,并在文末猜测:

若 $a,b,c>0$,则当 $\lambda>\frac{5}{7}$ 时,有

$$\frac{a}{\sqrt{a^2+\lambda(b+c)^2}}+\frac{b}{\sqrt{b^2+\lambda(c+a)^2}}+\frac{c}{\sqrt{c^2+\lambda(a+b)^2}}<\frac{2}{\sqrt{2\lambda+1}} \tag{14}$$

已有反例表明此猜测不成立,通过进一步的思考,此猜测应当修正为:

**猜想 2** 若 $a,b,c>0$,则:

(1) 当 $\frac{5}{7}<\lambda<2$ 时,有

$$\frac{a}{\sqrt{a^2+\lambda(b+c)^2}}+\frac{b}{\sqrt{b^2+\lambda(c+a)^2}}+\frac{c}{\sqrt{c^2+\lambda(a+b)^2}}<\frac{2}{\sqrt{\lambda+1}} \tag{15}$$

(2) 当 $\lambda\geqslant 2$ 时,有

$$\frac{a}{\sqrt{a^2+\lambda(b+c)^2}}+\frac{b}{\sqrt{b^2+\lambda(c+a)^2}}+\frac{c}{\sqrt{c^2+\lambda(a+b)^2}}\leqslant\frac{\lambda}{\sqrt{\lambda^2-1}} \tag{16}$$

## 参考文献

[1] 宋庆. 一道第 42 届 IMO 试题的加强[J]. 数学通讯,2009(5)(下半月).

[2] 秦庆雄,范花妹. 一道第 42 届 IMO 试题加强的另一简证[J]. 数学通讯,2010(7)(下半月).

[3] 冷岗松,沈文选,张垚,唐立华. 奥林匹克数学中的代数问题[M]. 长沙:湖南师范大学出版社,2004.

[4] 杨志明. IMO42 - 2 加强的推广[J]. 数学通讯,2009(10)(下半月).

[5] 何灯. IMO42 - 2 加强的推广[J]. 数学通讯,2010(2)(下半月).

[6] 蒋明斌. 关于 IMO42 - 2 加强的推广的证明与注记[J]. 数学通讯,2010(4)(下半月).

[7] 徐国辉,舒红霞. 一道第 42 届 IMO 试题的再加强[J]. 数学通讯,2010(4)(下半月).

[8] 何灯. 两个双边不等式及两个问题的探究[J]. 不等式研究通讯,2009(3).

# 一道2008年新加坡国家队选拔考试题的证明与推广

2008年新加坡数学奥林匹克国家队选拔考试第一天第二题为：

设正实数 $x_1, x_2, \cdots, x_n$ 满足 $x_1x_2\cdots x_n = 1$，求证

$$\frac{1}{n-1+x_1}+\frac{1}{n-1+x_2}+\cdots+\frac{1}{n-1+x_n}\leqslant 1 \quad (1)$$

本题为一成题，曾作为1999年罗马尼亚数学奥林匹克国家队选拔考试第一天第四题，笔者见到的证明都很繁琐，本文给出三个证明并给出其推广.

注意到

$$\frac{1}{n-1+x_i}=\frac{1}{n-1}\left(1-\frac{x_i}{n-1+x_i}\right)\ (i=1,2,\cdots,n)$$

易知，式(1) 等价于

$$\frac{x_1}{n-1+x_1}+\frac{x_2}{n-1+x_2}+\cdots+\frac{x_n}{n-1+x_n}\geqslant 1 \quad (2)$$

下面证明不等式(2).

**证明1** （齐次化，应用柯西不等式）由 $x_1x_2\cdots x_n=1$，可令

$$x_i=\frac{y_i^2}{T_n}, T_n=\sqrt[n]{(y_1y_2\cdots y_n)^2}, y_i>0(i=1,2,\cdots,n)$$

应用柯西不等式，有

$$\frac{x_1}{n-1+x_1}+\frac{x_2}{n-1+x_2}+\cdots+\frac{x_n}{n-1+x_n}=$$

$$\frac{y_1^2}{(n-1)T_n+y_1^2}+\frac{y_2^2}{(n-1)T_n+y_2^2}+\cdots+\frac{y_n^2}{(n-1)T_n+y_n^2}\geqslant$$

$$\frac{(y_1+y_2+\cdots+y_n)^2}{n(n-1)T_n+y_1^2+y_2^2+\cdots+y_n^2}$$

要证式(2)，只需证

$$(y_1+y_2+\cdots+y_n)^2\geqslant n(n-1)T_n+y_1^2+y_2^2+\cdots+y_n^2 \quad (3)$$

将 $(y_1+y_2+\cdots+y_n)^2$ 展开（同类项不合并）共有 $n^2$ 项，每个字母出现 $\frac{2n^2}{n}=2n$ 次，设

$$(y_1+y_2+\cdots+y_n)^2=y_1^2+y_2^2+\cdots+y_n^2+\sum y_iy_j$$

在$\sum y_iy_j$中共有$n^2-n$项，每个字母出现$2n-2$次，由$2n-2$元均值不等式有

$$\sum y_iy_j \geqslant (n^2-n)(y_1y_2\cdots y_n)^{\frac{2n-2}{n^2-n}} = n(n-1)\sqrt[n]{(y_1y_2\cdots y_n)^2} = n(n-1)T_n$$

所以式(3)成立，故不等式(2)成立，不等式(1)得证.

**证明2** （反证法）设$y_i=\dfrac{x_i}{n-1+x_i}>0$，则$\dfrac{n-1}{x_i}=\dfrac{1}{y_i}-1\ (i=1,2,\cdots,n)$，由$x_1x_2\cdots x_n=1$，有

$$\left(\frac{1}{y_1}-1\right)\left(\frac{1}{y_2}-1\right)\cdots\left(\frac{1}{y_n}-1\right)=(n-1)^n \qquad (*)$$

式(2)等价于：对满足式(*)的任意正实数$y_1,y_2,\cdots,y_n$，有$y_1+y_2+\cdots+y_n\geqslant 1$.

假设存在正实数$y_1,y_2,\cdots,y_n$满足式(*)，但$y_1+y_2+\cdots+y_n<1$，则

$$1-y_i > \sum_{j=1,j\neq i}^{n} y_j \geqslant (n-1)\sqrt[n-1]{\prod_{j=1,j\neq i}^{n} y_j} \Rightarrow$$

$$\left(\frac{1}{y_1}-1\right)\left(\frac{1}{y_2}-1\right)\cdots\left(\frac{1}{y_n}-1\right)=\frac{1}{y_1y_2\cdots y_n}\prod_{i=1}^{n}(1-y_i)\geqslant$$

$$\frac{1}{y_1y_2\cdots y_n}(n-1)^n\cdot\sqrt[n-1]{(y_1y_2\cdots y_n)^{n-1}}=(n-1)^n$$

这与式(*)矛盾，故对任意满足式(*)的正实数$y_1,y_2,\cdots,y_n$，有$y_1+y_2+\cdots+y_n\geqslant 1$，所以式(2)成立，即式(1)成立.

**证明3** （构造零件不等式）由$x_1x_2\cdots x_n=1$，有

$$\frac{x_i}{n-1+x_i}=\frac{x_i}{x_i+(n-1)(x_1x_2\cdots x_n)^{\frac{n-1}{n}}}=$$

$$\frac{\sqrt[n]{x_i}}{\sqrt[n]{x_i}+(n-1)\left(\prod_{j=1,j\neq i}^{n}\sqrt[n]{x_j}\right)^{n-1}}\geqslant\frac{\sqrt[n]{x_i}}{\sqrt[n]{x_i}+\sum_{j=1,j\neq i}^{n}\sqrt[n]{x_j}}=\frac{\sqrt[n]{x_i}}{\sum_{j=1}^{n}\sqrt[n]{x_j}}$$

故
$$\frac{x_1}{n-1+x_1}+\frac{x_2}{n-1+x_2}+\cdots+\frac{x_n}{n-1+x_n}\geqslant\sum_{i=1}^{n}\frac{\sqrt[n]{x_i}}{\sum_{j=1}^{n}\sqrt[n]{x_j}}=1$$

因此，式(1)成立.

**评述** 这三种证法都比较简捷，证法3最简，构造零件不等式很巧妙，由证法3知，条件“$x_1x_2\cdots x_n=1$”可放宽为“$x_1x_2\cdots x_n\geqslant 1$”，式(1)，(2)仍然成立；证法2属反证法，也很简洁，源于IMO42－2的反证法证明；证法1先齐次化，再应用柯西不等式，属常规方法，这种方法便于将式(1)，(2)推广.

下面来推广不等式(1)，(2).

**命题 1**　设正数 $x_1,x_2,\cdots,x_n$ 满足 $x_1x_2\cdots x_n=1$，则：

当 $\lambda\geqslant n-1$ 时，有

$$\frac{1}{\lambda+x_1}+\frac{1}{\lambda+x_2}+\cdots+\frac{1}{\lambda+x_n}\leqslant\frac{n}{1+\lambda}\tag{4}$$

当 $0<\lambda<n-1$ 时，有

$$\frac{1}{\lambda+x_1}+\frac{1}{\lambda+x_2}+\cdots+\frac{1}{\lambda+x_n}<\frac{n-1}{\lambda}\tag{5}$$

**注**　当 $\lambda=n-1$ 时，由式(4) 即得式(1)，可见式(4) 是式(1) 的推广.

由 $\frac{1}{\lambda+x_i}=\frac{1}{\lambda}(1-\frac{x_i}{\lambda+x_i})$，知式(4)，(5) 分别等价于：

当 $\lambda\geqslant n-1$ 时，有

$$\frac{x_1}{\lambda+x_1}+\frac{x_2}{\lambda+x_2}+\cdots+\frac{x_n}{\lambda+x_n}\geqslant\frac{n}{1+\lambda}\tag{6}$$

当 $0<\lambda<n-1$ 时，有

$$\frac{x_1}{\lambda+x_1}+\frac{x_2}{\lambda+x_2}+\cdots+\frac{x_n}{\lambda+x_n}>1\tag{7}$$

显然式(6) 是式(2) 的推广. 下面先证明式(6)：

由 $x_1x_2\cdots x_n=1$，可令

$$x_i=\frac{y_i^2}{T_n},T_n=\sqrt[n]{(y_1y_2\cdots y_n)^2},y_i>0(i=1,2,\cdots,n)$$

则

$$\begin{gathered}\frac{x_1}{\lambda+x_1}+\frac{x_2}{\lambda+x_2}+\cdots+\frac{x_n}{\lambda+x_n}=\\ \frac{y_1^2}{\lambda T_n+y_1^2}+\frac{y_2^2}{\lambda T_n+y_2^2}+\cdots+\frac{y_n^2}{\lambda T_n+y_n^2}\geqslant\\ \frac{(y_1+y_2+\cdots+y_n)^2}{n\lambda T_n+y_1^2+y_2^2+\cdots+y_n^2}\end{gathered}$$

要证式(6)，只需证

$$(1+\lambda)(y_1+y_2+\cdots+y_n)^2\geqslant n(n\lambda T_n+y_1^2+y_2^2+\cdots+y_n^2)\tag{8}$$

由前述证明 2 中的式(3)

$$(y_1+y_2+\cdots+y_n)^2\geqslant n(n-1)T_n+y_1^2+y_2^2+\cdots+y_n^2$$

要证式(8)，只需证

$$(1+\lambda)[n(n-1)T_n+y_1^2+y_2^2+\cdots+y_n^2]\geqslant n(n\lambda T_n+y_1^2+y_2^2+\cdots+y_n^2)\Leftrightarrow$$

$$[\lambda-(n-1)][y_1^2+y_2^2+\cdots+y_n^2-nT_n]\geqslant 0$$

由 $\lambda\geqslant n-1$ 及 $y_1^2+y_2^2+\cdots+y_n^2\geqslant n\sqrt[n]{(y_1y_2\cdots y_n)^2}=nT_n$，知后一不等式成立，故不等式(6) 成立，因而不等式(4) 成立.

当 $\lambda=n-1$ 时,由式(6)即得式(2).所以,当 $0<\lambda<n-1$ 时,应用式(2)有

$$\frac{x_1}{\lambda+x_1}+\frac{x_2}{\lambda+x_2}+\cdots+\frac{x_n}{\lambda+x_n}>$$

$$\frac{x_1}{n-1+x_1}+\frac{x_2}{n-1+x_2}+\cdots+\frac{x_n}{n-1+x_n}\geqslant 1$$

即式(7)成立,因而式(5)成立.

**注记1** 作替换 $x_i\to\frac{1}{x_i}$,则式(6),(7)分别等价于

$$\frac{1}{1+\lambda x_1}+\frac{1}{1+\lambda x_2}+\cdots+\frac{1}{1+\lambda x_n}\geqslant\frac{n}{1+\lambda}\ (\lambda\geqslant n-1) \tag{9}$$

$$\frac{1}{1+\lambda x_1}+\frac{1}{1+\lambda x_2}+\cdots+\frac{1}{1+\lambda x_n}>1\ (0<\lambda<n-1) \tag{10}$$

作替换 $\lambda\to\frac{1}{\lambda}$,则式(4),(5)分别等价于

$$\frac{1}{1+\lambda x_1}+\frac{1}{1+\lambda x_2}+\cdots+\frac{1}{1+\lambda x_n}\leqslant\frac{n}{1+\lambda}\left(0<\lambda\leqslant\frac{1}{n-1}\right) \tag{11}$$

$$\frac{1}{1+\lambda x_1}+\frac{1}{1+\lambda x_2}+\cdots+\frac{1}{1+\lambda x_n}<n-1\ \left(\lambda>\frac{1}{n-1}\right) \tag{12}$$

其中式(9)~式(11)中 $x_1,x_2,\cdots,x_n$ 为正数且满足 $x_1x_2\cdots x_n=1$,这几式完全给出了 $\sum\limits_{i=1}^{n}\frac{1}{1+\lambda x_i}$ 的上下界.

**命题2** 设正数 $x_1,x_2,\cdots,x_n$ 满足 $x_1x_2\cdots x_n=1$,$P=\sum\limits_{i=1}^{n}\frac{1}{1+\lambda x_i}$,则当 $0<\lambda\leqslant\frac{1}{n-1}$ 时,$1<P\leqslant\frac{n}{1+\lambda}$;当 $\frac{1}{n-1}<\lambda<n-1$ 时,$1<P<n-1$;当 $\lambda\geqslant n-1$ 时,$\frac{n}{1+\lambda}\leqslant P<n-1$.

特别地,当 $n=3,\lambda=1$ 时,由此即得2009年全国高中数学联赛山东预赛第17题:已知正数 $x,y,z$ 满足 $xyz=1$,求证

$$1<\frac{1}{1+x}+\frac{1}{1+y}+\frac{1}{1+z}<2$$

**注记2** 由前面的证法3,可对式(2)作如下推广:

**命题3** 设正数 $x_1,x_2,\cdots,x_n$ 满足 $x_1x_2\cdots x_n\geqslant 1$,则当 $0\leqslant\alpha\leqslant 1$ 时,有

$$\frac{x_1}{x_1+x_2^\alpha+\cdots+x_n^\alpha}+\frac{x_2}{x_2^\alpha+x_2+x_3^\alpha\cdots+x_n^\alpha}+\cdots+\frac{x_n}{x_2^\alpha+x_2^\alpha+\cdots+x_{n-1}^\alpha+x_n}\geqslant 1 \tag{13}$$

**证明**　当 $\alpha=0$ 时,式(13) 为式(2) 前面已证;当 $\alpha\neq 0$ 时,令 $y_i=x_i^{\alpha}$,$p=\dfrac{1}{\alpha}$,则 $x_i=y_i^p(i=1,2,\cdots,n)$,由 $0<\alpha\leqslant 1\Rightarrow p\geqslant 1$,又

$$x_1x_2\cdots x_n\geqslant 1\Leftrightarrow y_1y_2\cdots y_n\geqslant 1\Rightarrow (y_1y_2\cdots y_n)^{\frac{p-1}{n}}\geqslant 1$$

因此

$$\frac{x_i}{x_i+\sum\limits_{j=1,j\neq i}^{n}x_j^{\alpha}}=\frac{y_i^p}{y_i^p+\sum\limits_{j=1,j\neq i}^{n}y_j}\geqslant\frac{y_i^p}{y_i^p+(y_1y_2\cdots y_n)^{\frac{p-1}{n}}\sum\limits_{j=1,j\neq i}^{n}y_j}=$$

$$\frac{y_i^k}{y_i^k+(\prod\limits_{j=1,j\neq i}^{n}y_j)^{\frac{p-1}{n}}\sum\limits_{j=1,j\neq i}^{n}y_j}$$

其中

$$k=\frac{(n-1)p+1}{n}\geqslant 1$$

由均值不等式及幂平均不等式有

$$(\prod_{j=1,j\neq i}^{n}y_j)^{\frac{p-1}{n}}\cdot\sum_{j=1,j\neq i}^{n}y_j\leqslant\left(\frac{\sum\limits_{j=1,j\neq i}^{n}y_j}{n-1}\right)^{\frac{(n-1)(p-1)}{n}}\cdot\sum_{j=1,j\neq i}^{n}y_j=$$

$$\left(\frac{1}{n-1}\right)^{\frac{(n-1)(p-1)}{n}}\cdot(\sum_{j=1,j\neq i}^{n}y_j)^{\frac{(n-1)(p-1)}{n}+1}=$$

$$(n-1)\left(\frac{\sum\limits_{j=1,j\neq i}^{n}y_j}{n-1}\right)^{k}\leqslant$$

$$(n-1)\frac{\sum\limits_{j=1,j\neq i}^{n}y_j^k}{n-1}=\sum_{j=1,j\neq i}^{n}y_j^k$$

所以

$$\frac{x_i}{x_i+\sum\limits_{j=1,j\neq i}^{n}x_j^{\alpha}}\geqslant\frac{y_i^k}{y_i^k+(\prod\limits_{j=1,j\neq i}^{n}y_j)^{\frac{p-1}{n}}\sum\limits_{j=1,j\neq i}^{n}y_j}\geqslant\frac{y_i^k}{y_i^k+\sum\limits_{j=1,j\neq i}^{n}y_j^k}=\frac{y_i^k}{\sum\limits_{j=1}^{n}y_j^k}$$

于是

$$\frac{x_1}{x_1+x_2^{\alpha}+\cdots+x_n^{\alpha}}+\frac{x_2}{x_1^{\alpha}+x_2+x_3^{\alpha}+\cdots+x_n^{\alpha}}+\frac{x_1}{x_2^{\alpha}+x_2^{\alpha}+\cdots+x_{n-1}^{\alpha}+x_n}\geqslant$$

$$\sum_{i=1}^{n}\frac{y_i^k}{\sum\limits_{j=1}^{n}y_j^k}=1$$

即不等式(13) 成立.

**注**　用类似方法可证,当 $\alpha\geqslant 1$ 或 $\alpha\leqslant 1-n$ 时,不等式(13) 反向成立.

# 第49届IMO第二题的推广

第49届IMO第二题(a)为:设$x,y,z$是不为1的实数,且$xyz=1$,求证

$$\frac{x^2}{(1-x)^2}+\frac{y^2}{(1-y)^2}+\frac{z^2}{(1-z)^2}\geqslant 1 \tag{1}$$

本文给出式(1)的推广.

**推广1** 设$x_1,x_2,\cdots,x_n$是不为1的实数,且$x_1x_2\cdots x_n=1,n\geqslant 3$,则

$$\frac{x_1^2}{(1-x_1)^2}+\frac{x_2^2}{(1-x_2)^2}+\cdots+\frac{x_n^2}{(1-x_n)^2}\geqslant 1 \tag{2}$$

**证明** 令$y_i=\frac{1}{x_i}(i=1,2,\cdots,n)$,则式(2)等价于

$$\frac{1}{(1-y_1)^2}+\frac{1}{(1-y_2)^2}+\cdots+\frac{1}{(1-y_n)^2}\geqslant 1 \tag{3}$$

其中$y_1,y_2,\cdots,y_n$是不为1的实数,且$y_1y_2\cdots y_n=1$.

当$n=3$时,由不等式(1)知,式(3)成立.

当$n\geqslant 4$时,因

$$\frac{1}{(1-y_1)^2}+\frac{1}{(1-y_2)^2}+\cdots+\frac{1}{(1-y_n)^2}\geqslant$$
$$\frac{1}{(1+|y_1|)^2}+\frac{1}{(1+|y_2|)^2}+\cdots+\frac{1}{(1+|y_n|)^2}$$

只需证

$$\frac{1}{(1+|y_1|)^2}+\frac{1}{(1+|y_2|)^2}+\cdots+\frac{1}{(1+|y_n|)^2}\geqslant 1 \tag{4}$$

令$z_i=|y_i|\ (i=1,2,\cdots,n)$,则式(4)等价于

$$\frac{1}{(1+z_1)^2}+\frac{1}{(1+z_2)^2}+\cdots+\frac{1}{(1+z_n)^2}\geqslant 1 \tag{5}$$

其中$z_1,z_2,\cdots,z_n$是不为1的正实数,且$z_1z_2\cdots z_n=1$.

下面用数学归纳法证明式(5),首先证明

$$\frac{1}{(1+a)^2}+\frac{1}{(1+b)^2}\geqslant\frac{1}{1+ab}(a>0,b>0) \tag{6}$$

事实上,式(6)等价于

$$(1+ab)[(1+a)^2+(1+b)^2]\geqslant[(1+a)(1+b)]^2\Leftrightarrow$$
$$1+(a^2+b^2)ab-2ab-(ab)^2\geqslant 0\Leftarrow$$

$$1+(a^2+b^2)ab-2ab-(ab)^2 \geqslant$$
$$1+2ab\cdot ab-2ab-(ab)^2=(1-ab)^2 \geqslant 0$$

所以式(6)成立.

(1)当 $n=4$ 时,应用式(6)并注意到 $z_3z_4=\dfrac{1}{z_1z_2}$,有

$$\frac{1}{(1+z_1)^2}+\frac{1}{(1+z_2)^2}+\frac{1}{(1+z_3)^2}+\frac{1}{(1+z_4)^2} \geqslant$$
$$\frac{1}{1+z_1z_2}+\frac{1}{1+z_3z_4}=\frac{1}{1+z_1z_2}+\frac{1}{1+\dfrac{1}{z_1z_2}}=1$$

即 $n=4$ 时,不等式(5)成立.

(2)假设当 $n=k$ 时,不等式(5)成立,那么当 $n=k+1$ 时

$$\frac{1}{(1+z_1)^2}+\frac{1}{(1+z_2)^2}+\cdots+\frac{1}{(1+z_k)^2}+\frac{1}{(1+z_{k+1})^2}=$$
$$\left[\frac{1}{(1+z_1)^2}+\frac{1}{(1+z_2)^2}\right]+$$
$$\left[\frac{1}{(1+z_3)^2}+\cdots+\frac{1}{(1+z_k)^2}+\frac{1}{(1+z_{k+1})^2}\right] \geqslant$$
$$\frac{1}{1+z_1z_2}+\left[\frac{1}{(1+z_3)^2}+\cdots+\frac{1}{(1+z_k)^2}+\frac{1}{(1+z_{k+1})^2}\right] \geqslant$$
$$\frac{1}{(1+z_1z_2)^2}+\left[\frac{1}{(1+z_3)^2}+\cdots+\frac{1}{(1+z_k)^2}+\frac{1}{(1+z_{k+1})^2}\right]$$

而 $(z_1z_2)z_3\cdots z_kz_{k+1}=1$,对 $z_1z_2, z_3,\cdots,z_k,z_{k+1}$ 应用归纳假设,有

$$\frac{1}{(1+z_1z_2)^2}+\left[\frac{1}{(1+z_3)^2}+\cdots+\frac{1}{(1+z_k)^2}+\frac{1}{(1+z_{k+1})^2}\right] \geqslant 1$$

所以

$$\frac{1}{(1+z_1)^2}+\frac{1}{(1+z_2)^2}+\cdots+\frac{1}{(1+z_k)^2}+\frac{1}{(1+z_{k+1})^2} \geqslant 1$$

即当 $n=k+1$ 时,不等式(5)成立.

由(1),(2)知,不等式(5)对 $n \geqslant 4$ 都成立.故不等式(2)成立.

**注记1** 当 $n=4$ 时,不等式(5)即为2005年中国数学奥林匹克国家集训队选拔考试(一)第六题:

设 $a,b,c,d>0$,且 $abcd=1$,求证

$$\frac{1}{(1+a)^2}+\frac{1}{(1+b)^2}+\frac{1}{(1+c)^2}+\frac{1}{(1+d)^2} \geqslant 1$$

**注记2** 在文[1]笔者给出了不等式(5)的推广:

设 $x_i>0, i=1,2,\cdots,n, n \geqslant 3, \lambda=\sqrt[n]{x_1x_2\cdots x_n}$,则:

当 $\lambda \geqslant \sqrt{n}-1$ 时,有

$$\frac{1}{(1+x_1)^2}+\frac{1}{(1+x_2)^2}+\cdots+\frac{1}{(1+x_n)^2}\geqslant\frac{n}{(1+\lambda)^2} \tag{7}$$

当 $0<\lambda<\sqrt{n}-1$ 时,有

$$\frac{1}{(1+x_1)^2}+\frac{1}{(1+x_2)^2}+\cdots+\frac{1}{(1+x_n)^2}>1 \tag{8}$$

且此时的上界不可以再改进.

应用式(7),(8) 可以得到不等式(2) 的进一步推广.

**推广2** 设 $\lambda$ 为正常数,$x_1,x_2,\cdots,x_n$ 是不等于 $\lambda$ 的实数,且 $x_1x_2\cdots x_n=1$,$n\geqslant 3$,则:

当 $\lambda \geqslant \sqrt{n}-1$ 时,有

$$\frac{x_1^2}{(\lambda-x_1)^2}+\frac{x_2^2}{(\lambda-x_2)^2}+\cdots+\frac{x_n^2}{(\lambda-x_n)^2}\geqslant\frac{n}{\sqrt{\lambda+1}} \tag{9}$$

当 $0<\lambda<\sqrt{n}-1$ 时,有

$$\frac{x_1^2}{(\lambda-x_1)^2}+\frac{x_2^2}{(\lambda-x_2)^2}+\cdots+\frac{x_n^2}{(\lambda-x_n)^2}>1 \tag{10}$$

证明　有

$$\frac{x_1^2}{(\lambda-x_1)^2}+\frac{x_2^2}{(\lambda-x_2)^2}+\cdots+\frac{x_n^2}{(\lambda-x_n)^2}=$$

$$\frac{1}{\left(1-\frac{\lambda}{x_1}\right)^2}+\frac{1}{\left(1-\frac{\lambda}{x_2}\right)^2}+\cdots+\frac{1}{\left(1-\frac{\lambda}{x_n}\right)^2}\geqslant$$

$$\frac{1}{\left(1+\left|\frac{\lambda}{x_1}\right|\right)^2}+\frac{1}{\left(1+\left|\frac{\lambda}{x_2}\right|\right)^2}+\cdots+\frac{1}{\left(1+\left|\frac{\lambda}{x_n}\right|\right)^2}$$

注意到 $\sqrt[n]{\left|\frac{\lambda}{x_1}\right|\left|\frac{\lambda}{x_2}\right|\cdots\left|\frac{\lambda}{x_n}\right|}=\lambda$,当 $\lambda\geqslant\sqrt{n}-1$ 时,应用式(7) 有

$$\frac{1}{\left(1+\left|\frac{\lambda}{x_1}\right|\right)^2}+\frac{1}{\left(1+\left|\frac{\lambda}{x_2}\right|\right)^2}+\cdots+\frac{1}{\left(1+\left|\frac{\lambda}{x_n}\right|\right)^2}\geqslant\frac{n}{\sqrt{1+\lambda}}$$

所以

$$\frac{x_1^2}{(\lambda-x_1)^2}+\frac{x_2^2}{(\lambda-x_2)^2}+\cdots+\frac{x_n^2}{(\lambda-x_n)^2}\geqslant\frac{n}{\sqrt{1+\lambda}}$$

即式(9) 成立.

当 $\lambda\geqslant\sqrt{n}-1$ 时,应用式(8) 有

$$\frac{1}{\left(1+\left|\frac{\lambda}{x_1}\right|\right)^2}+\frac{1}{\left(1+\left|\frac{\lambda}{x_2}\right|\right)^2}+\cdots+\frac{1}{\left(1+\left|\frac{\lambda}{x_n}\right|\right)^2}>1$$

所以

$$\frac{x_1^2}{(\lambda-x_1)^2}+\frac{x_2^2}{(\lambda-x_2)^2}+\cdots+\frac{x_n^2}{(\lambda-x_n)^2}>1$$

即式(10) 成立.

**注记3**　当 $n\geqslant 5$ 时,在推广2中取 $\lambda=1$,显然 $0<\lambda<\sqrt{n}-1$,由式(10)有

$$\frac{x_1^2}{(1-x_1)^2}+\frac{x_2^2}{(1-x_2)^2}+\cdots+\frac{x_n^2}{(1-x_n)^2}>1$$

由此说明,当 $n\geqslant 5$ 时,推广1中的不等式(2) 的等号不能成立.

当 $n=4$ 时,由推广1的证明易知,不等式(2) 的等号成立当且仅当 $|x_1|=|x_2|=|x_3|=|x_4|$,即 $x_1=x_2=x_3=x_4=-1$.

当 $n=3$ 时,由不等式(1) 的证明易知,不等式(2) 的等号成立当且仅当 $\frac{1}{x_1}+\frac{1}{x_2}+\frac{1}{x_3}=1$,且 $x_1x_2x_3=1$.

## 参考文献

[1] 蒋明斌.一道西部数学奥林匹克赛题的证明与拓广(数学奥林匹克与数学文化,2010年第三辑,竞赛卷)[M]. 哈尔滨:哈尔滨工业大学出版社,2010.

# 一道2009年伊朗国家队选拔考试题的证法分析与推广

**问题1** 设正实数 $a,b,c$ 满足 $a+b+c=3$,求证

$$\frac{1}{2+a^2+b^2}+\frac{1}{2+b^2+c^2}+\frac{1}{2+c^2+a^2}\leqslant\frac{3}{4} \tag{1}$$

这是2009年伊朗数学奥林匹克国家队选拔考试中的一个试题,最近文[1]给出了一种证法,这种证法是如何想到的?还有没有其他证法?本文对此作些分析.

**分析1** 本题是一个三元问题,一个很自然的思路是"以退求进",先考虑二元问题:

**问题2** 设正实数 $a,b$ 满足 $a+b=s$,则

$$\frac{1}{2+a^2}+\frac{1}{2+b^2}\leqslant\frac{2}{2+\left(\frac{s}{2}\right)^2}=\frac{8}{8+s^2} \tag{2}$$

令 $a=\sqrt{2}x,b=\sqrt{2}y,t=x+y=\frac{\sqrt{2}}{2}s$,则式(2)可以化为:

**问题3** 设正实数 $x,y$ 满足 $x+y=t$,则

$$\frac{1}{1+x^2}+\frac{1}{1+y^2}\leqslant\frac{2}{1+\left(\frac{t}{2}\right)^2}=\frac{8}{4+t^2} \tag{3}$$

显然式(2)中的 $s$、式(3)中的 $t$ 仅能在一定范围内取值(范围将在下面的证明中给出).

式(3)的证明:式(3)等价于

$$(4+t^2)(2+x^2+y^2)\leqslant 8(1+x^2)(1+y^2)\Leftrightarrow$$
$$8x^2y^2-(4-t^2)(x^2+y^2)-2t^2\geqslant 0\Leftrightarrow$$
$$8x^2y^2-(4-t^2)(t^2-2xy)-2t^2\geqslant 0\Leftrightarrow$$
$$8x^2y^2-2(4-t^2)xy+2t^2-t^4\geqslant 0 \tag{4}$$

易知二次函数 $f(z)=8z^2-2(4-t^2)z+2t^2-t^4$ 在 $\left(0,\frac{1}{8}(4-t^2)\right]$ 上是减函数,而 $0<xy\leqslant\left(\frac{x+y}{2}\right)^2=\frac{t^2}{4}$,所以,当 $\frac{t^2}{4}\leqslant\frac{1}{8}(4-t^2)\Leftrightarrow 0<t\leqslant\frac{2\sqrt{3}}{3}$ 时,有 $f(xy)\geqslant f\left(\frac{t^2}{4}\right)=0$,即式(4)成立. 故当 $0<t\leqslant\frac{2\sqrt{3}}{3}$ 时,式(3)成立.

**注**　显然当$0 < s \leqslant \frac{2\sqrt{6}}{3}$时,式(2)成立.另外,式(3)并不是新的,笔者最早于2002年在文[2]中见到,文[2]为证明下面的问题4而先证的证明3.

**问题4**　设正数$a,b,c$满足$a+b+c=1$,则

$$\frac{1}{1+a^2}+\frac{1}{1+b^2}+\frac{1}{1+c^2} \leqslant \frac{27}{10}$$

现在回到问题1的证明:先应用式(3)将$\frac{1}{2+b^2+c^2}+\frac{1}{2+c^2+a^2}$放大成仅含$c$或$a+b$的式子,在式(3)中取$x=\frac{a}{\sqrt{2+c^2}}, y=\frac{b}{\sqrt{2+c^2}}$,要应用式(3)须满足

$$x+y=\frac{a+b}{\sqrt{2+c^2}}=\frac{3-c}{\sqrt{2+c^2}} \leqslant \frac{2\sqrt{3}}{3} \Leftrightarrow$$

$$c^2+18-19 \geqslant 0 \Leftrightarrow (c+1)(c-1) \geqslant 0 \Leftrightarrow c \geqslant 1$$

这只要对$a,b,c$作优化假设就可以办到,不妨设$a \leqslant b \leqslant c$,由$a+b+c=3$有$1 \leqslant c \leqslant 3$.

由式(3),并注意到$a+b=3-c$,有

$$\frac{1}{1+\left(\frac{a}{\sqrt{2+c^2}}\right)^2}+\frac{1}{1+\left(\frac{b}{\sqrt{2+c^2}}\right)^2} \leqslant \frac{2}{1+\frac{1}{4}\left(\frac{a+b}{\sqrt{2+c^2}}\right)^2} \Leftrightarrow$$

$$\frac{1}{2+b^2+c^2}+\frac{1}{2+c^2+a^2} \leqslant \frac{8}{4(2+c^2)+(3-c)^2}=\frac{8}{5c^2-6c+17} \quad (5)$$

又由$a^2+b^2 \geqslant \frac{1}{2}(a+b)^2=\frac{1}{2}(3-c)^2$,有

$$\frac{1}{2+a^2+b^2} \leqslant \frac{1}{2+\frac{1}{2}(3-c)^2}=\frac{2}{c^2-6c+13} \quad (6)$$

由此

$$\frac{1}{2+a^2+b^2}+\frac{1}{2+b^2+c^2}+\frac{1}{2+c^2+a^2} \leqslant \frac{2}{c^2-6c+13}+\frac{8}{5c^2-6c+17}$$

要证式(1),只要证

$$\frac{2}{c^2-6c+13}+\frac{8}{5c^2-6c+17} \leqslant \frac{3}{4} \Leftrightarrow$$

$$8(5c^2-6c+17)+32(c^2-6c+13) \leqslant 3(5c^2-6c+17)(c^2-6c+13) \Leftrightarrow$$

$$g(c)=15c^4-108c^3+282c^2-300c+111 \geqslant 0$$

由于当$c=1$时,式(1)取等号,所以当$c=1$时,$g(c)=0$,因此$g(c)$必含因

式 $c-1$,用带余除法容易将 $g(c)$ 分解因式,所以

$$g(c)=(c-1)^2(15c^2-78c+111)=(c-1)^2\left[15\left(c-\frac{39}{15}\right)^2+\frac{144}{15}\right]\geqslant 0$$

故式(1) 成立.

**分析 2** 我们从整体上来分析式(1),由于式(1) 是分式,希望能用柯西不等式的分式形式

$$\frac{x^2}{u}+\frac{y^2}{v}+\frac{z^2}{w}\geqslant\frac{(x+y+z)^2}{u+v+w}(x,y,z,u,v,w>0) \tag{7}$$

来处理,需将式(1) 变形,注意到

$$\frac{1}{2+a^2+b^2}=\frac{1}{2}\left(1-\frac{a^2+b^2}{2+a^2+b^2}\right)$$

及类似的另两式,知式(1) 等价于

$$\frac{1}{2}\left(1-\frac{1}{2+a^2+b^2}\right)+\frac{1}{2}\left(1-\frac{1}{2+b^2+c^2}\right)+\frac{1}{2}\left(1-\frac{1}{2+c^2+a^2}\right)\leqslant\frac{3}{4}\Leftrightarrow$$

$$\frac{a^2+b^2}{2+a^2+b^2}+\frac{b^2+c^2}{2+b^2+c^2}+\frac{c^2+a^2}{2+c^2+a^2}\geqslant\frac{3}{2} \tag{8}$$

应用柯西不等式的分式形式(7) 有

$$\frac{a^2+b^2}{2+a^2+b^2}+\frac{b^2+c^2}{2+b^2+c^2}+\frac{c^2+a^2}{2+c^2+a^2}\geqslant$$
$$\frac{\left(\sqrt{a^2+b^2}+\sqrt{b^2+c^2}+\sqrt{c^2+a^2}\right)^2}{6+2(a^2+b^2+c^2)}$$

要证式(8),只需证

$$\left(\sqrt{a^2+b^2}+\sqrt{b^2+c^2}+\sqrt{c^2+a^2}\right)^2\geqslant 9+3(a^2+b^2+c^2)\Leftrightarrow$$
$$2(a^2+b^2+c^2)+2\left[\sqrt{(a^2+b^2)(b^2+c^2)}+\right.$$
$$\left.\sqrt{(a^2+b^2)(b^2+c^2)}+\sqrt{(a^2+b^2)(b^2+c^2)}\right]\geqslant$$
$$9+3(a^2+b^2+c^2)\Leftrightarrow$$

$$2\left[\sqrt{(a^2+b^2)(b^2+c^2)}+\sqrt{(a^2+b^2)(b^2+c^2)}+\sqrt{(a^2+b^2)(b^2+c^2)}\right]\geqslant$$
$$9+a^2+b^2+c^2 \tag{9}$$

由柯西不等式,有

$$2\left[\sqrt{(a^2+b^2)(b^2+c^2)}+\sqrt{(a^2+b^2)(b^2+c^2)}+\sqrt{(a^2+b^2)(b^2+c^2)}\right]\geqslant$$
$$2(b^2+ca+c^2+ab+a^2+bc)=$$
$$(a+b+c)^2+(a^2+b^2+c^2)=9+a^2+b^2+c^2$$

即式(9) 成立,所以式(8) 成立,故式(1) 成立.

最后给出式(1) 的推广:设正实数 $a,b,c$ 满足 $a+b+c=3$,则当 $\lambda\geqslant 2$ 时,

有

$$\frac{1}{\lambda+a^2+b^2}+\frac{1}{\lambda+b^2+c^2}+\frac{1}{\lambda+c^2+a^2}\leqslant\frac{3}{\lambda+2} \tag{10}$$

**证明**　注意到

$$\frac{1}{\lambda+a^2+b^2}=\frac{1}{\lambda}\left(1-\frac{a^2+b^2}{\lambda+a^2+b^2}\right)$$

及类似的另两式,知式(8)等价于

$$\frac{1}{\lambda}\left(1-\frac{1}{\lambda+a^2+b^2}\right)+\frac{1}{\lambda}\left(1-\frac{1}{\lambda+b^2+c^2}\right)+\frac{1}{\lambda}\left(1-\frac{1}{\lambda+c^2+a^2}\right)\leqslant\frac{3}{\lambda+2}\Leftrightarrow$$

$$\frac{a^2+b^2}{\lambda+a^2+b^2}+\frac{b^2+c^2}{\lambda+b^2+c^2}+\frac{c^2+a^2}{\lambda+c^2+a^2}\geqslant\frac{6}{\lambda+2} \tag{11}$$

应用柯西不等式有

$$\frac{a^2+b^2}{\lambda+a^2+b^2}+\frac{b^2+c^2}{\lambda+b^2+c^2}+\frac{c^2+a^2}{\lambda+c^2+a^2}\geqslant$$

$$\frac{(\sqrt{a^2+b^2}+\sqrt{b^2+c^2}+\sqrt{c^2+a^2})^2}{3\lambda+2(a^2+b^2+c^2)}=$$

$$\frac{2(a^2+b^2+c^2)+2(\sqrt{a^2+b^2}\sqrt{b^2+c^2}+\sqrt{b^2+c^2}\sqrt{c^2+a^2}+\sqrt{c^2+a^2}\sqrt{a^2+b^2})}{3\lambda+2(a^2+b^2+c^2)}\geqslant$$

$$\frac{2(a^2+b^2+c^2)+2(b^2+ca+c^2+ab+a^2+bc)}{3\lambda+2(a^2+b^2+c^2)}=$$

$$\frac{4(a^2+b^2+c^2)+2(ab+bc+ca)}{3\lambda+2(a^2+b^2+c^2)}$$

要证式(11),只需证

$$\frac{4(a^2+b^2+c^2)+2(ab+bc+ca)}{3\lambda+2(a^2+b^2+c^2)}\geqslant\frac{6}{\lambda+2}\Leftrightarrow$$

$$2(\lambda+2)(a^2+b^2+c^2)+(\lambda+2)(ab+bc+ca)\geqslant 9\lambda+6(a^2+b^2+c^2)\Leftrightarrow$$

$$2(\lambda+2)(a^2+b^2+c^2)+(\lambda+2)(ab+bc+ca)\geqslant$$

$$\lambda(a+b+c)^2+6(a^2+b^2+c^2)\Leftrightarrow$$

$$(\lambda-2)(a^2+b^2+c^2)\geqslant(\lambda-2)(ab+bc+ca)$$

由 $\lambda\geqslant 2$ 及 $a^2+b^2+c^2\geqslant ab+bc+ca$ 知后一不等式成立,所以式(11)成立,故式(8)成立.

## 参考文献

[1] 侯典峰. 一道 2009 年伊朗国家队选拔考试题的证明[J]. 数学通讯(教

师),2010(3).
[2] 安振平,梁丽萍. 精彩问题来自不断的反思与探索[J]. 中学数学教师参考,2002(8).

# 若干竞赛题的统一形式

**题1** （2005，罗马尼亚奥林匹克）设 $a,b,c>0$，且 $abc\geqslant 1$，求证

$$\frac{1}{1+a+b}+\frac{1}{1+b+c}+\frac{1}{1+c+a}\leqslant 1$$

**题2** （2004，波罗地海奥林匹克）设 $p,q,r>0$，$pqr=1$，$n\in\mathbf{N}$，求证

$$\frac{1}{p^n+q^n+1}+\frac{1}{q^n+r^n+1}+\frac{1}{r^n+p^n+1}\leqslant 1$$

**题3** （1996，第37届IMO备选题）设 $a,b,c>0$，且 $abc=1$，求证

$$\frac{ab}{a^5+b^5+ab}+\frac{bc}{b^5+c^5+bc}+\frac{ca}{c^5+a^5+ca}\leqslant 1$$

并指出等号成立的条件.

**题4** （1997，美国数学奥林匹克题）设 $a,b,c>0$，求证

$$\frac{1}{b^3+c^3+abc}+\frac{1}{c^3+a^3+abc}+\frac{1}{a^3+b^3+abc}\leqslant\frac{1}{abc}$$

下面给出以上几题的统一形式：

**命题1** 设 $a,b,c>0$，则：

（1）当 $abc\geqslant 1$ 且 $-2<p<1$ 时，有

$$\frac{a^p}{a^p+b+c}+\frac{b^p}{a+b^p+c}+\frac{c^p}{a+b+c^p}\leqslant 1\tag{1}$$

（2）当 $abc\geqslant 1$ 且 $p\geqslant 1$ 或 $abc=1$ 且 $p\leqslant -2$ 时，有

$$\frac{a^p}{a^p+b+c}+\frac{b^p}{a+b^p+c}+\frac{c^p}{a+b+c^p}\geqslant 1\tag{2}$$

**证明** （1）由 $a,b,c>0$，$abc\geqslant 1$，$p<1$，知 $0<(abc)^{\frac{p-1}{3}}<1$，所以

$$\frac{a^p}{a^p+b+c}\leqslant\frac{a^p}{a^p+(abc)^{\frac{p-1}{3}}(b+c)}=\frac{a^{\frac{2p+1}{3}}}{a^{\frac{2p+1}{3}}+(bc)^{\frac{p-1}{3}}(b+c)}$$

由 $-2<p<1$，有 $\frac{p+2}{3}\cdot\frac{p-1}{3}<0$，所以函数 $x^{\frac{p+2}{3}}$ 与 $x^{\frac{p-1}{3}}$ 在 $(0,+\infty)$ 的增减性相反，因而 $b^{\frac{p+2}{3}}-c^{\frac{p+2}{3}}$ 与 $b^{\frac{p-1}{3}}-c^{\frac{p-1}{3}}$ 异号. 所以

$$(b^{\frac{p+2}{3}}-c^{\frac{p+2}{3}})(b^{\frac{p-1}{3}}-c^{\frac{p-1}{3}})\leqslant 0\Leftrightarrow$$

$$(bc)^{\frac{p-1}{3}}(b+c)=b^{\frac{p+2}{3}}c^{\frac{p-1}{3}}+b^{\frac{p-1}{3}}c^{\frac{p+2}{3}}\geqslant b^{\frac{2p+1}{3}}+c^{\frac{2p+1}{3}}$$

于是
$$\frac{a^p}{a^p+b+c}\leqslant\frac{a^{\frac{2p+1}{3}}}{a^{\frac{2p+1}{3}}+b^{\frac{2p+1}{3}}+c^{\frac{2p+1}{3}}}$$

同理,有
$$\frac{b^p}{a+b^p+c}\leqslant\frac{b^{\frac{2p+1}{3}}}{a^{\frac{2p+1}{3}}+b^{\frac{2p+1}{3}}+c^{\frac{2p+1}{3}}}$$
$$\frac{c^p}{a+b+c^p}\leqslant\frac{c^{\frac{2p+1}{3}}}{a^{\frac{2p+1}{3}}+b^{\frac{2p+1}{3}}+c^{\frac{2p+1}{3}}}$$
三式相加即得式(1).

式(2)的证明与式(1)类似,从略.

**注记1** 在式(1)中取 $p=0$,即得题1.

在题2中记 $p^n=a,q^n=b,r^n=c,abc=1$,则原不等式等价于
$$\frac{1}{a+b+1}+\frac{1}{b+c+1}+\frac{1}{c+a+1}\leqslant 1(a,b,c>0,abc=1)$$
这就是题1.

题3中的不等式可化为
$$\frac{c^{-1}}{a^5+b^5+c^{-1}}+\frac{a^{-1}}{b^5+c^5+a^{-1}}+\frac{b^{-1}}{c^5+a^5+b^{-1}}\leqslant 1$$

在式(1)中取 $p=-\frac{1}{5},a\to a^5,b\to b^5,c\to c^5$ 即得.

在题4中令 $x=\frac{a^3}{abc},y=\frac{b^3}{abc},z=\frac{c^3}{abc}$,原不等式可化为
$$\frac{1}{1+x+y}+\frac{1}{1+y+z}+\frac{1}{1+z+x}\leqslant 1(xyz=1,x,y,z>0)$$
这显然是题1.

**注记2** 美国《Mathematical Reflections》2008年第6期有如下一题目:

设 $a,b,c$ 为正数 $abc=1$,则
$$\frac{a^2+b^2}{a^2+b^2+1}+\frac{b^2+c^2}{b^2+c^2+1}+\frac{c^2+a^2}{c^2+a^2+1}\geqslant$$
$$\frac{a+b}{a^2+b^2+1}+\frac{b+c}{b^2+c^2+1}+\frac{c+a}{c^2+a^2+1}$$

**证明** 所证不等式即
$$\frac{a+b+1}{a^2+b^2+1}+\frac{b+c+1}{b^2+c^2+1}+\frac{c+a+1}{c^2+a^2+1}\leqslant 3$$
利用柯西不等式,得
$$\frac{a+b+1}{a^2+b^2+1}+\frac{b+c+1}{b^2+c^2+1}+\frac{c+a+1}{c^2+a^2+1}\leqslant$$

$$\frac{\sqrt{3(a^2+b^2+1)}}{a^2+b^2+1}+\frac{\sqrt{3(b^2+c^2+1)}}{b^2+c^2+1}+\frac{\sqrt{3(c^2+a^2+1)}}{c^2+a^2+1}=$$

$$\sqrt{3}\left(\frac{1}{\sqrt{a^2+b^2+1}}+\frac{1}{\sqrt{b^2+c^2+1}}+\frac{1}{\sqrt{c^2+a^2+1}}\right)\leqslant$$

$$\sqrt{3}\cdot\sqrt{3\left(\frac{1}{a^2+b^2+1}+\frac{1}{b^2+c^2+1}+\frac{1}{c^2+a^2+1}\right)}\leqslant 1$$

（最后一步用到了由题 1 中的不等式）

式(1),(2) 还可以推广到 $n$ 元情形,即有:

**命题 2** 设 $x_i>0(i=1,2,\cdots,n)$, $x_1x_2\cdots x_n\geqslant 1$,则:

(1) 当 $p\geqslant 1$ 时,有

$$\sum_{i=1}^{n}\frac{x_i^p}{x_i^p+\sum\limits_{j=1,j\neq i}^{n}x_j}\geqslant 1 \tag{3}$$

(2) 当 $\frac{1}{1-n}<p<1$ 时,有

$$\sum_{i=1}^{n}\frac{x_i^p}{x_i^p+\sum\limits_{j=1,j\neq i}^{n}x_j}\leqslant 1 \tag{4}$$

**证明** 见本书“第 46 届国际数学奥林匹克试题三的证明、加强与推广”一文.

**注记** 对比 $n=3$ 时的结论,我们猜测:

(1) 当 $x_i>0(i=1,2,\cdots,n)$, $x_1x_2\cdots x_n=1$, $p\leqslant\frac{1+n}{1-n}$ 时,不等式(3) 成立;

(2) 当 $x_i>0(i=1,2,\cdots,n)$, $x_1x_2\cdots x_n\geqslant 1$, $\frac{1+n}{1-n}<p<-\frac{1}{n-1}$ 时,不等式(4) 成立.

# 三道不等式竞赛题的推广

本文给出2003年第32届美国数学奥林匹克第5题、1997年日本数学奥林匹克第2题、2003年中国西部数学奥林匹克第7题等三题的推广.

**题1** （2003年第32届美国数学奥林匹克第5题）设 $a,b,c>0$，求证

$$\frac{(2a+b+c)^2}{2a^2+(b+c)^2}+\frac{(2b+c+a)^2}{2b^2+(c+a)^2}+\frac{(2c+a+b)^2}{2c^2+(a+b)^2}\leqslant 8 \tag{1}$$

可推广为：

**命题1** 设 $a,b,c,\lambda,k>0,\lambda,k$ 满足条件

$$\begin{cases}(\lambda-8)k^2+(10\lambda-8)k-\lambda^2+8\lambda\geqslant 0 & (2)\\ (5\lambda-4)k^2+(16\lambda-2\lambda^2)k-5\lambda^2+4\lambda\geqslant 0 & (3)\end{cases}$$

则

$$\frac{(ka+b+c)^2}{\lambda a^2+(b+c)^2}+\frac{(kb+c+a)^2}{\lambda b^2+(c+a)^2}+\frac{(kc+a+b)^2}{\lambda c^2+(a+b)^2}\leqslant\frac{3(k+2)^2}{\lambda+4} \tag{4}$$

**注记** 在命题1中取 $\lambda=k$，解不等式组(2)，(3)得 $k>0$，由命题1得

**推论1** 设 $a,b,c,k>0$，则

$$\frac{(ka+b+c)^2}{ka^2+(b+c)^2}+\frac{(kb+c+a)^2}{kb^2+(c+a)^2}+\frac{(kc+a+b)^2}{kc^2+(a+b)^2}\leqslant\frac{3(k+2)^2}{k+4} \tag{5}$$

特别地，取 $k=2$，由式(5)即得式(1)，这说明命题1是式(1)的推广；

在命题1中取 $k=2$，解不等式组(2)，(3)得

$$8(2-\sqrt{3})\leqslant\lambda\leqslant\frac{28+32\sqrt{10}}{9}$$

由命题1得：

**推论2** 设 $a,b,c,\lambda>0,8(2-\sqrt{3})\leqslant\lambda\leqslant 4$，则

$$\frac{(2a+b+c)^2}{\lambda a^2+(b+c)^2}+\frac{(2b+c+a)^2}{\lambda b^2+(c+a)^2}+\frac{(2c+a+b)^2}{\lambda c^2+(a+b)^2}\leqslant\frac{48}{4+\lambda} \tag{6}$$

**命题1的证明** 因为不等式(4)左边各项分子、分母均为齐次的，不妨设 $a+b+c=3$，则原不等式等价于

$$\frac{[(k-1)a+3]^2}{\lambda a^2+(3-a)^2}+\frac{[(k-1)b+3]^2}{\lambda b^2+(3-b)^2}+\frac{[(k-1)c+3]^2}{\lambda c^2+(3-c)^2}\leqslant\frac{3(k+2)^2}{\lambda+4} \tag{7}$$

设待定常数 $A$ 使

$$\frac{[(k-1)a+3]^2}{\lambda a^2+(3-a)^2}-\frac{(k+2)^2}{\lambda+4}\leqslant A(a-1)\Leftrightarrow$$

$$\frac{(\lambda+4)[(k-1)a+3]^2-(k+2)^2[\lambda a^2+(3-a)^2]}{[\lambda a^2+(3-a)^2](\lambda+4)}\leqslant A(a-1)\Leftrightarrow$$

$$3(a-1)\cdot\frac{[k^2-2(\lambda+2)k-\lambda]+3k^2+12k-3\lambda}{(\lambda+4)[\lambda a^2+(3-a)^2]}\leqslant A(a-1)$$

考虑此式等号成立应有

$$\frac{[3k^2-6(\lambda+2)k-3\lambda]+9k^2+36k-9\lambda}{(\lambda+4)[\lambda a^2+(3-a)^2]}(a-1)=A(a-1)$$

约去 $a-1$,并令 $a=1$,得

$$A=\frac{6[2k^2+(4-\lambda)k-2\lambda]}{(\lambda+4)^2}$$

下面先证明

$$\frac{[(k-1)a+3]^2}{\lambda a^2+(3-a)^2}-\frac{(k+2)^2}{\lambda+4}\leqslant\frac{6[2k^2+(4-\lambda)k-2\lambda]}{(\lambda+4)^2}(a-1)\quad(8)$$

事实上,式(8) 等价于

$$3(a-1)\frac{[k^2-2(\lambda+2)k-\lambda]+3k^2+12k-3\lambda}{(\lambda+4)[\lambda a^2+(3-a)^2]}\leqslant$$

$$\frac{6[2k^2+(4-\lambda)k-2\lambda]}{(\lambda+4)^2}(a-1)\Leftrightarrow$$

$$(\lambda+4)(a-1)\{[k^2-2(\lambda+2)k-\lambda]+3k^2+12k-3\lambda\}\leqslant$$

$$2(a-1)[2k^2+(4-\lambda)k-2\lambda][(\lambda+1)a^2-6+9]\Leftrightarrow$$

$$(a-1)^2\{[(4\lambda+4)k^2+(-2\lambda^2+6\lambda+8)k-2\lambda]a+$$

$$3[(\lambda-6)k^2+(10\lambda-8)k-\lambda^2+8\lambda]\}\geqslant 0\Leftrightarrow$$

$$[(4\lambda+4)k^2+(-2\lambda^2+6\lambda+8)k-2\lambda]a+$$

$$3[(\lambda-6)k^2+(10\lambda-8)k-\lambda^2+8\lambda]\geqslant 0\quad(9)$$

记式(9) 的左边为 $f(a)$,由式(2) ,式(3) 知

$$f(0)=(\lambda-8)k^2+(10\lambda-8)k-\lambda(\lambda-8)\geqslant 0$$

$$f(3)=3[(5\lambda-4)k^2+2(8\lambda-\lambda^2)k-5\lambda^2+4\lambda]\geqslant 0$$

所以,$f(a)\geqslant 0$ 对 $0\leqslant a\leqslant 3$ 成立,即式(9) 成立,因此

$$\frac{[(k-1)a+3]^2}{\lambda a^2+(3-a)^2}\leqslant\frac{(k+2)^2}{\lambda+4}+\frac{6[2k^2+(4-\lambda)k-2\lambda]}{(\lambda+4)^2}(a-1)$$

同理

$$\frac{[(k-1)b+3]^2}{\lambda b^2+(3-b)^2}\leqslant\frac{(k+2)^2}{\lambda+4}+\frac{6[2k^2+(4-\lambda)k-2\lambda]}{(\lambda+4)^2}(b-1)$$

$$\frac{[(k-1)c+3]^2}{\lambda a^2+(3-c)^2}\leqslant\frac{(k+2)^2}{\lambda+4}+\frac{6[2k^2+(4-\lambda)k-2\lambda]}{(\lambda+4)^2}(c-1)$$

三式可加,并利用条件 $a+b+c=3$,即式(7),故式(4)成立.

**题2** (1997年日本数学奥林匹克第2题)设 $a,b,c>0$,求证

$$\frac{(b+c-a)^2}{(b+c)^2+a^2}+\frac{(c+a-b)^2}{(c+a)^2+b^2}+\frac{(a+b-c)^2}{(a+b)^2+c^2}\geqslant\frac{3}{5} \tag{10}$$

可推广为:

**命题2** 设 $a,b,c,k,\lambda>0$,$\lambda,k$ 满足条件

$$\begin{cases}\lambda^2-(k^2-10k+8)\lambda+8k^2-8k\geqslant 0 & (11)\\ (2k-5)\lambda^2+(5k^2-16k+4)\lambda-4k^2\leqslant 0 & (12)\end{cases}$$

则

$$\frac{(b+c-ka)^2}{(b+c)^2+\lambda a^2}+\frac{(c+a-kb)^2}{(c+a)^2+\lambda b^2}+\frac{(a+b-kc)^2}{(a+b)^2+\lambda c^2}\geqslant\frac{3(k-2)^2}{4+\lambda} \tag{13}$$

**注记** 在命题2中取 $k=1$,由式(11),(12)解得 $\lambda>0$,由命题2得:

**推论1** 设 $a,b,c,\lambda>0$,则

$$\frac{(b+c-a)^2}{(b+c)^2+\lambda a^2}+\frac{(c+a-b)^2}{(c+a)^2+\lambda b^2}+\frac{(a+b-c)^2}{(a+b)^2+\lambda c^2}\geqslant\frac{3}{4+\lambda} \tag{14}$$

特别地,取 $\lambda=1$,由式(14)即得式(10),可见命题2是式(10)的推广. 在命题2中取 $\lambda=k$,由式(11),式(12)解得 $\frac{19-\sqrt{297}}{2}\leqslant k\leqslant\frac{25+\sqrt{513}}{14}$,由命题2得:

**推论2** 设 $a,b,c>0$,$\frac{19-\sqrt{297}}{2}\leqslant k\leqslant\frac{25+\sqrt{513}}{14}$,则

$$\frac{(b+c-ka)^2}{(b+c)^2+ka^2}+\frac{(c+a-kb)^2}{(c+a)^2+kb^2}+\frac{(a+b-kc)^2}{(a+b)^2+kc^2}\geqslant\frac{3(k-2)^2}{4+k} \tag{15}$$

**命题2的证明** 因为不等式(13)左边各项分子、分母均为齐次的,不妨设 $a+b+c=3$,则原不等式等价于

$$\frac{[3-(k+1)a]^2}{\lambda a^2+(3-a)^2}+\frac{[3-(k+1)b]^2}{\lambda b^2+(3-b)^2}+\frac{[3-(k+1)c]^2}{\lambda a^2+(3-c)^2}\geqslant\frac{3(k-2)^2}{\lambda+4} \tag{16}$$

设 $A$ 为待定常数使

$$\frac{[3-(k+1)a]^2}{\lambda a^2+(3-a)^2}-\frac{(k-2)^2}{\lambda+4}\geqslant A(a-1)\Leftrightarrow$$

$$\frac{(\lambda+4)[(k+1)^2a^2-6(k+1)a+9]-(k-2)^2[(\lambda+1)a^2-6a+9]}{(\lambda+4)[\lambda a^2+(3-a)^2]}\geqslant$$

$$A(a-1)\Leftrightarrow$$

$$\frac{[(6k-3)\lambda+3k^2+12k]a^2+[-6(k+1)\lambda+6k^2-48k]a+9\lambda-9k^2+36k}{(\lambda+4)[(\lambda+1)a^2-6a+9]}\geqslant$$

$A(a-1) \Leftrightarrow$

$$\frac{3(a-1)\{[(2k-1)\lambda+k^2+4k]a-3\lambda+3k^2-12k\}}{(\lambda+4)[(\lambda+1)a^2-6a+9]} \geqslant A(a-1)$$

考虑后一式等号成立应有

$$\frac{3(a-1)\{[(2k-1)\lambda+k^2+4k]a-3\lambda+3k^2-12k\}}{(\lambda+4)[(\lambda+1)a^2-6a+9]} = A(a-1)$$

约去 $a-1$,并令 $a=1$ 得

$$A=\frac{6(k-2)(2k+\lambda)}{(\lambda+4)^2}$$

下面先证明

$$\frac{[3-(k+1)a]^2}{\lambda a^2+(3-a)^2}-\frac{(k-2)^2}{\lambda+4} \geqslant \frac{6(k-2)(2k+\lambda)}{(\lambda+4)^2}(a-1) \tag{17}$$

事实上,式(17) 等价于

$$\frac{3(a-1)\{[(2k-1)\lambda+k^2+4k]a-3\lambda+3k^2-12k\}}{(\lambda+4)[(\lambda+1)a^2-6a+9]} \geqslant$$

$$\frac{6(k-2)(2k+\lambda)}{(\lambda+4)^2}(a-1) \Leftrightarrow$$

$$(\lambda+4)\{[(2k-1)\lambda+k^2+4k]a-3\lambda+3k^2-12k\}(a-1) \geqslant$$

$$[(2k-4)\lambda+4k^2-8k][(\lambda+1)a^2-6a+9](a-1) \Leftrightarrow$$

$$\{[(2k-4)\lambda^2+(4k^2-6k-4)\lambda+4k^2-8k]a^2+$$

$$[(-2k+1)\lambda^2+(-k^2-24k+28)\lambda-28k^2+32k]a+$$

$$3\lambda^2+(-3k^2+30k-24)\lambda+24k^2-24k\}(a-1) \leqslant 0 \Leftrightarrow$$

$$\{[(2k-4)\lambda^2+(4k^2-6k-4)\lambda+4k^2-8k]a-3\lambda^2+$$

$$(3k^2-30k+24)\lambda-24k^2+24k\}(a-1)^2 \leqslant 0 \Leftrightarrow$$

$$[(2k-4)\lambda^2+(4k^2-6k-4)\lambda+4k^2-8k]a-$$

$$3\lambda^2+(3k^2-30k+24)\lambda-24k^2+24k \leqslant 0$$

记后一式左边为 $f(a)(0<a<3)$,由式(4),式(5) 有

$$f(0)=3[-\lambda^2+(k^2-10k+8)\lambda-8k^2+8k] \leqslant 0$$

$$f(0)=3[(2k-5)\lambda^2+(5k^2-16k+4)\lambda-4k^2] \leqslant 0$$

因此,$f(a) \leqslant 0$ 对 $0<a<3$ 成立,于是式(17) 成立. 所以

$$\frac{[3-(k+1)a]^2}{\lambda a^2+(3-a)^2} \geqslant \frac{(k-2)^2}{\lambda+4}+A(a-1)$$

同理,有

$$\frac{[3-(k+1)b]^2}{\lambda b^2+(3-b)^2} \geqslant \frac{(k-2)^2}{\lambda+4}+A(b-1)$$

$$\frac{[3-(k+1)c]^2}{\lambda c^2+(3-c)^2} \geqslant \frac{(k-2)^2}{\lambda+4}+A(c-1)$$

三式相加,并注意到 $a+b+c=3$ 整理即得式(16),故式(3)成立.

**题3** (2003年中国西部数学奥林匹克第7题)设 $x_i>0(i=1,2,3,4,5)$ 且 $\sum_{i=1}^{5}\frac{1}{1+x_i}=1$,求证

$$\sum_{i=1}^{5}\frac{x_i}{4+x_i^2}\leqslant 1 \tag{18}$$

可推广为:

**命题3** 设 $x_i>0(i=1,2,\cdots,n)$,$\sum_{i=1}^{n}\frac{1}{1+x_i}=1$,$\frac{(n-1)^2}{2n-1}\leqslant\lambda\leqslant n^2-1$,则

$$\sum_{i=1}^{n}\frac{x_i}{x_i^2+\lambda}\leqslant\frac{n(n-1)}{(n-1)^2+\lambda} \tag{19}$$

**注** 当 $n=5$,$\lambda=4$ 时,显然满足条件 $\frac{(n-1)^2}{2n-1}\leqslant\lambda\leqslant n^2-1$,由式(19)即得式(18).

**证明** 对 $i=1,2,\cdots,n$,令 $\frac{1}{1+x_i}=\frac{y_i}{n}$,则 $x_i=\frac{n-y_i}{y_i}$,由已知,有 $0<y_i\leqslant n$,$\sum_{i=1}^{n}y_i=n$,不等式(19)等价于

$$\sum_{i=1}^{n}\frac{y_i(n-y_i)}{(n-y_i)^2+\lambda y_i^2}\leqslant\frac{n(n-1)}{(n-1)^2+\lambda} \tag{20}$$

设 $A$ 为待定常数,使

$$\frac{y_i(n-y_i)}{(n-y_i)^2+\lambda y_i^2}-\frac{n-1}{(n-1)^2+\lambda}\leqslant A(y_i-1)\Leftrightarrow$$

$$-\frac{n(y_i-1)[(n-1+\lambda)y_i+n-n^2]}{[(n-y_i)^2+\lambda y_i^2][(n-1)^2+\lambda]}\leqslant A(y_i-1)$$

考虑此式等号成立应有

$$A(y_i-1)=-\frac{n(y_i-1)[(n-1+\lambda)y_i+n-n^2]}{[(n-y_i)^2+\lambda y_i^2][(n-1)^2+\lambda]}$$

约去 $y_i-1$,并令 $y_i=1$,可得

$$A=-\frac{n[\lambda-(n-1)^2]}{[(n-1)^2+\lambda]^2}$$

下面证明

$$\frac{y_i(n-y_i)}{(n-y_i)^2+\lambda y_i^2}-\frac{n-1}{(n-1)^2+\lambda}\leqslant-\frac{n[\lambda-(n-1)^2]}{[(n-1)^2+\lambda]^2}(y_i-1) \tag{21}$$

式(21)$\Leftrightarrow$

$$-\frac{n(y_i-1)[(n-1+\lambda)y_i+n-n^2]}{[(n-y_i)^2+\lambda y_i^2][(n-1)^2+\lambda]}\leqslant -\frac{n[\lambda-(n-1)^2]}{[(n-1)^2+\lambda]^2}(y_i-1)\Leftrightarrow$$

$$(y_i-1)[(n-1+\lambda)y_i+n-n^2][(n-1)^2+\lambda](y_i-1)\geqslant$$

$$[\lambda-(n-1)^2][(n-y_i)^2+\lambda y_i^2](y_i-1)\Leftrightarrow$$

$$\{[\lambda^2+(-n^2+2n)\lambda-(n-1)^2]y_i^2+$$

$$[-\lambda^2-n(n-1)\lambda+(n+1)(n-1)^2]y_i+$$

$$n(2n-1)\lambda-n(n-1)^2\}(y_i-1)\leqslant 0\Leftrightarrow$$

$$(y_i-1)^2\{[\lambda^2+(-n^2+2n)\lambda-(n-1)^2]y_i-n(2n-1)\lambda+n(n-1)^2\}\leqslant 0 \tag{22}$$

令

$$f(y_i)=[\lambda^2+(-n^2+2n)\lambda-(n-1)^2]y_i-n(2n-1)\lambda+n(n-1)^2$$

由 $0<y_i\leqslant n$，$\frac{(n-1)^2}{2n-1}\leqslant\lambda\leqslant n^2-1$，有

$$f(0)=n(2n-1)\left[\frac{(n-1)^2}{2n-1}-\lambda\right]\leqslant 0, f(n)=n\lambda[\lambda-(n-1)^2]\leqslant 0$$

于是 $f(y_i)\leqslant 0(0<y_i\leqslant n)$，即式(22)成立，因而式(21)成立.

对式(21)两边求和并注意到 $\sum_{i=1}^n y_i=n$，则有

$$\sum_{i=1}^n\frac{y_i(n-y_i)}{(n-y_i)^2+\lambda y_i^2}-\frac{n(n-1)}{(n-1)^2+\lambda}\leqslant -\frac{n[\lambda-(n-1)^2]}{[(n-1)^2+\lambda]^2}\left(\sum_{i=1}^n y_i-n\right)=0$$

整理即得式(20)，故式(19)成立.

# 2004 年美国数学奥林匹克第 5 题再探

第 33 届(2004 年)美国数学奥林匹克第 5 题为:设 $a,b,c$ 为正实数,证明

$$(a^5-a^2+3)(b^5-b^2+3)(c^5-c^2+3)\geqslant(a+b+c)^3 \tag{1}$$

文[1]探讨了此题的来源,并得出一些类似不等式:设 $a,b,c$ 为正实数,则

$$(a^5-2a+4)(b^5-2b+4)(b^5-2b+4)\geqslant(a+b+c)^3 \tag{2}$$

$$(a^5-a^3+2)(b^5-b^3+2)(c^5-c^3+2)\geqslant\frac{8}{27}(a+b+c)^3 \tag{3}$$

$$(a^5-a^4+1)(b^5-b^4+1)(c^5-c^4+1)\geqslant\frac{1}{27}(a+b+c)^3 \tag{4}$$

本文拟给出上述几个不等式的统一推广:

**命题** 若 $a_i\in\mathbf{R}^+(i=1,2,\cdots,n),n,m,k\in\mathbf{N}^*,1\leqslant k\leqslant n+m-1,0<\lambda<\dfrac{m+n}{m+n-k}$,则

$$\prod_{i=1}^{n}[a_i^{n+m}-\lambda a_i^{n+m-k}+(k-m-n+1)\lambda+m+n-1]\geqslant$$

$$\left[\frac{(k-m-n)\lambda+m+n}{n}\right]^n\left(\sum_{i=1}^{n}a_i\right)^n \tag{5}$$

**注记** 在命题中取 $n=3,m=2,k\in\mathbf{N}^*,k\leqslant 4,0<\lambda<\dfrac{5}{5-k}$,由式(5)可得:

**推论** 若 $a,b,c>0,k\in\mathbf{N}^*,k\leqslant 4,0<\lambda<\dfrac{5}{5-k}$,则

$$[a^5-\lambda a^{5-k}+(k-4)\lambda+4][b^5-\lambda b^{5-k}+(k-4)\lambda+4]\cdot$$

$$[c^5-\lambda c^{5-k}+(k-4)\lambda+4]\geqslant$$

$$\frac{[(k-5)\lambda+5]^3}{27}(a+b+c)^3 \tag{6}$$

在推论中分别取 $k=3,\lambda=1;k=4,\lambda=2;k=2,\lambda=1;k=1,\lambda=1$,由式(6)即可得到不等式(1),(2),(3),(4),可见命题是不等式的统一推广.

**引理**[1] 设 $a_{ij}>0(i=1,2,\cdots,m;j=1,2,\cdots,n)$,则

$$\left(\sum_{i=1}^{m}a_{i1}\sum_{i=1}^{m}a_{i2}\cdots\sum_{i=1}^{m}a_{in}\right)^{\frac{1}{n}}\geqslant\sum_{i=1}^{m}(a_{i1}a_{i2}\cdots a_{in})^{\frac{1}{n}} \tag{7}$$

**命题的证明** 由均值不等式,对 $i=1,2,\cdots,n$,有

$$\underbrace{a_i^{m+n}+a_i^{m+n}+\cdots+a_i^{m+n}}_{(m+n-k)\text{个}}+\underbrace{1+1+\cdots+1}_{k\text{个}}\geqslant(m+n)a_i^{m+n-k}\Rightarrow$$

$$\frac{m+n-k}{m+n}a_i^{m+n}+\frac{k}{m+n}\geqslant a_i^{m+n-k}$$

所以

$$a_i^{n+m}-\lambda a_i^{n+m-k}+(k-m-n+1)\lambda+m+n-1=$$

$$\left(\frac{m+n-k}{m+n}\lambda a_i^{m+n}-\lambda a_i^{n+m-k}+\frac{k\lambda}{m+n}\right)+$$

$$\left(1-\frac{m+n-k}{m+n}\cdot\lambda\right)a_i^{m+n}+(k-m-n+1)\lambda+m+n-1-\frac{k\lambda}{m+n}\geqslant$$

$$\frac{(k-m-n)\lambda+m+n}{m+n}(a_i^{m+n}+m+n-1)$$

又由均值不等式,对 $r\in\mathbf{N}^*$ 有

$$(r-1)a_i^r+1=\underbrace{a_i^r+a_i^r+\cdots+a_i^r}_{(r-1)\text{个}}+1\geqslant ra_i^{r-1}$$

由此可得

$$\frac{a_i^r+r-1}{r}\geqslant\frac{a_i^{r-1}+r-2}{r-1}$$

应用此不等式,并递推得

$$\frac{a_i^{m+n}+m+n-1}{m+n}\geqslant\frac{a_i^{m+n-1}+m+n-2}{m+n-1}\geqslant$$

$$\frac{a_i^{m+n-2}+m+n-3}{m+n-2}\geqslant\cdots\geqslant\frac{a_i^n+n-1}{n}\Rightarrow$$

$$a_i^{n+m}-\lambda a_i^{n+m-k}+(k-m-n+1)\lambda+m+n-1\geqslant$$

$$\frac{(k-m-n)\lambda+m+n}{n}(a_i^n+n-1)$$

相乘得

$$\prod_{i=1}^{n}[a_i^{n+m}-\lambda a_i^{n+m-k}+(k-m-n+1)\lambda+m+n-1]\geqslant$$

$$\prod_{i=1}^{n}[(k-m-n)\lambda+m+n]\frac{a_i^n+n-1}{n}=$$

$$\left[\frac{(k-m-n)\lambda+m+n}{n}\right]^n\prod_{i=1}^{n}(a_i^n+n-1)$$

由引理有

$$\prod_{i=1}^{n}(a_i^n+n-1)\geqslant\left(\sum_{i=1}^{n}a_i\right)^n$$

故

$$\prod_{i=1}^{n}\left[a_i^{n+m}-\lambda a_i^{n+m-k}+(k-m-n+1)\lambda+m+n-1\right]\geqslant$$

$$\left[\frac{(k-m-n)\lambda+m+n}{n}\right]^n\left(\sum_{i=1}^{n}a_i\right)^n$$

## 参考文献

[1] 李世杰. 2004 年美国数学奥林匹克第 5 题的探源[J]. 中学教研(数学), 2004(8).

# 第 64 届普特南数学竞赛 A2 题的推广及应用

第 64 届普特南数学竞赛(2003 年)A2 题为[1]:设 $a_1, a_2, \cdots, a_n$ 和 $b_1, b_2, \cdots, b_n$ 都是非负实数,则

$$(a_1a_2\cdots a_n)^{\frac{1}{n}} + (b_1b_2\cdots b_n)^{\frac{1}{n}} \leqslant [(a_1+b_1)(a_2+b_2)\cdots(a_n+b_n)]^{\frac{1}{n}} \quad (1)$$

此不等式显然等价于

$$(a_1+b_1)(a_2+b_2)\cdots(a_n+b_n) \geqslant [(a_1a_2\cdots a_n)^{\frac{1}{n}} + (b_1b_2\cdots b_n)^{\frac{1}{n}}]^n \quad (2)$$

当且仅当 $\frac{a_1}{b_1} = \frac{a_2}{b_2} = \cdots = \frac{a_n}{b_n}$ 或 $b_1, b_2, \cdots, b_n$ 全为 0 时取等号.

文[2] 给出了此不等式的一些应用. 本文首先给出式(2) 的一个推广,然后给出推广结果的一些应用.

**定理** 设 $a_{ij} > 0(i = 1,2,\cdots,n; j = 1,2,\cdots,m)$,则

$$(a_{11}+a_{12}+\cdots+a_{1m})(a_{21}+a_{22}+\cdots+a_{2m})\cdots(a_{n1}+a_{n2}+\cdots+a_{nm}) \geqslant$$
$$[(a_{11}a_{21}\cdots a_{n1})^{\frac{1}{n}} + (a_{12}a_{22}\cdots a_{n2})^{\frac{1}{n}} + \cdots + (a_{1m}a_{2m}\cdots a_{nm})^{\frac{1}{n}}]^n \quad (3)$$

当且仅当 $a_{11} : a_{12} : \cdots : a_{1m} = a_{21} : a_{22} : \cdots : a_{2m} = \cdots = a_{n1} : a_{n2} : \cdots : a_{nm}$ 时,式(3) 取等号.

**证明** 令

$$T_i = (a_{i1} + a_{i2} + \cdots + a_{im})(i = 1,2,\cdots,n)$$

$$T = (a_{11}+a_{12}+\cdots+a_{1m})(a_{21}+a_{22}+\cdots+a_{2m})\cdots(a_{n1}+a_{n2}+\cdots+a_{nm}) = T_1T_2\cdots T_n$$

由算术 - 几何平均值不等式,有

$$\left(\frac{a_{11}a_{21}\cdots a_{n1}}{T}\right)^{\frac{1}{n}} \leqslant \frac{1}{n}\left(\frac{a_{11}}{T_1} + \frac{a_{21}}{T_2} + \cdots + \frac{a_{n1}}{T_n}\right) \quad (4-1)$$

$$\left(\frac{a_{12}a_{22}\cdots a_{n2}}{T}\right)^{\frac{1}{n}} \leqslant \frac{1}{n}\left(\frac{a_{12}}{T_1} + \frac{a_{22}}{T_2} + \cdots + \frac{a_{n2}}{T_n}\right) \quad (4-2)$$

$$\vdots$$

$$\left(\frac{a_{1m}a_{2m}\cdots a_{nm}}{T}\right)^{\frac{1}{n}} \leqslant \frac{1}{n}\left(\frac{a_{1m}}{T_1} + \frac{a_{2m}}{T_2} + \cdots + \frac{a_{nm}}{T_n}\right) \quad (4-m)$$

将这 $m$ 个不等式相加得

$$\left(\frac{a_{11}a_{21}\cdots a_{n1}}{T}\right)^{\frac{1}{n}} + \left(\frac{a_{12}a_{22}\cdots a_{n2}}{T}\right)^{\frac{1}{n}} + \cdots + \left(\frac{a_{1m}a_{2m}\cdots a_{nm}}{T}\right)^{\frac{1}{n}} \leqslant$$

$$\frac{1}{n}\left(\frac{a_{11}+a_{12}+\cdots+a_{1m}}{T_1}+\frac{a_{21}+a_{22}+\cdots+a_{2m}}{T_2}+\cdots+\frac{a_{n1}+a_{n2}+\cdots+a_{nm}}{T_n}\right)\leqslant$$
$$\frac{1}{n}\left(\frac{T_1}{T_1}+\frac{T_2}{T_2}+\cdots+\frac{T_n}{T_n}\right)=1\Rightarrow$$
$$[(a_{11}a_{21}\cdots a_{n1})^{\frac{1}{n}}+(a_{12}a_{22}\cdots a_{n2})^{\frac{1}{n}}+\cdots+(a_{1m}a_{2m}\cdots a_{nm})^{\frac{1}{n}}]^n\leqslant T=$$
$$(a_{11}+a_{12}+\cdots+a_{1m})(a_{21}+a_{22}+\cdots+a_{2m})\cdots(a_{n1}+a_{n2}+\cdots+a_{nm})$$

即不等式(3)成立.式(3)取等号当且仅当式(4-1)~(4-m)这$m$个不等式同时取等号,即$a_{11}:a_{12}:\cdots:a_{1m}=a_{21}:a_{22}:\cdots:a_{2m}=\cdots=a_{n1}:a_{n2}:\cdots:a_{nm}$.定理证毕.

下面给出不等式(3)的一些应用.

**例1** (第33届(2004年)美国数学奥林匹克题5)设$a,b,c$为正实数,证明
$$(a^5-a^2+3)(b^5-b^2+3)(c^5-c^2+3)\geqslant(a+b+c)^3$$

**证明** 注意到,当$a>0$时,有
$$a^5-a^2+3-(a^3+2)=a^5-a^3-a^2+1=$$
$$a^3(a^2-1)-(a^2-1)=(a+1)(a-1)^2(a^2+a+1)\geqslant 0\Rightarrow$$
$$a^5-a^2+3\geqslant a^3+2$$

同理,可得
$$b^5-b^2+3\geqslant b^3+2,c^5-c^2+3\geqslant c^3+2$$

因此,只需证明
$$(a^3+2)(b^3+2)(c^3+2)\geqslant(a+b+c)^3$$

由不等式(3),有
$$(a^3+2)(b^3+2)(c^3+2)=(a^3+1+1)(1+b^3+1)(1+1+c^3)\geqslant$$
$$(a+b+c)^3$$

故
$$(a^5-a^2+3)(b^5-b^2+3)(c^5-c^2+3)\geqslant(a+b+c)^3$$

**例2** 设$a,b\in\mathbf{R}^+,n\in\mathbf{N},n\geqslant 1$,求$y=\frac{a}{\sin^n\theta}+\frac{b}{\cos^n\theta},\theta\in\left(0,\frac{\pi}{2}\right)$的最小值.

**解** 应用不等式(3),有
$$y^2=\left(\frac{a}{\sin^n\theta}+\frac{b}{\cos^n\theta}\right)\left(\frac{a}{\sin^n\theta}+\frac{b}{\cos^n\theta}\right)\cdot$$
$$\underbrace{(\sin^2\theta+\cos^2\theta)(\sin^2\theta+\cos^2\theta)\cdots(\sin^2\theta+\cos^2\theta)}_{n个}\geqslant$$
$$\left\{\left[\left(\frac{a}{\sin^n\theta}\right)^2\cdot(\sin^2\theta)^n\right]^{\frac{1}{n+2}}+\left[\left(\frac{a}{\cos^n\theta}\right)^2\cdot(\cos^2\theta)^n\right]^{\frac{1}{n+2}}\right\}^{n+2}=$$
$$(a^{\frac{2}{n+2}}+b^{\frac{2}{n+2}})^{n+2}\Rightarrow$$
$$y\geqslant(a^{\frac{2}{n+2}}+b^{\frac{2}{n+2}})^{\frac{n+2}{2}}$$

当且仅当$\frac{a}{\sin^n\theta}/\frac{b}{\cos^n\theta}=\frac{\sin^2\theta}{\cos^2\theta}\Leftrightarrow\tan^3\theta=\frac{a}{b}\Leftrightarrow\theta=\arctan\left(\frac{a}{b}\right)^{\frac{1}{n+2}}$时取等号. 故当$\theta=\arctan\left(\frac{a}{b}\right)^{\frac{1}{n+2}}$时,$y$取最小值$(a^{\frac{2}{n+2}}+b^{\frac{2}{n+2}})^{\frac{n+2}{2}}$.

**例3**　设$a_i\in\mathbf{R}^+(i=1,2,\cdots,n),n\geqslant 3,\sum_{i=1}^{n}a_i=s\leqslant 1,\alpha_i\in\mathbf{R}^+(i=1,2,\cdots,l),\lambda\geqslant 0$,则

$$\prod_{i=1}^{n}\left[\sum_{j=1}^{l}\left(a_i^{\alpha_j}+\frac{1}{a_i^{\alpha_j}}\right)+\lambda\right]\geqslant\left\{\sum_{j=1}^{l}\left[\left(\frac{s}{n}\right)^{\alpha_j}+\left(\frac{n}{s}\right)^{\alpha_j}\right]+\lambda\right\}^n\tag{5}$$

$$\prod_{i=1}^{n}\left[\sum_{j=1}^{l}\left(\lambda+\frac{1}{a_i^{\alpha_j}}\right)\right]\geqslant\left\{\sum_{j=1}^{l}\left[\lambda+\left(\frac{n}{s}\right)^{\alpha_j}\right]\right\}^n\tag{6}$$

**证明**　式(5)由不等式(3)有

$$\prod_{i=1}^{n}\left[\sum_{j=1}^{l}\left(a_i^{\alpha_j}+\frac{1}{a_i^{\alpha_j}}\right)+\lambda\right]\geqslant\left\{\sum_{j=1}^{l}\left[(a_1a_2\cdots a_n)^{\frac{\alpha_j}{n}}+\left(\frac{1}{a_1a_2\cdots a_n}\right)^{\frac{\alpha_j}{n}}\right]+\lambda\right\}^n$$

而

$$(a_1a_2\cdots a_n)^{\frac{1}{n}}\leqslant\frac{1}{n}\sum_{i=1}^{n}a_i=\frac{s}{n}<1,\alpha_j\geqslant 0\Rightarrow(a_1a_2\cdots a_n)^{\frac{\alpha_j}{n}}\leqslant\left(\frac{s}{n}\right)^{\alpha_j}<1$$

由$f(x)=x+\frac{1}{s}$在$(0,1)$内是减函数,有

$$(a_1a_2\cdots a_n)^{\frac{\alpha_j}{n}}+\frac{1}{(a_1a_2\cdots a_n)^{\frac{\alpha_j}{n}}}\geqslant\left(\frac{s}{n}\right)^{\alpha_j}+\left(\frac{n}{s}\right)^{\alpha_j}(j=1,2,\cdots,l)$$

所以

$$\left\{\sum_{j=1}^{l}\left[(a_1a_2\cdots a_n)^{\frac{\alpha_j}{n}}+\left(\frac{1}{a_1a_2\cdots a_n}\right)^{\frac{\alpha_j}{n}}\right]+\lambda\right\}^n\geqslant$$
$$\left\{\sum_{j=1}^{l}\left[\left(\frac{s}{n}\right)^{\alpha_j}+\left(\frac{n}{s}\right)^{\alpha_j}\right]+\lambda\right\}^n$$

故
$$\prod_{i=1}^{n}\left[\sum_{j=1}^{l}\left(a_i^{\alpha_j}+\frac{1}{a_i^{\alpha_j}}\right)+\lambda\right]\geqslant\left\{\sum_{j=1}^{l}\left[\left(\frac{s}{n}\right)^{\alpha_j}+\left(\frac{n}{s}\right)^{\alpha_j}\right]+\lambda\right\}^n$$

即式(5)成立.

类似可证式(6),从略.

**注**　在式(5)中,当$l=1,\alpha_1=k\geqslant 0$时,分别取$\lambda=0,1$,可得

$$\prod_{i=1}^{n}\left(a_i^k+\frac{1}{a_i^k}\right)\geqslant\left[\left(\frac{n}{s}\right)^k+\left(\frac{s}{n}\right)^k\right]^n$$

$$\prod_{i=1}^{n}\left(1+a_i^k+\frac{1}{a_i^k}\right)\geqslant\left[1+\left(\frac{n}{s}\right)^k+\left(\frac{s}{n}\right)^k\right]^n$$

在式(6)中,当 $l=1,\alpha_1=k\geqslant 0$ 时,取 $\lambda=1$,可得

$$\prod_{i=1}^{n}\left(1+\frac{1}{a_i^k}\right)\geqslant\left[1+\left(\frac{n}{s}\right)^k\right]^n$$

它们分别为文[3]的例3、例4、例1的推广.

**例4**　设 $a_i\in\mathbf{R}^+(i=1,2,\cdots,n),n\geqslant 3,\sum_{i=1}^{n}a_i=s\leqslant 1,\ k\in\mathbf{N}$,则

$$\prod_{i=1}^{n}\left(\frac{1}{a_i^k}-a_i^k\right)\geqslant\left[\left(\frac{n}{s}\right)^k-\left(\frac{s}{n}\right)^k\right]^n \tag{7}$$

**注**　文[4]曾提出猜想不等式:设 $a_i>0(i=1,2,\cdots,n),\sum_{i=1}^{n}a_i=1$,则

$$\prod_{i=1}^{n}\left(\frac{1}{a_i}-a_i\right)\geqslant\left(\frac{1}{n}-n\right)^n \tag{8}$$

文[5]用逐步调整法给出了一个初等证明,我们在文[3]中给出另一初等证明,并在文[3]末提出了式(8)的一个推广:设 $a_i>0(i=1,2,\cdots,n),\sum_{i=1}^{n}a_i=1,k\in\mathbf{N}$,则有

$$\prod_{i=1}^{n}\left(\frac{1}{a_i^k}-a_i^k\right)\geqslant\left(n^k-\frac{1}{n^k}\right)^n \tag{9}$$

文[2]用数学归纳法给出了式(8)的另一推广:

设 $a_i\in\mathbf{R}^+(i=1,2,\cdots,n),n\geqslant 3,\sum_{i=1}^{n}a_i=s\leqslant 1,k\in\mathbf{N}$,则

$$\prod_{i=1}^{n}\left(\frac{1}{a_i}-a_i\right)\geqslant\left(\frac{n}{s}-\frac{s}{n}\right)^n \tag{10}$$

很显然本例中的不等式是式(9),式(10)的推广,下面的证明中要用到式(10)和例3中的式(5).

**证明**　若 $k$ 为奇数,由式(10)及式(5)有

$$\prod_{i=1}^{n}\left(\frac{1}{a_i^k}-a_i^k\right)=$$

$$\left[\prod_{i=1}^{n}\left(\frac{1}{a_i}-a_i\right)\right]\cdot$$

$$\prod_{i=1}^{n}\left(\frac{1}{a_i^{k-1}}+\frac{1}{a_i^{k-3}}+\cdots+\frac{1}{a_i^4}+\frac{1}{a_i^2}+1+a_i^2+a_i^4+\cdots+a_i^{k-3}+a_i^{k-1}\right)=$$

$$\left[\prod_{i=1}^{n}\left(\frac{1}{a_i}-a_i\right)\right]\prod_{i=1}^{n}\left[\sum_{j=1}^{\frac{k-1}{2}}\left(a_i^{2j}+\frac{1}{a_i^{2j}}\right)+1\right]\geqslant$$

$$\left(\frac{n}{s}-\frac{s}{n}\right)^n\left\{\sum_{j=1}^{\frac{k-1}{2}}\left[\left(\frac{n}{s}\right)^{2j}+\left(\frac{s}{n}\right)^{2j}\right]+1\right\}^n=\left[\left(\frac{n}{s}\right)^k-\left(\frac{s}{n}\right)^k\right]^n$$

即式(8) 成立.

若 $k$ 为偶数,由式(10) 及式(5) 有

$$\prod_{i=1}^{n}\left(\frac{1}{a_i^k}-a_i^k\right)=$$

$$\left[\prod_{i=1}^{n}\left(\frac{1}{a_i}-a_i\right)\right]\cdot$$

$$\prod_{i=1}^{n}\left(\frac{1}{a_i^{k-1}}+\frac{1}{a_i^{k-3}}+\cdots+\frac{1}{a_i^3}+\frac{1}{a_i^1}+a_i^1+a_i^3+\cdots+a_i^{k-3}+a_i^{k-1}\right)=$$

$$\left[\prod_{i=1}^{n}\left(\frac{1}{a_i}-a_i\right)\right]\prod_{i=1}^{n}\left[\sum_{j=1}^{\frac{k}{2}}\left(a_i^{2j-1}+\frac{1}{a_i^{2j-1}}\right)\right]\geqslant$$

$$\left(\frac{n}{s}-\frac{s}{n}\right)^n\left\{\sum_{j=1}^{\frac{k}{2}}\left[\left(\frac{n}{s}\right)^{2j-1}+\left(\frac{s}{n}\right)^{2j-1}\right]\right\}^n=\left[\left(\frac{n}{s}\right)^k-\left(\frac{s}{n}\right)^k\right]^n$$

即式(8) 成立.

最后,我们猜测:当 $k\in\mathbf{R}^+$ 时,不等式(8) 成立.

## 参考文献


[1] 第 64 届普特南数学竞赛(初等部分)[J]. 数学通讯,2004(5):43.

[2] 段志强. 一个不等式的妙用[J]. 数学通讯,2004(19):20-21.

[3] 蒋明斌. 用零件不等式证明一类积式不等式[J]. 数学通讯,2004(19):23-25.

[4] 杨先义. 一个不等式的推广[J]. 数学通讯,2002(19).

[5] 戴承鸿,刘天兵. 一个猜想的证明[J]. 数学通讯,2002(23).

[6] 相生亚,裘良. 限制条件下 $\prod_{i=1}^{n}\left(\frac{1}{x_i}-x_i\right)$ 的下界研究[J]. 中学数学研究,2004(2).

# 一道东南数学奥林匹克试题的证明与推广

**题** （第三届(2006年)东南数学奥林匹克第6题）求最小的实数 $m$，使不等式

$$m(a^3+b^3+c^3) \geqslant 6(a^2+b^2+c^2)+1 \tag{1}$$

对满足 $a+b+c=1$ 的任意正实数 $a,b,c$ 恒成立.

本文给出此题的一个推广.

**推广** 设 $a_i>0, i=1,2,\cdots,n, n\geqslant 2, \sum_{i=1}^{n} a_i=1, B>0, A>-Bn$，求最小的实数 $m$，使不等式

$$m\sum_{i=1}^{n} a_i^3 \geqslant A\sum_{i=1}^{n} a_i^2+B \tag{2}$$

不等式恒成立.

**注** 在推广中取 $n=3, A=6, B=1$，即得上述东南竞赛题.

**解** 取 $a_i=\frac{1}{n}(i=1,2,\cdots,n)$，得 $m\geqslant An+Bn^2$. 下面证明：

当 $a_i>0, i=1,2,\cdots,n, n\geqslant 2, \sum_{i=1}^{n} a_i=1, B>0, A>-Bn$ 时，有

$$(An+Bn^2)\sum_{i=1}^{n} a_i^3 \geqslant A\sum_{i=1}^{n} a_i^2+B \tag{3}$$

这里给出式(3)的两个证明：

**证明1** 不妨设 $a_1\geqslant a_2\geqslant\cdots\geqslant a_n$，则 $a_1^2\geqslant a_2^2\geqslant\cdots\geqslant a_n^2$，由切比雪夫不等式，有

$$\sum_{i=1}^{n} a_i^3 \geqslant \frac{1}{n}\left(\sum_{i=1}^{n} a_i\right)\left(\sum_{i=1}^{n} a_i^2\right)=\frac{1}{n}\sum_{i=1}^{n} a_i^2$$

又由柯西不等式，有

$$\sum_{i=1}^{n} a_i^2 \geqslant \frac{1}{n}\left(\sum_{i=1}^{n} a_i\right)^2=\frac{1}{n}$$

而 $A>-Bn$，所以，$An+Bn^2>0$，因此

$$(An+Bn^2)\sum_{i=1}^{n} a_i^3 \geqslant (An+Bn^2)\cdot\frac{1}{n}\left(\sum_{i=1}^{n} a_i^2\right)=$$

$$A\sum_{i=1}^{n} a_i^2+Bn\sum_{i=1}^{n} a_i^2 \geqslant$$

$$A\sum_{i=1}^{n}a_i^2+Bn\cdot\frac{1}{n}=A\sum_{i=1}^{n}a_i^2+B$$

故不等式(3)成立.

**证明2**　令 $f(a_i)=(An+Bn^2)a_i^3-Aa_i^2$,不等式(3)即

$$\sum_{i=1}^{n}f(a_i)\geqslant B \tag{4}$$

设 $\lambda$ 为待定系数,使

$$f(a_i)-\frac{B}{n}=(An+Bn^2)a_i^3-Aa_i^2-\frac{B}{n}\geqslant\lambda\left(a_i-\frac{1}{n}\right) \tag{5}$$

$$\text{式}(5)\Leftrightarrow(na_i-1)[(Bn^2+An)a_i^2+Bna_i+B]\geqslant\lambda(na_i-1)$$

考虑此式等号成立,应有

$$(na_i-1)[(Bn^2+An)a_i^2+Bna_i+B]=\lambda(na_i-1)$$

约去 $na_i-1$ 并令 $a_i=\frac{1}{n}$,得

$$\lambda=3B+\frac{A}{n}$$

下面先证明

$$f(a_i)-\frac{B}{n}=(An+Bn^2)a_i^3-Aa_i^2-\frac{B}{n}\geqslant\left(3B+\frac{A}{n}\right)\left(a_i-\frac{1}{n}\right) \tag{6}$$

事实上,式(6)等价于

$$(na_i-1)[(Bn^2+An)a_i^2+Bna_i+B]\geqslant\left(3B+\frac{A}{n}\right)(na_i-1)\Leftrightarrow$$

$$(na_i-1)^2[(Bn+A)na_i+2nB+A]\geqslant 0$$

由 $A>-Bn\Rightarrow n(Bn+A)>0,2Bn+A>0$ 知后一不等式显然成立,因而式(6)成立.

求和并利用 $\sum_{i=1}^{n}a_i=1$ 得

$$\sum_{i=1}^{n}\left(f(a_i)-\frac{B}{n}\right)\geqslant\left(3B+\frac{A}{n}\right)\sum_{i=1}^{n}\left(a_i-\frac{1}{n}\right)=0\Leftrightarrow\sum_{i=1}^{n}f(a_i)\geqslant B$$

即不等式(3)成立.

**注记1**　由证明2知,当 $B>0,A\leqslant-2Bn$ 时,式(6)反向成立,因而式(3)反向成立.

**注记2**　当 $n=4,A=1,B=\frac{1}{8}$ 时,得:2005年第8届香港数学奥林匹克第3题:

设 $a,b,c,d>0$ 且 $a+b+c+d=1$,证明

$$6(a^3+b^3+c^3+d^3)\geqslant a^2+b^2+c^2+d^2+\frac{1}{8}$$

# 两道竞赛题的统一推广

**题1** （2005年中国数学奥林匹克国家集训队选拔考试(一)第六题）设$a, b, c, d > 0$，且$abcd = 1$，求证

$$\frac{1}{(1+a)^2}+\frac{1}{(1+b)^2}+\frac{1}{(1+c)^2}+\frac{1}{(1+d)^2} \geqslant 1 \tag{1}$$

**题2** （2005年越南数学奥林匹克国家队选拔赛第四题）设$x, y, z > 0$，求证

$$\left(\frac{x}{x+y}\right)^3+\left(\frac{y}{y+z}\right)^3+\left(\frac{z}{z+x}\right)^3 \geqslant \frac{3}{8} \tag{2}$$

本文给出这两题的推广.

**命题** 设$a, b, c, d > 0$，且$abcd = 1, k \in \mathbf{R}, k \geqslant 2$，则

$$\frac{1}{(1+a)^k}+\frac{1}{(1+b)^k}+\frac{1}{(1+c)^k}+\frac{1}{(1+d)^k} \geqslant \frac{4}{2^k} \tag{3}$$

**证明** 为证明不等式(3)，先证明不等式(1)，因为

$$\frac{1}{(1+a)^2}+\frac{1}{(1+b)^2} \geqslant \frac{1}{1+ab} \Leftrightarrow$$
$$(1+ab)[(1+a)^2+(1+b)^2] \geqslant [(1+a)(1+b)]^2 \Leftrightarrow$$
$$1+(a^2+b^2)ab-2ab-(ab)^2 \geqslant 0$$

而

$$1+(a^2+b^2)ab-2ab-(ab)^2 \geqslant 1+2ab\cdot ab-2ab-(ab)^2 = (1-ab)^2 \geqslant 0$$

所以

$$\frac{1}{(1+a)^2}+\frac{1}{(1+b)^2} \geqslant \frac{1}{1+ab}$$

同理，有

$$\frac{1}{(1+c)^2}+\frac{1}{(1+d)^2} \geqslant \frac{1}{1+cd}$$

两式相加，并注意到$cd = \frac{1}{ab}$，有

$$\frac{1}{(1+a)^2}+\frac{1}{(1+b)^2}+\frac{1}{(1+c)^2}+\frac{1}{(1+d)^2} \geqslant$$
$$\frac{1}{1+ab}+\frac{1}{1+cd} = \frac{1}{1+ab}+\frac{1}{1+\frac{1}{ab}} = 1$$

即不等式(1) 成立.

当 $k \geqslant 2$ 时,应用幂平均不等式及式(1) 有

$$\left\{\frac{1}{4}\left[\frac{1}{(1+a)^k}+\frac{1}{(1+b)^k}+\frac{1}{(1+c)^k}+\frac{1}{(1+d)^k}\right]\right\}^{\frac{1}{k}} \geqslant$$

$$\left\{\frac{1}{4}\left[\frac{1}{(1+a)^2}+\frac{1}{(1+b)^2}+\frac{1}{(1+c)^2}+\frac{1}{(1+d)^2}\right]\right\}^{\frac{1}{2}} \geqslant \left(\frac{1}{4}\right)^{\frac{1}{2}}=\frac{1}{2}$$

即

$$\frac{1}{(1+a)^k}+\frac{1}{(1+b)^k}+\frac{1}{(1+c)^k}+\frac{1}{(1+d)^k} \geqslant \frac{4}{2^k}$$

**注记** 在命题中,取 $k=2$,由式(3) 即得式(1);在命题中,取 $k=3$, $a=\frac{y}{x}$, $b=\frac{z}{y}$, $c=\frac{x}{z}$, $d=1$(显然有 $abcd=1$),由式(3) 即得式(2). 可见命题是不等式(1),(2) 的推广.

# 一道高中联赛题的本质

1988全国高中数学联赛第一试第五题为:已知$a,b>0,\frac{1}{a}+\frac{1}{b}=1,n\in\mathbf{N}$,
$n>0$,求证

$$(a+b)^n-a^n-b^n\geqslant 2^{2n}-2^{n+1}\tag{1}$$

对于这个不等式的证明已有很多文章谈到,最近文[1]分别按从条件、从结论入手给出了两种证明,其中证法2更接近问题的本质. 为使问题更具一般性,考虑$n$个字母的情形.

设$a_i>0(i=1,2,\cdots,n),m\in\mathbf{N}^*$,问题的本质是用$a_1a_2\cdots a_n$来估计$(\sum\limits_{i=1}^{n}a_i)^m-\sum\limits_{i=1}^{n}a_i^m$的下界,我们有:

**命题** 设$a_i>0(i=1,2,\cdots,n),m,n\in\mathbf{N}^*$,则

$$(\sum_{i=1}^{n}a_i)^m-\sum_{i=1}^{n}a_i^m\geqslant(n^m-n)(a_1a_2\cdots a_n)^{\frac{m}{n}}\tag{2}$$

**证明** 展开$(\sum\limits_{i=1}^{n}a_i)^m$,使展开式的各项系数均为1(同类项不合并),那么展开式共有$n^m$项,且每个字母$a_i$在展开式中出现的机会是均等的,故每个字母$a_i$都在展开式中出现$\frac{mn^m}{n}$次. 设

$$(\sum_{i=1}^{n}a_i)^m=\sum_{i=1}^{n}a_i^m+\sum a_1^{q_1}a_2^{q_2}\cdots a_n^{q_n}(q_1+q_2+\cdots+q_n=m,q_i\text{为非负整数})$$

因$\sum\limits_{i=1}^{n}a_i^m$共有$n$项,其中每个字母$a_i$都出现$m$次,所以$\sum a_1^{q_1}a_2^{q_2}\cdots a_k^{q_k}$中共有$(n^m-n)$项,其中每个字母$a_i$都出现$\frac{mn^m}{n}-m=\frac{m}{n}(n^m-n)$次.

当$m\geqslant 2$时,应用$(n^m-n)$维平均值不等式,有

$$\sum a_1^{q_1}a_2^{q_2}\cdots a_n^{q_n}\geqslant(n^m-n)[(a_1a_2\cdots a_n)^{\frac{m}{n}(n^m-n)}]^{\frac{1}{n^m-n}}=(n^m-n)(a_1a_2\cdots a_n)^{\frac{m}{n}}$$

当$m=1$,有

$$\sum a_1^{q_1}a_2^{q_2}\cdots a_n^{q_n}=0\geqslant 0=(n^m-n)(a_1a_2\cdots a_n)^{\frac{m}{n}}$$

因此

$$(\sum_{i=1}^{n}a_i)^m-\sum_{i=1}^{n}a_i^m=\sum a_1^{q_1}a_2^{q_2}\cdots a_n^{q_n}\geqslant(n^m-n)(a_1a_2\cdots a_n)^{\frac{n}{m}}$$

命题1得证.

**注记** 取 $a_i > 0(i = 1,2,\cdots,n)$ 使 $\sum_{i=1}^{n} \frac{1}{a_1} = 1$，则 $1 = \sum_{i=1}^{n} \frac{1}{a_i} \geqslant \frac{n}{\sqrt[n]{a_1 a_2 \cdots a_n}} \Rightarrow a_1 a_2 \cdots a_n \geqslant n^n$，由命题1得到不等式(1)的 $n$ 元推广：设 $a_i > 0$ $(i = 1,2,\cdots,n)$，且 $\sum_{i=1}^{n} \frac{1}{a_i} = 1, m, n \in \mathbf{N}^*$，则

$$\left(\sum_{i=1}^{n} a_i\right)^m - \sum_{i=1}^{n} a_i^m \geqslant n^{2m} - n^{m+1} \tag{3}$$

文[2]得到式(2)的推广：

设 $x_i \in \mathbf{R}^+ (i = 1,2,\cdots,n), r \in \mathbf{R}, r \geqslant \frac{n}{n-1}$，则

$$\left(\sum_{i=1}^{n} x_i\right)^r \geqslant \sum_{i=1}^{n} x_i^r + (n^r - n)(x_1 x_2 \cdots x_n)^{\frac{r}{n}} \tag{4}$$

## 参考文献

[1] 罗增儒. 巧在本质关系的提示，妙在深层结构的接近(下)[J]. 中等数学，2007(4).

[2] 陈计，王振. 一个分析不等式的证明[J]. 宁波大学学报(理工版)，1992(2):12-14.

# 一道 IMO 预选题的推广

第45届 IMO 预选题中有如下一道不等式证明题:

设 $a,b,c>0,ab+bc+ca=1$,证明

$$\sqrt[3]{\frac{1}{a}+6b}+\sqrt[3]{\frac{1}{b}+6c}+\sqrt[3]{\frac{1}{c}+6a}\leqslant\frac{1}{abc} \tag{1}$$

本文给出式(1)的加权推广.

**命题** 设 $a,b,c,\lambda>0$,且 $ab+bc+ca=1$,则

$$\sqrt[3]{\frac{1}{a}+\lambda b}+\sqrt[3]{\frac{1}{b}+\lambda c}+\sqrt[3]{\frac{1}{c}+\lambda a}\leqslant\frac{\sqrt[3]{\frac{3+\lambda}{9}}}{abc} \tag{2}$$

**证明** 因式(2)显然等价于

$$\sqrt[3]{(abc)^2}\left[\sqrt[3]{bc(1+\lambda ab)}+\sqrt[3]{ca(1+\lambda bc)}+\sqrt[3]{ab(1+\lambda ca)}\right]\leqslant\sqrt[3]{\frac{3+\lambda}{9}} \tag{3}$$

令 $bc=x,ca=y,ab=z$,则式(3)等价于

$$\sqrt[3]{xyz}\left(\sqrt[3]{x(1+\lambda z)}+\sqrt[3]{y(1+\lambda x)}+\sqrt[3]{z(1+\lambda y)}\right)\leqslant\sqrt[3]{\frac{3+\lambda}{9}} \tag{4}$$

其中 $x,y,z>0$ 且 $x+y+z=1$.

因为 $\sqrt[3]{xyz}\leqslant\frac{x+y+z}{3}=\frac{1}{3}$,要证式(4),只需证明

$$\sqrt[3]{x(1+\lambda z)}+\sqrt[3]{y(1+\lambda x)}+\sqrt[3]{z(1+\lambda y)}\leqslant\sqrt[3]{3(3+\lambda)} \tag{5}$$

设 $A,B$ 为待定的正常数,应用三元均值不等式,有

$$\sqrt[3]{x(1+\lambda z)}=\frac{1}{\sqrt[3]{AB}}\sqrt[3]{A\cdot Bx\cdot(1+\lambda z)}\leqslant\frac{1}{\sqrt[3]{AB}}\frac{A+Bx+1+\lambda z}{3}$$

同理,有

$$\sqrt[3]{y(1+\lambda x)}\leqslant\frac{1}{\sqrt[3]{AB}}\frac{A+By+1+\lambda x}{3}$$

$$\sqrt[3]{z(1+\lambda y)}\leqslant\frac{1}{\sqrt[3]{AB}}\frac{A+Bz+1+\lambda y}{3}$$

三式相加,并应用 $x+y+z=1$,得

$$\sqrt[3]{x(1+\lambda z)}+\sqrt[3]{y(1+\lambda x)}+\sqrt[3]{z(1+\lambda y)}\leqslant$$

$$\frac{3A+3+(B+\lambda)(x+y+z)}{3\sqrt[3]{AB}}=\frac{3A+B+\lambda+3}{3\sqrt[3]{AB}}(\text{常数})$$

当且仅当 $A=Bx=1+\lambda z, A=By=1+\lambda x, A=Bz=1+\lambda y, x+y+z=1$，即 $x=y=z=\frac{1}{3}, A=\frac{3+\lambda}{3}, B=3+\lambda$ 时，上式取等号. 所以

$$\sqrt[3]{x(1+\lambda z)}+\sqrt[3]{y(1+\lambda x)}+\sqrt[3]{z(1+\lambda y)}\leqslant$$

$$\frac{3\cdot\frac{\lambda+3}{3}+\lambda+3+\lambda+3}{3\sqrt[3]{\frac{(\lambda+3)^2}{3}}}=\sqrt[3]{3(\lambda+3)}$$

即式(5) 成立，故式(2) 成立.

**注记1**　在命题中取 $\lambda=6$，由式(2) 即得式(1)，可见式(2) 是式(1) 的推广.

**注记2**　文[1] 用琴生不等式与柯西不等式给出的式(1) 的证明，文[2] 用均值不等式给出式(1) 的一个证明，这两种证明的技巧性较强，用上述方法证明式(1) 十分简单.

## 参考文献

[1] 李建泉. 第 45 届 IMO 预选题(上)[J]. 中等数学,2005(9).
[2] 许勇. 一道 IMO 预选题的简证[J]. 中等数学,2007(3).

# 一道数学奥林匹克训练题的推广

《中等数学》2002年第7期数学奥林匹克训练题(58)(罗增儒提供)第五题为:

设 $a,b,c>0$,求证

$$\frac{\sqrt{a^2+8bc}}{a}+\frac{\sqrt{b^2+8ca}}{b}+\frac{\sqrt{c^2+8ab}}{c}\geqslant 9 \tag{1}$$

作者在文[2]将式(1)推广为:

**命题1** 设 $a_i>0(i=1,2,\cdots,n)$,$\lambda>0$,则

$$\frac{\sqrt{a_1^2+\lambda a_2a_3}}{a_1}+\frac{\sqrt{a_2^2+\lambda a_3a_4}}{a_2}+\cdots+\frac{\sqrt{a_n^2+\lambda a_1a_2}}{a_n}\geqslant n\sqrt{1+\lambda} \tag{2}$$

下面再将式(2)推广为:

**命题2** 设 $a_i>0(i=1,2,\cdots,n)$,$n\geqslant 3$,$a_{n+1}=a_1$,$a_{n+2}=a_2$,$\alpha,\lambda$ 为正常数,则

$$\sum_{i=1}^{n}\left(\frac{a_i^2+\lambda a_{i+1}a_{i+2}}{a_i^2}\right)^{\alpha}\geqslant n(1+\lambda)^{\alpha} \tag{3}$$

在命题2中,取 $\alpha=\frac{1}{2}$,即得式(2).

更一般的,我们有:

**命题3** 设 $a_i>0(i=1,2,\cdots,n)$,$n\geqslant 3$,$a_{n+1}=a_1$,$a_{n+2}=a_2$,$\cdots$,$a_{n+k}=a_k$,$k\in\mathbf{N}$,$k\geqslant 1$,$\alpha,\lambda$ 为正常数,$s_i\in\mathbf{R}(i=1,2,\cdots,k)$,则

$$\sum_{i=1}^{n}\left[\frac{a_i^s+\lambda a_{i+1}^{s_1}a_{i+2}^{s_2}\cdots a_{i+k}^{s_k}}{a_i^s}\right]^{\alpha}\geqslant n(1+\lambda)^{\alpha} \tag{4}$$

在命题3中取 $n=3$,$k=2$,$\alpha=\frac{1}{2}$,$\lambda=8$,$s_1=s_2=1$ 即得式(1);取 $k=2$,$s_1=s_2=1$,$\alpha=\frac{1}{2}$,即得式(2);取 $k=2$,$s_1=s_2=1$,即得式(4).下面只证式(4).

**证明** 令 $x_i=\frac{a_{i+1}^{s_1}a_{i+2}^{s_2}\cdots a_{i+k}^{s_k}}{a_i^s}$,则 $x_i\in\mathbf{R}^+(i=1,2,\cdots,n)$ 且 $x_1x_2\cdots x_n=1$.不等式(4)等价于

$$\sum_{i=1}^{n}(1+\lambda x_i)^{\alpha}\geqslant n(1+\lambda)^{\alpha} \tag{5}$$

由平均值不等式,有

$$\sum_{i=1}^{n}(1+\lambda x_i)^{\alpha}\geqslant n[(1+\lambda x_1)(1+\lambda x_2)\cdots(1+\lambda x_n)]^{\frac{\alpha}{n}}$$

用 $\sum x_1x_2\cdots x_i$ 表示 $x_1,x_2,\cdots,x_n$ 中 $i$ 个的积,共 $C_n^i$ 个之和,由 $x_1x_2\cdots x_n=1$,有

$$\sum x_1x_2\cdots x_i\geqslant C_n^i[(x_1x_2\cdots x_n)^{\frac{iC_n^i}{n}}]^{\frac{1}{C_n^i}}=C_n^i$$

所以

$$(1+\lambda x_1)(1+\lambda x_2)\cdots(1+\lambda x_n)\sum_{i=0}^{n}(\lambda^i\sum x_1x_2\cdots x_i)\geqslant$$

$$\sum_{i=0}^{n}\lambda^iC_n^i=(1+\lambda)^n$$

于是

$$\sum_{i=1}^{n}(1+\lambda x_i)^{\alpha}\geqslant n[(1+\lambda)^n]^{\frac{\alpha}{n}}=n(1+\lambda)^{\alpha}$$

即式(5)成立,故式(4)成立,证毕.

下面,我们从另一角度来推广式(1).

**命题4** 设 $x,y,z,\alpha>0,\lambda,\mu,\nu\geqslant 0$ 为非负实数,则

$$\left(\frac{\lambda x+\mu y+\nu z}{x}\right)^{\alpha}+\left(\frac{\nu x+\lambda y+\mu z}{y}\right)^{\alpha}+\left(\frac{\mu x+\nu y+\lambda z}{z}\right)^{\alpha}\geqslant 3(\lambda+\mu+\nu)^{\alpha}\tag{6}$$

在命题4中,令 $\nu=0,\frac{y}{x}=\frac{bc}{a^2},\frac{z}{y}=\frac{ca}{b^2},\frac{x}{z}=\frac{ab}{c^2},\alpha=\frac{1}{2}$,即得式(1),可见式(6)是式(1)的推广.

**证明** 由均值不等式,有

$$\left(\frac{\lambda x+\mu y+\nu z}{x}\right)^{\alpha}+\left(\frac{\nu x+\lambda y+\mu z}{y}\right)^{\alpha}+\left(\frac{\mu x+\nu y+\lambda z}{z}\right)^{\alpha}\geqslant$$

$$3\left(\frac{\lambda x+\mu y+\nu z}{x}\cdot\frac{\nu x+\lambda y+\mu z}{y}\cdot\frac{\mu x+\nu y+\lambda z}{z}\right)^{\frac{\alpha}{3}}$$

而

$$(\lambda x+\mu y+\nu z)(\nu x+\lambda y+\mu z)(\mu x+\nu y+\lambda z)=$$
$$\lambda\mu\nu(x^3+y^3+z^3)+(\lambda^2\mu+\mu^2\nu+\nu^2\lambda)(x^2y+y^2z+z^2x)+$$
$$(\lambda\mu^2+\mu\nu^2+\nu\lambda^2)(xy^2+yz^2+zx^2)+(\lambda^3+\mu^3+\nu^3+3\lambda\mu\nu)xyz\geqslant$$
$$\lambda\mu\nu\cdot 3xyz+(\lambda^2\mu+\mu^2\nu+\nu^2\lambda)\cdot 3\sqrt[3]{x^2y\cdot y^2z\cdot z^2x}+$$
$$(\lambda\mu^2+\mu\nu^2+\nu\lambda^2)\cdot 3\sqrt[3]{xy^2\cdot yz^2\cdot zx^2}+(\lambda^3+\mu^3+\nu^3+3\lambda\mu\nu)xyz=$$
$$[3(\lambda\mu\nu+\lambda^2\mu+\mu^2\nu+\nu^2\lambda+\lambda\mu^2+\mu\nu^2+\nu\lambda^2)+\lambda^3+\mu^3+\nu^3+3\lambda\mu\nu]xyz=$$
$$(\lambda+\mu+\nu)^3xyz$$

所以

$$\left(\frac{\lambda x+\mu y+\nu z}{x}\right)^{\alpha}+\left(\frac{\nu x+\lambda y+\mu z}{y}\right)^{\alpha}+\left(\frac{\mu x+\nu y+\lambda z}{z}\right)^{\alpha}\geqslant$$

$$3\left[\frac{(\lambda+\mu+\nu)^{3}xyz}{xyz}\right]^{\frac{\alpha}{3}}=3(\lambda+\mu+\nu)^{\alpha}$$

故式(6) 成立,证毕.

更一般的,我们有:

**猜测** $x_i>0,\lambda_i\geqslant 0(i=1,2,\cdots,n),n\geqslant 3,x_{n+1}=x_1,x_{n+2}=x_2,\cdots,$ $x_{n+n-1}=a_{n-1},\alpha>0$

$$\sum_{i=1}^{n}\left(\frac{\lambda_1 x_i+\lambda_2 x_{i+1}+\cdots+\lambda_n x_{i+n-1}}{x_i}\right)^{\alpha}\geqslant n\left(\sum_{i=1}^{n}\lambda_i\right)^{\alpha} \tag{7}$$

## 参考文献


[1] 罗增儒. 数学奥林匹克高中训练题(58)[J]. 中等数学,2002(5).

[2] 蒋明斌. 数学问题585[J]. 数学教学,2003(4).

# 一道竞赛题及其推广题的解法再探

**题1** $0<\theta<\frac{\pi}{2}$,求 $y=\frac{8}{\cos\theta}+\frac{1}{\sin\theta}$ 的最小值.

这是2003年浙江省数学夏令营的一道数学试题,《数理化学习》2004年第7期"一道竞赛题的探索及推广"一文给出了此题的两种解法,并将其中的解法2用于解更一般的问题:

**题2** 设 $0<\theta<\frac{\pi}{2}$,$a,b,n$ 为正常数,$n\in\mathbf{N}$,求 $y=\frac{a}{\sin^n\theta}+\frac{b}{\cos^n\theta}$ 的最小值.

但这种解法并不简单,正如作者所言"解答过程较繁,篇幅较大",本文拟给出此类问题的两种简洁的解法.

## 1 题1的解法

**解1** 设 $k$ 为待定的正常数,由三元均值不等式有

$$y=\frac{1}{2\sin\theta}+\frac{1}{2\sin\theta}+k\sin^2\theta+\frac{8}{2\cos\theta}+\frac{8}{2\cos\theta}+k\cos^2\theta-k\geqslant$$

$$3\sqrt[3]{\frac{1}{2\sin\theta}\cdot\frac{1}{2\sin\theta}\cdot k\sin^2\theta}+3\sqrt[3]{\frac{8}{2\cos\theta}\cdot\frac{8}{2\cos\theta}\cdot k\cos^2\theta}-k=$$

$$3\sqrt[3]{\frac{k}{4}}+3\sqrt[3]{16k}-k$$

当且仅当 $\frac{1}{\sin\theta}=k\sin^2\theta$ 且 $\frac{8}{\cos\theta}=k\cos^2\theta\Leftrightarrow\tan^3\theta=\frac{1}{8}\Leftrightarrow\tan\theta=\frac{1}{2}$ 时,上式取等号,故当 $\theta=\arctan\frac{1}{2}$ 时,$y$ 取最小值,此时 $\cos\theta=\frac{2}{\sqrt{5}}$,$\sin\theta=\frac{1}{\sqrt{5}}$,所以 $y_{\min}=5\sqrt{5}$.

**注** 上述解法中待定常数 $k$ 并不需要求出,只是用来调节等号成立而求出取最小值时的 $\theta$.

**解2** 设 $A,B$ 为待定的正常数,则

$$y=\frac{1}{\sin\theta}+\frac{8}{\cos\theta}=$$

$$\frac{1}{\sin\theta}+A\sin\theta+\frac{8}{\cos\theta}+B\cos\theta-$$

$$\sqrt{A^2+B^2}\sin\left(\theta+\arctan\frac{B}{A}\right)\geqslant$$

$$2\sqrt{A}+2\sqrt{8B}-\sqrt{A^2+B^2}$$

当且仅当

$$\begin{cases}\dfrac{1}{\sin\theta}=A\sin\theta & (1)\\ \dfrac{8}{\cos\theta}=B\cos\theta & (2)\\ \sin\left(\theta+\arctan\dfrac{B}{A}\right)=1 & (3)\end{cases}$$

时取等号.

由式(1),(2) 得

$$\tan^2\theta=\frac{1}{8}\cdot\frac{B}{A} \tag{4}$$

由式(3) 得

$$\theta=\frac{\pi}{2}-\arctan\frac{B}{A}\Rightarrow\tan\theta=\frac{A}{B}$$

代入式(4) 有

$$\tan^3\theta=\frac{1}{8}\Rightarrow\tan\theta=\frac{1}{2}$$

故当 $\theta=\frac{1}{2}$ 时,$y$ 取最小值$y_{\min}=5\sqrt{5}$.

**注** 此解法中待定常数 $A$,$B$ 并不需要求出,只是用来调节等号成立而求出取最小值时的 $\theta$.

## 2 题 2 的解法

上述两种解法都可以用来解答题 2,先具体来求几个此类最小值,其中的 $n$ 可以为有理数.

**例 1** 设 $a,b\in\mathbf{R}^+$,求 $y=\frac{a}{\sin^6\theta}+\frac{b}{\cos^6\theta}\left(\theta\in\left(0,\frac{\pi}{2}\right)\right)$ 的最小值.

**解** 引入待定的正常数 $k$,使

$$\begin{aligned}y&=\frac{a}{\sin^6\theta}+3k\sin^2\theta+\frac{b}{\cos^6\theta}+3k\cos^2\theta-3k\geqslant\\&4\sqrt[4]{\frac{a}{\sin^6\theta}(k\sin^2\theta)^3}+4\sqrt[4]{\frac{b}{\cos^6\theta}(k\cos^2\theta)^3}-3k=\\&4\sqrt[4]{ak^3}+4\sqrt[4]{bk^3}-3k\end{aligned}$$

当且仅当$\frac{a}{\sin^6\theta}=k\sin^2\theta$ 且$\frac{b}{\cos^6\theta}=k\cos^2\theta\Leftrightarrow\tan^8\theta=\frac{a}{b}\Leftrightarrow\tan\theta=\sqrt[8]{\frac{a}{b}}$,$\theta=$

$\arctan\sqrt[8]{\frac{a}{b}}$ 时，上式取等号. 故当 $\theta=\arctan\sqrt[8]{\frac{a}{b}}$ 时，$y$ 取最小值，易求得最小值为 $(a^{\frac{1}{4}}+b^{\frac{1}{4}})^4$.

**例 2** 设 $a,b\in\mathbf{R}^+$，求 $y=\frac{a}{\sin^3\theta}+\frac{b}{\cos^3\theta}\left(\theta\in\left(0,\frac{\pi}{2}\right)\right)$ 的最小值.

**解** 引入待定的正常数 $k$

$$y=\frac{a}{2\sin^3\theta}+\frac{a}{2\sin^3\theta}+3k\sin^2\theta+\frac{b}{2\cos^3\theta}+\frac{b}{2\cos^3\theta}+3k\cos^2\theta-3k\geqslant$$

$$5\sqrt[5]{\left(\frac{a}{2\sin^3\theta}\right)^2(k\sin^2\theta)^3}+5\sqrt[5]{\left(\frac{b}{2\cos^3\theta}\right)^2(k\cos^2\theta)^3}-3k=$$

$$5\sqrt[5]{a^2k^3}+5\sqrt[5]{b^2k^3}-3k$$

当且仅当 $\frac{a}{\sin^3\theta}=k\sin^2\theta$ 且 $\frac{b}{\cos^3\theta}=k\cos^2\theta\Leftrightarrow\tan^5\theta=\frac{a}{b}\Leftrightarrow\tan\theta=\sqrt[5]{\frac{a}{b}},\theta=\arctan\sqrt[5]{\frac{a}{b}}$ 时，上式取等号. 故当 $\theta=\arctan\sqrt[5]{\frac{a}{b}}$ 时，$y$ 取最小值，易求得最小值为 $(a^{\frac{2}{5}}+b^{\frac{2}{5}})^{\frac{5}{2}}$.

**例 3** 设 $a,b\in\mathbf{R}^+$，求 $y=\frac{a}{\sin^{\frac{3}{2}}\theta}+\frac{b}{\cos^{\frac{3}{2}}\theta}\left(\theta\in\left(0,\frac{\pi}{2}\right)\right)$ 的最小值.

**解** 引入待定的正常数 $k$，使

$$y=4\cdot\frac{a}{4\sin^{\frac{3}{2}}\theta}+3k\sin^2\theta+4\cdot\frac{b}{4\cos^{\frac{3}{2}}\theta}+3k\cos^2\theta-3k\geqslant$$

$$7\sqrt[7]{\left(\frac{a}{4\sin^{\frac{3}{2}}\theta}\right)^4(k\sin^2\theta)^3}+7\sqrt[7]{\left(\frac{b}{4\sin^{\frac{3}{2}}\theta}\right)^4(k\cos^2\theta)^3}-3k=$$

$$7\sqrt[7]{\left(\frac{a}{4}\right)^4k^3}+7\sqrt[7]{\left(\frac{b}{4}\right)^4k^3}-3k$$

当且仅当 $\frac{a}{\sin^{\frac{3}{2}}\theta}=k\sin^2\theta$ 且 $\frac{b}{\cos^{\frac{3}{2}}\theta}=k\cos^2\theta\Leftrightarrow\tan^{\frac{7}{2}}\theta=\frac{a}{b}\Leftrightarrow\tan\theta=\left(\frac{a}{b}\right)^{\frac{2}{7}}$ 即 $\theta=\arctan\left(\frac{a}{b}\right)^{\frac{2}{7}}$ 时，上式取等号. 故当 $\theta=\arctan\left(\frac{a}{b}\right)^{\frac{2}{7}}$ 时，$y$ 取最小值，易求得最小值为 $(a^{\frac{4}{7}}+b^{\frac{4}{7}})^{\frac{7}{4}}$.

以上三例是按解法一求解的，对于一般情形可作类似处理. 下面我们按解法二来解题 2(其中 $n$ 为正整数).

**题 2 的解** 设 $A,B$ 为待定的正常数，应用 $n+1$ 元均值不等式，有

$$y=\frac{a}{\sin^n\theta}+\underbrace{A\sin\theta+A\sin\theta+\cdots+A\sin\theta}_{n\text{个}}+\frac{b}{\cos^n\theta}+$$

$$\underbrace{B\cos\theta+B\cos\theta+\cdots+B\cos\theta}_{n\text{个}}-n\sqrt{A^2+B^2}\sin\left(\theta+\arctan\frac{B}{A}\right)\geqslant$$

$$(n+1)\sqrt[n+1]{aA^n}+(n+1)\sqrt[n+1]{bB^n}-n\sqrt{A^2+B^2}$$

当且仅当

$$\frac{a}{\sin^n\theta}=A\sin\theta \tag{5}$$

$$\frac{b}{\cos^n\theta}=B\cos\theta \tag{6}$$

$$\sin\left(\theta+\arctan\frac{B}{A}\right)=1 \tag{7}$$

时取等号. 由式 (5),式(6) 得

$$\tan^{n+1}\theta=\frac{B}{A}\cdot\frac{a}{b} \tag{8}$$

由式(7) 得

$$\theta=\frac{\pi}{2}-\arctan\frac{B}{A},\text{即}\tan\theta=\frac{A}{B}$$

代入式(8) 得

$$\tan^{n+2}\theta=\frac{a}{b}\Leftrightarrow\tan\theta=\left(\frac{a}{b}\right)^{\frac{1}{n+2}}\Leftrightarrow\theta=\arctan\left(\frac{a}{b}\right)^{\frac{1}{n+2}}$$

故当 $\theta=\arctan\left(\frac{a}{b}\right)^{\frac{1}{n+2}}$ 时,$y$ 取最小值,此时

$$\cos\theta=\frac{1}{\sqrt{1+\tan^2\theta}}=\frac{b^{\frac{1}{n+2}}}{\sqrt{a^{\frac{2}{n+2}}+b^{\frac{2}{n+2}}}},\sin\theta=\tan\theta\cos\theta=\frac{a^{\frac{1}{n+2}}}{\sqrt{a^{\frac{2}{n+2}}+b^{\frac{2}{n+2}}}}$$

$$y_{\min}=\frac{a\left(a^{\frac{2}{n+2}}+b^{\frac{2}{n+2}}\right)^{\frac{n}{2}}}{a^{\frac{n}{n+2}}}+\frac{b\left(a^{\frac{2}{n+2}}+b^{\frac{2}{n+2}}\right)^{\frac{n}{2}}}{b^{\frac{n}{n+2}}}=\left(a^{\frac{2}{n+2}}+b^{\frac{2}{n+2}}\right)^{\frac{n+2}{2}}$$

# 一道国际竞赛题的别证

第二十五届国际数学竞赛第一试第一题为:设 $x,y,z$ 为非负实数,满足 $x+y+z=1$,证明

$$0 \leqslant yz+zx+xy-2xyz \leqslant \frac{7}{27} \tag{1}$$

**证明** 由 $0 \leqslant x,y,z \leqslant 1$,有

$$yz+zx+xy-2xyz=yx(1-x)+zx(1-y)+xy \geqslant 0$$

即左边的不等式成立.

记 $u=yz+zx+xy$, $v=-xyz$,需证

$$u+2v \leqslant \frac{7}{27}$$

设 $f(x)=(t-x)(t-y)(t-z)=t^3-t^2+ut+v$,则

$$f\left(\frac{1}{2}\right)=\left(\frac{1}{2}-x\right)\left(\frac{1}{2}-y\right)\left(\frac{1}{2}-z\right)=\frac{1}{8}-\frac{1}{4}+\frac{1}{2}(u+2v)$$

(1) 若 $x,y,z$ 均小于$\frac{1}{2}$,则

$$f\left(\frac{1}{2}\right) \leqslant \frac{1}{27}\left(\frac{1}{2}-x+\frac{1}{2}-y+\frac{1}{2}-z\right)^3=\frac{1}{27}\left[\frac{3}{2}-(x+y+z)\right]^3=\frac{1}{216}$$

即

$$\frac{1}{8}-\frac{1}{4}+\frac{1}{2}(u+2v) \leqslant \frac{1}{216} \Leftrightarrow u+2v \leqslant \frac{7}{27}$$

(2) 若 $x,y,z$ 有一个不小于$\frac{1}{2}$$\left(\text{也只能一个不小于}\frac{1}{2}\right)$,则

$$f\left(\frac{1}{2}\right) \leqslant 0 \Leftrightarrow \frac{1}{8}-\frac{1}{4}+\frac{1}{2}(u+2v) \leqslant 0 \Leftrightarrow u+2v \leqslant \frac{1}{4}<\frac{7}{27}$$

故式(1) 成立.

用相仿的办法,可将不等式(1) 作如下推广:

若 $x,y,z$ 为非负实数,且满足 $x+y+z=a \leqslant 2$,则

$$0 \leqslant yz+zx+xy-axyz \leqslant \frac{(9-a)}{27} \tag{2}$$

# 一道《美国数学月刊》问题的另一简解

**题** 设$x,y,z>0$,且$x^2+y^2+z^2=1$,求$f=x+y+z-xyz$的值域.

文[1],[2]给出了此问题的简解.本文再给出一个简解,其基本思路是先猜后证.

**解** 由于$f$的最优上、下界往往在$x=y=z$时,或在区域$D=\{(x,y,z)\mid x,y,z>0,x^2+y^2+z^2=1\}$的边界上取得.

而当$x=y=z=\frac{\sqrt{3}}{3}$时,$f=\frac{8\sqrt{3}}{9}$;当$x\to 0,y\to 0,z\to 1,f\to 1$.于是可以猜测:$f$的值域为$\left(0,\frac{8\sqrt{3}}{9}\right]$,即:

若$x,y,z>0$,且$x^2+y^2+z^2=1$,则

$$1<x+y+z-xyz\leqslant\frac{8\sqrt{3}}{9} \tag{1}$$

下面给出证明:式(1)左边不等式等价于

$$x+y+z>1+xyz\Leftrightarrow$$

$$x^2+y^2+z^2+2(xy+yz+zx)>1+2xyz+(xyz)^2\Leftrightarrow$$

$$2(xy+yz+zx)>2xyz+(xyz)^2\Leftrightarrow$$

$$\frac{1}{x}+\frac{1}{y}+\frac{1}{z}>1+xyz \tag{2}$$

由$x^2+y^2+z^2=1$及三元均值不等式有

$$xyz=\sqrt{(xyz)^2}\leqslant\sqrt{\left(\frac{x^2+y^2+z^2}{3}\right)^3}=\sqrt{\frac{1}{27}}=\frac{\sqrt{3}}{9}\Rightarrow$$

$$\frac{1}{x}+\frac{1}{y}+\frac{1}{z}\geqslant 3\sqrt[3]{\frac{1}{xyz}}\geqslant 3\sqrt[3]{\frac{1}{\sqrt{\frac{1}{27}}}}=3\sqrt{3}>1+\frac{1}{2}\times\frac{\sqrt{3}}{9}>1+\frac{1}{2}xyz$$

即式(2)成立,故式(1)左边不等式成立.

令$x+y+z=p,xyz=q,xy+yz+zx=r$,则

$$p^2=2q+1\Leftrightarrow q=\frac{1}{2}(p^2-1)$$

式(1)右边不等式等价于

$$p-r\leqslant\frac{8\sqrt{3}}{9}\Leftrightarrow 9p\leqslant 9r+8\sqrt{3} \tag{3}$$

由 Schur 不等式

$$x(x-y)(x-z)+y(y-z)(y-x)+z(z-x)(z-y)\geqslant 0\Leftrightarrow$$
$$p^3-4pq+9r\geqslant 0\Leftrightarrow 9r\geqslant 4pq-p^3$$

知,要证式(3),只需证

$$9p\leqslant 4pq-p^3+8\sqrt{3}\Leftrightarrow 9p\leqslant 2p(p^2-1)-p^3+8\sqrt{3}\Leftrightarrow$$
$$p^3-11p+8\sqrt{3}\geqslant 0\Leftrightarrow(p-\sqrt{3})(p^2+\sqrt{3}p-8)\geqslant 0\Leftrightarrow$$
$$(p-\sqrt{3})[(p^2-3)+\sqrt{3}(p-\sqrt{3})-2]\geqslant 0 \tag{4}$$

由 $p=x+y+z\leqslant\sqrt{3(x^2+y^2+z^2)}=\sqrt{3}$,有

$$(p-\sqrt{3})\leqslant 0,(p^2-3)+\sqrt{3}(p-\sqrt{3})\leqslant 0$$

所以式(4) 成立,因此式(1) 右边不等式成立.

故 $f$ 的值域为 $\left(0,\frac{8\sqrt{3}}{9}\right]$.

## 参考文献

[1] 丁兴春.一道美国数学月刊问题的简解[J].中学数学月刊,2009(8).
[2] 梁开华.也谈一道美国数学月刊征解题的解法[J].中学数学月刊,2010(3).

# 一道 CMO 赛题的简证

2007 年中国数学奥林匹克(CMO) 第一题为:

设 $a,b,c$ 为给定的复数,记 $|a+b|=m$, $|a-b|=n$,已知 $mn\neq 0$,求证

$$\max\{|ac+b|,|a+bc|\}\geqslant\frac{mn}{\sqrt{m^2+n^2}}\tag{1}$$

下面用柯西不等式给出式(1) 的一个简证.

**证明** 因为式(1) 显然等价于

$$\max\{|ac+b|^2,|a+bc|^2\}\geqslant\frac{m^2n^2}{m^2+n^2}\Leftrightarrow$$

$$(m^2+n^2)\max\{|ac+b|^2,|a+bc|^2\}\geqslant(mn)^2\tag{2}$$

注意到

$$\max\{|ac+b|^2,|a+bc|^2\}\geqslant\frac{|ac+b|^2+|a+bc|^2}{2}$$

$$m^2+n^2=2(|a|^2+|b|^2)$$

要证式(2),只需证

$$(|a|^2+|b|^2)(|ac+b|^2+|a+bc|^2)\geqslant|a^2-b^2|^2\tag{3}$$

应用柯西不等式有

$$(|a|^2+|b|^2)(|ac+b|^2+|a+bc|^2)=$$

$$(|b|^2+|a|^2)(|ac+b|^2+|a+bc|^2)\geqslant$$

$$(|bac+b^2|+|a^2+abc|)^2\geqslant$$

$$(|(bac+b^2)-(a^2+abc)|)^2=|a^2-b^2|^2$$

即式(3) 成立,故式(1) 成立.

# 由一道 USAMO 试题引出的一个不等式的证明

1980 年 USAMO 中有如下题目:设 $0 \leqslant a,b,c \leqslant 1$,则

$$\frac{a}{1+b+c}+\frac{b}{1+c+a}+\frac{c}{1+a+b}+(1-a)(1-b)(1-c) \leqslant 1 \quad (1)$$

文[1]试图研究了式(1)左边的最小值,取 $a=b=c$ 得出此时式(1)左边的最小值为 $\frac{7}{8}$,由此得到:

设 $0 \leqslant a,b,c \leqslant 1$,则

$$\frac{a}{1+b+c}+\frac{b}{1+c+a}+\frac{c}{1+a+b}+(1-a)(1-b)(1-c) \geqslant \frac{7}{8} \quad (2)$$

文[1]并没给出一般情形下式(2)的证明,最近文[2]用较长篇幅证明了式(2). 本文给出式(2)的一个简单证明.

式(2)的证明:考虑到当 $a=b=c=\frac{1}{2}$ 时式(1)取等号,令 $x=\frac{1}{2}-a,y=\frac{1}{2}-b,z=\frac{1}{2}-c$,不妨设 $a \geqslant b \geqslant c$,由 $0 \leqslant a,b,c \leqslant 1$,有 $-\frac{1}{2} \leqslant x \leqslant y \leqslant z \leqslant \frac{1}{2}$,用 $\sum$ 表示循环和

$$P=\frac{a}{1+b+c}+\frac{b}{1+c+a}+\frac{c}{1+a+b}+(1-a)(1-b)(1-c)-\frac{7}{8}=$$

$$\sum \frac{\frac{1}{2}-x}{2-y-z}+\left(\frac{1}{2}+x\right)\left(\frac{1}{2}+y\right)\left(\frac{1}{2}+z\right)-\frac{7}{8}=$$

$$\sum \frac{\frac{1}{2}-x}{2-y-z}+\frac{1}{8}+\frac{1}{4}\sum x+\frac{1}{2}\sum yz+xyz-\frac{7}{8}=$$

$$\sum \frac{\frac{1}{2}-x}{2-y-z}+\frac{1}{4}\sum\left(2x-\frac{y+z}{2}\right)+\frac{1}{4}\sum(xy+xz)-\frac{3}{4}+xyz=$$

$$\sum \frac{\frac{1}{2}-x}{2-y-z}+\frac{1}{4}\sum\left[2x-\frac{y+z}{2}+x(y+z)-1\right]+xyz=$$

$$\frac{1}{4}\sum[2-4x+4x-2x(y+z)-(y+z)+\frac{1}{2}(y+z)^2+2x(y+z)-x(y+$$

$z)^2-2+(y+z)]/2-y-z+xyz=$

$$\sum\frac{\left(\frac{1}{2}-x\right)(y+z)^2}{4(2-y-z)}+xyz$$

(1) 当 $xyz\geqslant 0$ 时,注意到 $-\frac{1}{2}\leqslant x\leqslant y\leqslant z\leqslant\frac{1}{2}$,有 $P\geqslant 0$.

(2) 当 $xyz<0$ 时,只能是 $x<0<y\leqslant z$ 或 $x\leqslant y\leqslant z<0$.

1) 当 $-\frac{1}{2}\leqslant x<0<y\leqslant z$ 时,注意到$\frac{\left(\frac{1}{2}-x\right)}{2-y-z}\geqslant 0,(y+z)^2\geqslant 4yz$,有

$$P\geqslant\frac{\left(\frac{1}{2}-x\right)(y+z)^2}{4(2-y-z)}+xyz\geqslant\frac{\left(\frac{1}{2}-x\right)yz}{2-y-z}+xyz=$$

$$\frac{yz}{2-y-z}\left[\frac{1}{2}+x-x(y+z)\right]>0$$

(这是因为由 $-\frac{1}{2}\leqslant x<0<y\leqslant z$ 有,$\frac{1}{2}+x\geqslant 0,\ -x(y+z)>0$)

2) 当 $-\frac{1}{2}\leqslant x\leqslant y\leqslant z<0$ 时,令 $u=-x,v=-y,w=-z$,则$\frac{1}{2}\geqslant u\geqslant v\geqslant w>0$,于是

$$P=\sum\frac{\left(\frac{1}{2}+u\right)(-v-w)^2}{4(2+v+w)}-uvw=$$

$$\sum\frac{\left(\frac{1}{2}+u\right)(v+w)^2}{4(2+v+w)}-uvw\geqslant$$

$$\sum\frac{(u+u)4vw}{4\left(2+\frac{1}{2}+\frac{1}{2}\right)}-uvw=uvw>0$$

综上可知,$P\geqslant 0$,故式(1) 成立.

此外,文[1] 还考虑了式(2) 的二元情形,设 $0\leqslant a,b\leqslant 1$,则

$$\frac{a}{1+b}+\frac{b}{1+a}+(1-a)(1-b)\geqslant\frac{13-5\sqrt{5}}{2}\qquad(3)$$

文[1] 只证明了 $a=b$ 时,式(3) 成立,下面给出一般情形下式(3) 的证明.

**证明** 注意到

$$P=\frac{a}{1+b}+\frac{b}{1+a}+(1-a)(1-b)=$$

$$\frac{a+a^2+b+b^2+1-a^2-b^2+a^2b^2}{(1+a)(1+b)}=$$

$$\frac{a^2b^2+1+a+b}{ab+1+a+b}$$

当 $0 \leqslant a,b \leqslant 1$ 时,有

$$\frac{a^2b^2+1+a+b}{ab+1+a+b} \geqslant \frac{a^2b^2+1+2\sqrt{ab}}{2\sqrt{ab}} \tag{4}$$

事实上,式(4)等价于

$$(a^2b^2+1+a+b)(ab+1+2\sqrt{ab}) \geqslant$$
$$(ab+1+a+b)(a^2b^2+1+2\sqrt{ab}) \Leftrightarrow$$
$$(a^2b^2+1)(ab+1)+(a^2b^2+1)\cdot$$
$$2\sqrt{ab}+(a+b)(ab+1)+(a+b)\cdot 2\sqrt{ab} \geqslant$$
$$(ab+1)(a^2b^2+1)+(ab+1)\cdot$$
$$2\sqrt{ab}+(a+b)(a^2b^2+1)+(a+b)\cdot 2\sqrt{ab} \Leftrightarrow$$
$$ab(1-ab)(a+b-2\sqrt{ab}) \geqslant 0$$

由 $0 \leqslant a,b \leqslant 1, 0 \leqslant ab \leqslant 1, 1-ab \geqslant 0, a+b-2\sqrt{ab} \geqslant 0$,因而上式显然成立. 当且仅当 $ab=0$,或 $ab=1$,或 $a=b$ 时,式(4)取等号.

记 $\sqrt{ab}=t$,则 $t \in [0,1]$,则

$$P=\frac{a^2b^2+1+a+b}{ab+1+a+b} \geqslant \frac{a^2b^2+1+2\sqrt{ab}}{ab+1+2\sqrt{ab}}=\frac{t^4+1+2t}{(t+1)^2}=f(t)$$

$$f'(t)=\frac{4t^3+2}{(t+1)^2}-\frac{2(t^4+1+2t)}{(t+1)^3}=\frac{2t(t^3+2t^2-1)}{(t+1)^3}=$$
$$\frac{2t(t+1)(t^2+t-1)}{(t+1)^3}=$$
$$\frac{2t(t+1)\left(t-\frac{1-\sqrt{5}}{2}\right)\left(t+\frac{1+\sqrt{5}}{2}\right)}{(t+1)^3}$$

注意到,$t \in [0,1]$,则当 $t=\frac{1-\sqrt{5}}{2}$ 时,$f'(t)=0$;当 $0<t<\frac{1-\sqrt{5}}{2}$ 时,$f'(t)<0$;当 $\frac{1-\sqrt{5}}{2}<t<1$ 时,$f'(t)>0$.

所以,当 $t=\frac{1-\sqrt{5}}{2}$ 时,$f(t)$ 取小值 $f\left(\frac{1-\sqrt{5}}{2}\right)=\frac{13-5\sqrt{5}}{2}$.

所以 $P=\frac{a}{1+b}+\frac{b}{1+a}+(1-a)(1-b) \geqslant \frac{13-5\sqrt{5}}{2}$,即式(3)成立.

## 参考文献

[1] 邓寿才.5 道奥数名题赏析,数学奥林匹克与数学文化(2010 年第三辑,竞赛卷)[M].哈尔滨:哈尔滨工业大学出版社,2010.
[2] 单墫.一个函数的最小值[J].中等数学,2011(3).

# 用平均值不等式求一最小值

**题1** 设 $p,q\in\mathbf{R}^+$, $x\in\left(0,\frac{\pi}{2}\right)$,求 $f(x)=\frac{p}{\sqrt{\sin x}}+\frac{q}{\sqrt{\cos x}}$ 的最小值.

这是书[1]中的一个题目,书中用带参数的柯西不等式证明的,且用了两次. 李成章先生在[2]中感叹"证明难度之大、技巧性之强都是罕见的". 为此,李先生用赫尔德不等式给出了一种求法,的确是很简捷,但是一般中学生并不熟悉赫尔德不等式. 其实用中学生熟悉的平均值不等式也很容易求出这类最小值.

**解** 设 $\lambda$ 为正的待定常数,应用平均值不等式,有

$$f(x)=\frac{4p}{4\sqrt{\sin x}}+\frac{4q}{4\sqrt{\cos x}}+\lambda(\sin^2x+\cos^2x-1)=$$

$$\frac{p}{4\sqrt{\sin x}}+\frac{p}{4\sqrt{\sin x}}+\frac{p}{4\sqrt{\sin x}}+\frac{p}{4\sqrt{\sin x}}+\lambda\sin^2x+$$

$$\frac{q}{4\sqrt{\cos x}}+\frac{q}{4\sqrt{\cos x}}+\frac{q}{4\sqrt{\cos x}}+\frac{q}{4\sqrt{\cos x}}+\lambda\cos^2x-\lambda\geqslant$$

$$5\sqrt[5]{\left(\frac{p}{4\sqrt{\sin x}}\right)^4\cdot\lambda\sin^2x}+5\sqrt[5]{\left(\frac{q}{4\sqrt{\cos x}}\right)^4\cdot\lambda\cos^2x}-\lambda=$$

$$5\sqrt[5]{\lambda\left(\frac{p}{4}\right)^4}+5\sqrt[5]{\lambda\left(\frac{q}{4}\right)^4}-\lambda\ (\text{常数})$$

当且仅当

$$\frac{p}{4\sqrt{\sin x}}=\lambda\sin^2x\ \text{且}\ \frac{q}{4\sqrt{\cos x}}=\lambda\cos^2x\Leftrightarrow\tan x=\left(\frac{p}{q}\right)^{\frac{2}{5}}$$

时,等号成立. 所以,当 $\tan x=\left(\frac{p}{q}\right)^{\frac{2}{5}}$ 时,$f(x)$ 取小值,此时

$$\frac{1}{\cos x}=\sqrt{1+\tan^2x}=\frac{(p^{\frac{4}{5}}+q^{\frac{4}{5}})^{\frac{1}{2}}}{q^{\frac{2}{5}}},\frac{1}{\sin x}=\frac{1}{\cos x\cdot\tan x}=\frac{(p^{\frac{4}{5}}+q^{\frac{4}{5}})^{\frac{1}{2}}}{p^{\frac{2}{5}}}$$

$f(x)$ 的最小值

$$(f(x))_{\min}=p\cdot\frac{(p^{\frac{4}{5}}+q^{\frac{4}{5}})^{\frac{1}{4}}}{p^{\frac{1}{5}}}+q\frac{(p^{\frac{4}{5}}+q^{\frac{4}{5}})^{\frac{1}{4}}}{q^{\frac{1}{5}}}=(p^{\frac{4}{5}}+q^{\frac{4}{5}})^{\frac{5}{4}}$$

用此方法还可以解决更广泛的:

**题 2** 设 $p,q\in\mathbf{R}^{+}$, $m,n\in\mathbf{Z}^{+}$, $x\in\left(0,\frac{\pi}{2}\right)$, 求 $f(x)=\frac{p}{\sin^{\frac{n}{m}}x}+\frac{q}{\cos^{\frac{n}{m}}x}$ 的最小值.

**解** 设 $A,B$ 为待定的正常数,应用平均值不等式,有

$$f(x)=\frac{2mp}{2m\sin^{\frac{n}{m}}x}+\frac{2mq}{2m\cos^{\frac{n}{m}}x}+\lambda n(\sin^2x+\cos^2x-1)=$$

$$\underbrace{\frac{p}{2m\sin^{\frac{n}{m}}x}+\cdots+\frac{p}{2m\sin^{\frac{n}{m}}x}}_{2m\text{个}}+\underbrace{\lambda\sin^2x+\cdots+\lambda\sin^2x}_{n\text{个}}+$$

$$\underbrace{\frac{p}{2m\cos^{\frac{n}{m}}x}+\cdots+\frac{p}{2m\cos^{\frac{n}{m}}x}}_{2m\text{个}}+\underbrace{\lambda\cos^2x+\cdots+\lambda\cos^2x}_{n\text{个}}-\lambda\geqslant$$

$$(2m+n)\left[\left(\frac{p}{2m\sin^{\frac{n}{m}}x}\right)^{2m}(\lambda\sin^2x)^n\right]^{\frac{1}{2m+n}}+$$

$$(2m+n)\left[\left(\frac{q}{2m\cos^{\frac{n}{m}}x}\right)^{2m}(\lambda\cos^2x)^n\right]^{\frac{1}{2m+n}}-\lambda=$$

$$(2m+n)\left[\lambda^n\left(\frac{p}{2m}\right)^{2m}\right]^{\frac{1}{2m+n}}+(2m+n)\left[\lambda^n\left(\frac{q}{2m}\right)^{2m}\right]^{\frac{1}{2m+n}}-\lambda(\text{常数})$$

当且仅当

$$\frac{p}{2m\sin^{\frac{n}{m}}x}=\lambda\sin^2x\text{ 且}\frac{q}{2m\cos^{\frac{n}{m}}x}=\lambda\cos^2x\Leftrightarrow\tan x=\left(\frac{p}{q}\right)^{\frac{m}{n+2m}}$$

时,等号成立.

所以,当 $\tan x=\left(\frac{p}{q}\right)^{\frac{m}{n+2m}}$ 时, $f(x)$ 取最小值,此时

$$\frac{1}{\cos x}=\sqrt{1+\tan^2x}=\frac{(p^{\frac{2m}{n+2m}}+q^{\frac{2m}{n+2m}})^{\frac{1}{2}}}{q^{\frac{m}{n+2m}}}$$

$$\frac{1}{\sin x}=\frac{1}{\cos x\cdot\tan x}=\frac{(p^{\frac{2m}{n+2m}}+q^{\frac{2m}{n+2m}})^{\frac{1}{2}}}{p^{\frac{m}{n+2m}}}$$

$f(x)$ 的最小值为

$$(f(x))_{\min}=p\cdot\frac{(p^{\frac{2m}{n+2m}}+q^{\frac{2m}{n+2m}})^{\frac{1}{2}\cdot\frac{n}{m}}}{p^{\frac{m}{n+2m}\cdot\frac{n}{m}}}+q\cdot\frac{(p^{\frac{2m}{n+2m}}+q^{\frac{2m}{n+2m}})^{\frac{1}{2}\cdot\frac{n}{m}}}{q^{\frac{m}{n+2m}\cdot\frac{n}{m}}}=(p^{\frac{2m}{n+2m}}+q^{\frac{2m}{n+2m}})^{\frac{n+2m}{2m}}$$

## 参考文献

[1] 李胜宏. 平均值不等式与柯西不等式[M]. 华东师大出版社,2005.
[2] 李成章. 巧用赫尔德不等式求最小值[J]. 中等数学,2007(3).

# 迭代.递归及一类函数的周期性

文[1]介绍了求函数迭代式的相似变换并利用迭代的思想方法处理了一些数列问题,本文先探讨函数迭代与递归数列的关系;然后给出求函数迭代式的另一方法——递归法,并利用函数迭代式和递归数列的性质探讨一类函数的周期性问题.

1. 设 $f(x)$ 是定义在 $D$ 上的函数,记

$f^{(0)}(x)=x, f^{(1)}(x)=f(x), \cdots, f^{(n)}(x)=f(f(\cdots f(x)))$,显然有 $f^{(n)}(x)=f(f^{(n-1)}(x))$.

定义数列 $\{a_n\}$,满足:$a_0$ 已知且 $a_0 \in D, a_n=f(a_{n-1})$. 一方面,如果已求得 $f^{(n)}(x)=F(x)$,则 $a_n=f(a_{n-1})=f^{(2)}(a_{n-2})=\cdots=f^{(n)}(a_0)=F(a_0)$,即 $\{a_n\}$ 的通项公式可以求出;

另一方面,如果已求得 $\{a_n\}$ 的通项公式 $a_n=F(a_0)$,则取 $a_0=x, a_n=F(a_0)=F(x)$,而 $a_n=f(a_{n-1})=f^{(2)}(a_{n-2})=\cdots=f^{(n)}(a_0)=f^{(n)}(x)$,从而 $f^{(n)}(x)=F(x)$,即函数迭代式 $f^{(n)}(x)$ 可以求得,由此,得到:

**定理1** 设 $f(x)$ 是定义在 $D$ 上的函数,$f^{(n)}(x)$ 及 $\{a_n\}$ 的定义如前述,则 $f^{(n)}(x)=F(x)$ 的充分且必要条件为 $a_0=F(a_0)$.

2. 应用定理1就可以得到求函数迭代式的一种简捷求法——递归法,即将求函数迭代问题转化为为求一个递归数列的通项公式问题. 只要递归数列的通项公式可求得,相应的函数迭代式也可以求得. 下面举例说明(其中例1 ~ 例5均选自文[1]).

**例1** 设 $f(x)=x+2\sqrt{x}+1$,计算 $f^{(n)}(x)$.

**解** 设 $a_0=x, a_n=f^{(n)}(x)$,则

$$a_n=f(a_{n-1})=a_{n-1}+2\sqrt{a_{n-1}}+1=(\sqrt{a_{n-1}}+1)^2 \Leftrightarrow \sqrt{a_n}=\sqrt{a_{n-1}}+1$$

所以 $\{\sqrt{a_n}\}$ 是首项为 $\sqrt{a_0}$,公差为1的等差数列

$$\sqrt{a_n}=\sqrt{a_0}+n=\sqrt{x}+n, a_n=(\sqrt{x}+n)^2$$

故 $f^{(n)}(x)=(\sqrt{x}+n)^2$.

**例2** 设 $f(x)=x^2+2x$,计算 $f^{(n)}(x)$.

**解** 设 $a_0=x, a_n=f^{(n)}(x)=f(a_{n-1})=a_{n-1}^2+2a_{n-1}$,则

$$a_n+1=(a_{n-1}+1)^2=(a_{n-2}+1)^{2^2}=\cdots=(a_0+1)^{2^n}=(x+1)^{2^n}$$

故 $f^{(n)}(x)=(x+1)^{2^n}-1$.

**例 3** 设$f(x)=\dfrac{x}{\sqrt{x^2+c}}$,计算$f^{(n)}(x)$.

**解** 设$a_0=x,a_n=f^{(n)}(x)=f(a_{n-1})=\dfrac{a_{n-1}}{\sqrt{a_{n-1}^2+c}}$,即$\dfrac{1}{a_n^2}=1+\dfrac{c}{a_{n-1}^2}$,把$n$换成$n-1$,有$\dfrac{1}{a_{n-1}^2}=1+\dfrac{c}{a_{n-2}^2}$,两式相减得

$$\frac{1}{a_n^2}-\frac{1}{a_{n-1}^2}=c\left(\frac{1}{a_{n-1}^2}-\frac{1}{a_{n-2}^2}\right)\Rightarrow\frac{1}{a_n^2}-\frac{1}{a_{n-1}^2}=\left(\frac{1}{a_1^2}-\frac{1}{a_0^2}\right)c^{n-1}$$

即

$$\frac{1}{a_n^2}=\frac{1}{a_0^2}+\sum_{k=1}^{n}\left(\frac{1}{a_k^2}-\frac{1}{a_{k-1}^2}\right)=\frac{1}{a_0^2}+\sum_{k=1}^{n}\left(\frac{1}{a_1^2}-\frac{1}{a_0^2}\right)c^{k-1}=$$

$$\frac{1}{x^2}+\left(\frac{x^2+c}{x^2}-\frac{1}{x^2}\right)\sum_{k=1}^{n}c^{k-1}=\frac{1}{x^2}\left[1+(x^2+c-1)\sum_{k=1}^{n}c^{k-1}\right]$$

所以

$$a_n=\frac{x}{\sqrt{1+(x^2+c-1)\sum_{k=1}^{n}c^{k-1}}},f^{(n)}(x)=\frac{x}{\sqrt{1+(x^2+c-1)\sum_{k=1}^{n}c^{k-1}}}$$

**例 4** 设$f(x)=\dfrac{x+6}{x+2}$,计算$f^{(n)}(x)$.

**解** 设

$$a_0=x,a_n=f^{(n)}(x)=f(a_{n-1})=\frac{a_{n-1}+6}{a_{n-1}+2}$$

引入待定常数$\lambda$

$$a_n-\lambda=\frac{a_{n-1}+6}{a_{n-1}+2}-\lambda=\frac{(1-\lambda)a_{n-1}+6-2\lambda}{a_{n-1}+2}=(1-\lambda)\frac{a_{n-1}+\dfrac{6-2\lambda}{1-\lambda}}{a_{n-1}+2}$$

令$\dfrac{6-2\lambda}{1-\lambda}=\lambda$,其二根$\lambda_1=2,\lambda_2=-3$,代入上式,有

$$a_n-2=(-1)\frac{a_{n-1}-2}{a_{n-1}+2},a_n+2=4\frac{a_{n-1}+3}{a_{n-1}+2}$$

两式相除,得

$$\frac{a_n+3}{a_n-2}=(-4)\frac{a_{n-1}+3}{a_{n-1}-2}$$

于是

$$\frac{a_n+3}{a_n-2}=\frac{a_0+3}{a_0-2}(-4)^n=(-4)^n\frac{x+3}{x-2}$$

解得

$$a_n=\frac{[2\cdot(-4)^n+3]x+6\cdot(-4)^n-1}{[(-4)^n-3]x+3\cdot(-4)^n+2}$$

故

$$f^{(n)}(x)=\frac{[2\cdot(-4)^n+3]x+6\cdot(-4)^n-1}{[(-4)^n-3]x+3\cdot(-4)^n+2}$$

**例 5**　设$f(x)=\sqrt{2+x}$,计算$f^{(n)}(x)$.

**解**　设$a_0=x,a_n=f^{(n)}(x)=f(a_{n-1})=\sqrt{a_{n-1}+2}$,则:

(1) 若$|x|\leqslant 2$,则令$x=2\cos\theta$,取$\theta=\arccos\frac{x}{2}$,则

$$a_0=2\cos\theta,a_1=\sqrt{2+2\cos\theta}=2\cos\frac{\theta}{2},a_2=2\cos\frac{\theta}{2^2}$$

用数学归纳法可证$a_n=2\cos\frac{\theta}{2^n}=2\cos\left(2^n\arccos\frac{x}{2}\right)$. 因此

$$f^{(n)}(x)=2\cos\frac{\theta}{2^n}=2\cos\left(2^n\arccos\frac{x}{2}\right)\ (|x|\leqslant 2)$$

(2) 若$|x|>2$,则令$x=\alpha+\frac{1}{\alpha}$,取$\alpha=\frac{x+\sqrt{x^2-4}}{2}$,则

$$a_0=\alpha+\alpha^{-1},a_1=\alpha^{\frac{1}{2}}+\alpha^{-\frac{1}{2}},a_2=\alpha^{\frac{1}{2^2}}+\alpha^{-\frac{1}{2^2}}$$

用数学归纳法可证

$$a_n=\alpha^{\frac{1}{2^n}}+\alpha^{-\frac{1}{2^n}}=\left(\frac{x+\sqrt{x^2-4}}{2}\right)^{\frac{1}{2^n}}+\left(\frac{x-\sqrt{x^2-4}}{2}\right)^{\frac{1}{2^n}}$$

所以

$$f^{(n)}(x)=\left(\frac{x+\sqrt{x^2-4}}{2}\right)^{\frac{1}{2^n}}+\left(\frac{x-\sqrt{x^2-4}}{2}\right)^{\frac{1}{2^n}}(|x|>2)$$

故

$$f^{(n)}(x)=\begin{cases}2\cos\left(2^n\arccos\frac{x}{2}\right)\ (|x|\leqslant 2)\\ \left(\frac{x+\sqrt{x^2-4}}{2}\right)^{\frac{1}{2^n}}+\left(\frac{x-\sqrt{x^2-4}}{2}\right)^{\frac{1}{2^n}}(|x|>2)\end{cases}$$

3. 对于数列$\{a_n\}$若满足$a_m=a_0$,则称数列$\{a_n\}$为周期数列,这时相应的函数$F(x)$有$F^{(m)}(x)\equiv x$,满足这一条件的函数$F(x)$导出的一类函数方程的解为周期函数,我们有:

**定理 2**　设$\lambda$为非零常数,函数$f(x)$满足$f(x+\lambda)=F(f(x))$,其中$F(x)$是已知函数且满足$F^{(m)}(x)\equiv x(m\in\mathbf{N},m\geqslant 1)$,则$f(x)$为周期函数,且$m\lambda$为其的一个周期.

**证明**　因为

$$\begin{aligned} f(x+m\lambda)=&f(x+(m-1)\lambda+\lambda)=\\ &F(f(x+(m-1)\lambda))=\\ &F(F(f(x+(m-2)\lambda)))=\cdots=\\ &F^{(m)}(f(x+(m-m)\lambda))=\\ &F^{(m)}(f(x))=f(x) \end{aligned}$$

所以,$f(x)$ 是周期函数,且 $m\lambda$ 为其的一个周期.

**例6** 取 $F(x)=\sqrt{\frac{1}{4}-\left(x-\frac{1}{2}\right)^2}+\frac{1}{2}\left(0\leqslant x-\frac{1}{2}\leqslant\frac{1}{2}\right)$ 容易验证, $F^{(2)}(x)\equiv x\left(\frac{1}{2}\leqslant x\leqslant 1\right)$,由定理2得:

**问题1** 设 $\lambda$ 为非零常数,函数 $f(x)$ 满足

$$f(x+\lambda)=\sqrt{f(x)-[f(x)]^2}+\frac{1}{2}$$

则 $f(x)$ 是周期函数.

这就是第10届IMO中的第五题.

要判定 $F^{(m)}(x)\equiv x$ 是否成立,一般来说不大容易,但对于 $m=2$ 的情形,则不太难,因为当 $m=2$ 时,$F^{(m)}(x)\equiv x$ 的充要条件是 $F(x)=F^{-1}(x)$,即 $F(x)$ 与其反函数相同,在常见的初等函数中,下列几种函数与其反函数相同:

(1) $y=x, y=-x+b$;

(2) $y=\frac{ax+b}{cx-a}(a^2+bc\neq 0)$;

(3) $y=\sqrt[2k]{-(x-c)^{2k}+b}+c(0\leqslant x-c\leqslant\sqrt[2k]{b}, b>0)$,

$y=-\sqrt[2k]{-(x-c)^{2k}+b}+c(-\sqrt[2k]{b}\leqslant x-c\leqslant 0, b>0)$,

$y=\sqrt[2k+1]{-(x-c)^{2k+}+b}+c(-\infty\leqslant x-c\leqslant+\infty, b\neq 0)$,

其中 $k\in\mathbf{N}, n>1$;

(4) $y=\sqrt[n]{\frac{a(x-c)^n+b}{e(x-c)^n-a}}+c(n\in\mathbf{N}, n\geqslant 2, a^2+be\neq 0)$,

$y=-\sqrt[n]{\frac{a(x-c)^n+b}{e(x-c)^n-a}}+c(n\in\mathbf{N}, n\geqslant 2, a^2+be\neq 0)$.

取 $F(x)$ 为这些函数中的任何一个都可以构造出类似于第10届IMO第五题的题目,如:

**例7** 取 $F(x)=\frac{ax+b}{cx-a}(a^2+bc\neq 0)$,则由定理2,有:

**问题2** 设 $\lambda$ 为非零常数,$f(x)$ 满足

$$f(x+\lambda)=\frac{af(x)+b}{cf(x)-a}(a^2+bc\neq 0)$$

则 $f(x)$ 为周期函数.

**例 8**　取 $F(x)=\sqrt[2k]{-(x-c)^{2k}+b}+c(0\leqslant x-c\leqslant\sqrt[2k]{b},b>0,k\in\mathbf{N},k\geqslant 1)$,则有:

**问题 3**　设 $\lambda$ 为非零常数,$f(x)$ 满足

$$f(x+\lambda)=F(x)=\sqrt[2k]{-(f(x)-c)^{2k}+b}+c(b>0,k\in\mathbf{N},k\geqslant 1)$$

则 $f(x)$ 为周期函数.

在问题 3 中取 $k=1,c=\frac{1}{2},b=\frac{1}{4}$,即得第 10 届 IMO 第五题,可见此题是其推广.

前面已指出,要判定 $F^{(m)}(x)\equiv x$ 是否成立,一般是比较困难的,由定理 1 即得:

**定理 3**　设 $a_0=x,a_n=F^{(n)}(x)$,则 $F^{(m)}(x)\equiv x$ 的充要条件是数列 $\{a_n\}$ 是周期数列且周期为 $m$.

利用这一定理就可以把判定 $F^{(m)}(x)\equiv x$ 的问题转化为判定数列 $\{a_n\}$ 是周期性问题,当然一般情形也不易解决,对于分式线性数列 $\{a_n\}$

$$a_{n+1}=\frac{aa_n+b}{ca_n+d}(ad\neq bc,a,b,c,d\text{ 为实常数})\tag{1}$$

我们有:

**引理**　由 $x_1=\beta$ 及(3) 所确定的无穷数列 $\{a_n\}$,$\Delta$ 为其特征方程 $x=\frac{ax+b}{cx+d}\Leftrightarrow cx^2+(d-a)x-b=0$ 的判别式,$\alpha,\beta$ 为其二根,则:

当 $\Delta>0$ 时,数列 $\{a_n\}$ 为周期数列的充要条件是 $d=-a$,此时周期是 2;

当 $\Delta<0$ 时,数列 $\{a_n\}$ 为周期数列的充要条件是 $\arg\frac{a-c\alpha}{a-c\beta}=\frac{2r\pi}{m}(r,m\in\mathbf{N},0<r<m)$,此时周期是 $m$;

当 $\Delta=0$ 时,数列 $\{a_n\}$ 不是周期数列.

由此即得:

**定理 4**　设 $\lambda$ 为非零常数,$f(x)$ 满足

$$f(x+\lambda)=\frac{af(x)+b}{cf(x)+d}(ad\neq bc,a,b,c,d\text{ 为实常数})\tag{2}$$

$\alpha,\beta$ 为方程 $z=\frac{az+b}{cz+d}$ 的两根.

(1) 当 $d=-a$ 时,则 $f(x)$ 是以 $2\lambda$ 为周期的周期函数;

(2) 若 $\alpha,\beta$ 为虚数且 $\arg\frac{a-c\alpha}{a-c\beta}=\frac{2r\pi}{m}(r,m\in\mathbf{N},0<r<m)$,则 $f(x)$ 是以 $m\lambda$ 为周期的周期函数.

**例 9** 设 $\lambda$ 为非零常数, $f(x)$ 满足

$$f(x+\lambda)=\frac{1+f(x)}{1-f(x)}$$

则 $f(x)$ 为周期函数.

**证明** 方程 $x=\frac{1+x}{1-x}$ 的两根 $\alpha=\mathrm{i},\beta=-\mathrm{i},\arg\frac{a-c\alpha}{a-c\beta}=\arg\frac{1+\mathrm{i}}{1-\mathrm{i}}=\arg\mathrm{i}=\frac{\pi}{2}=\frac{2\pi}{4}$, 由定理 4 知, $f(x)$ 是以 $4\lambda$ 为周期的周期函数.

**例 10** 设 $\lambda$ 为非零常数, $f(x)$ 满足

$$f(x+\lambda)=\frac{\sqrt{3}+f(x)}{1-\sqrt{3}f(x)}$$

则 $f(x)$ 为周期函数.

**证明** 方程 $x=\frac{\sqrt{3}+x}{1-\sqrt{3}x}$ 的两根 $\alpha=\mathrm{i},\beta=-\mathrm{i},\arg\frac{a-c\alpha}{a-c\beta}=\arg\frac{1+\sqrt{3}\mathrm{i}}{1-\sqrt{3}\mathrm{i}}=\arg\left(-\frac{1}{2}+\frac{\sqrt{3}}{2}\mathrm{i}\right)=\frac{2\pi}{3}$, 由定理 4 知, $f(x)$ 是以 $3\lambda$ 为周期的周期函数.

4. 关于函数方程的解为周期函数,还有如下一类问题:

(1) 若函数 $f(x)$ 满足

$$f(x+1)=f(x)-f(x-1) \tag{3}$$

则 $f(x)$ 为周期函数,且周期为 6.

(2) 若函数 $f(x)$ 满足

$$f(x+1)=\sqrt{2}f(x)-f(x-1) \tag{4}$$

则 $f(x)$ 为周期函数,且周期为 8.

(3) 若函数 $f(x)$ 满足

$$f(x+1)=\sqrt{3}f(x)-f(x-1) \tag{5}$$

则 $f(x)$ 为周期函数,且周期为 12.

(4) 若函数 $f(x)$ 满足

$$f(x+1)=\frac{\sqrt{5}+1}{2}f(x)-f(x-1) \tag{6}$$

则 $f(x)$ 为周期函数,且周期为 10.

这就启发我们探讨满足 $f(x+1)=af(x)+bf(x-1)$ 的函数 $f(x)$ 为周期函数的充要条件.

注意到式(3) ~ (6) 中 $f(x)$ 前面的系数分别为

$$1=2\cos\frac{2\pi}{6},\sqrt{2}=2\cos\frac{2\pi}{8},\sqrt{3}=2\cos\frac{2\pi}{12},\frac{\sqrt{5}+1}{2}=2\cos\frac{2\pi}{10}$$

我们有：

**猜想1** 设 $a,b$ 为常数，且 $b \neq 0$，函数 $f(x)$ 满足

$$f(x+1) = af(x) + bf(x-1) \tag{7}$$

则 $f(x)$ 为周期函数的充要条件为 $b=-1$ 且 $a=2\cos\frac{2k\pi}{m}(k,m\in\mathbf{N},0<k<m)$，此时周期为 $m$.

这一猜想的必须性是正确的；充分性笔者尚未得到合适的初等证法.

更一般的，我们有：

**猜想2** 设 $\lambda$ 为非零常数，$a,b$ 为常数，且 $b \neq 0$，函数 $f(x)$ 满足

$$f(x+\lambda) = af(x) + bf(x-\lambda) \tag{8}$$

则 $f(x)$ 为周期函数的充要条件为 $b=-1$ 且 $a=2\cos\frac{2k\pi}{m}(k,m\in\mathbf{N},0<k<m)$，此时周期为 $m\lambda$.

## 参考文献


[1] 井中. 迭代 —— 数学竞赛待开发的矿点之一：《数学竞赛》(1)[M]. 长沙：湖南教育出版社，1991.

# 分组数列及其应用

## 1　分组数列

把一个数列$\{a_n\}$按照一定规律进行分组,得到的就是原数列的分组数列,也叫分群数列或群数列.

例如将正整数数列依次按第1组1个,第2组2个,…,第$k$组$k$个的规律分组得到分组数列:(1),(2,3),(4,5,6),(7,8,9,10),…;又如将数列$\{a_n\}$按第1组1个,第2组3个,…,第$k$组$2k-1$个的规律分组得到分组数列:$(a_1)$,$(a_2,a_3,a_4)$,$(a_5,a_6,a_7,a_8,a_9)$,….

分组数列的基本问题是确实原数列的某一项属于分组数列的哪一组的第几个数,若设原数列$\{a_n\}$的第$n$项$a_n$是分组数列的第$k$组的第$m$个数,找出$n$与$k$的关系是解此类问题的关键,为此需要根据分组规律确定前$k-1$组的项数,建立$n$与$k$的不等式,通过解不等式及$n,k$为正整数求出$n$或$k$.

下文中需用到高斯函数$[x]$,它表示不超过$x$的最大整数.

**例1**　将正整数数列依次按第1组1个,第2组2个,…,第$k$组$k$个的规律分组:(1),(2,3),(4,5,6),(7,8,9,10),…,问2 004位于第几组第几号?

**解**　我们解决更一般的问题:正整数$n$位于第几组第几号?

设正整数$n$位于第$k$组,则前$k-1$组共有$1+2+3+\cdots+(k-1)=\frac{k(k-1)}{2}$项,当$\frac{k(k-1)}{2}+1\leqslant n<\frac{k(k+1)}{2}+1$时,$n$是第$k$组的第$n-\frac{k(k-1)}{2}$个数,因

$$\begin{cases}k^2-k+2-2n\leqslant 0\\ k^2+k+2-2n>0\end{cases}\Leftrightarrow \frac{-1+\sqrt{8n-7}}{2}<k\leqslant\frac{1+\sqrt{8n-7}}{2}$$

注意到$k\in\mathbf{N}^*$且$\frac{1+\sqrt{8n-7}}{2}-\frac{-1+\sqrt{8n-7}}{2}=1$,所以

$$k=\left[\frac{1+\sqrt{8n-7}}{2}\right]$$

因此,正整数$n$是第$k$组的第$n-\frac{k(k-1)}{2}$个数,其中$k=\left[\frac{1+\sqrt{8n-7}}{2}\right]$.

当$n=2\ 004$时,$k=63$,$n-\frac{k(k-1)}{2}=51$,即2 004位于第63组第51个数.

**例2** (1991,全国高中联赛)将正奇数集合$\{1,3,5,\cdots\}$由小到大按第$k$组有$2k-1$个数进行分组:(1),(3,5,7),(9,11,13,15,17),…. 则1 991位于第________组.

**解** 设正奇数$n$位于第$k$组,则前$k-1$组共有$1+3+5+\cdots+(2k-3)=(k-1)^2$项,则

$$(k-1)^2+1\leqslant n<(k+1)^2+1$$

注意到$k>0$,解之得$\sqrt{n-1}<k\leqslant\sqrt{n-1}+1$,由$k\in\mathbf{Z}^+$且$\sqrt{n-1}+1-\sqrt{n-1}=1$,知

$$k=[\sqrt{n-1}+1]=[\sqrt{n-1}]+1$$

特别地,当$n=1\ 991$时,$k=45$,即1 991位于第45组.

**例3** 设等差数列$\{a_n\}$的首项为$a_1$,公差为$d$,$\{a_n\}$按第$k$组$3k$个的法则分组如下

$$(a_1,a_2,a_3),(a_4,a_5,a_6,a_7,a_8,a_9),(a_{10},\cdots,a_{18}),\cdots$$

试问$a_n$是第几组的第几个数,并求出$a_n$所在那组的各项和.

**解** 设$a_n$位于第$k$组,则前$k-1$组共有$3+6+9+\cdots+3(k-1)=\frac{3k(k-1)}{2}$项,因为

$$\frac{3k(k-1)}{2}+1\leqslant n<\frac{3k(k-1)}{2}+3k+1\Leftrightarrow$$

$$\begin{cases}3k^2-3k+2-2n\leqslant 0\\3k^2+3k+2-2n>0\end{cases}\Leftrightarrow$$

$$-\frac{1}{2}+\frac{\sqrt{24n-15}}{6}<k\leqslant\frac{1}{2}+\frac{\sqrt{24n-15}}{6}$$

由$k\in\mathbf{N}^*$且$\frac{1}{2}+\frac{\sqrt{24n-15}}{6}-\left(-\frac{1}{2}+\frac{\sqrt{24n-15}}{6}\right)=1$,有

$$k=\left[\frac{1}{2}+\frac{\sqrt{24n-15}}{6}\right]$$

因此,$a_n$是第$k$组的第$n-\frac{3k(k-1)}{2}$个数,其中$k=\left[\frac{1}{2}+\frac{\sqrt{24n-15}}{6}\right]$.

因为第$k$组是以$a_{\frac{3k(k-1)}{2}+1}=a_1+\frac{3k(k-1)}{2}d$为首项,$d$为公差,共有$3k$的等差数列,因而其所有项的和等于$k[a_1+\frac{3k(k-1)}{2}d]+\frac{3k(3k-1)}{2}d=ka_1+\frac{3k(k^2+2k-1)d}{2}$,其中$k=\left[\frac{1}{2}+\frac{\sqrt{24n-15}}{6}\right]$.

分组数列问题有时以数表的形式出现,这时只要将其转化为分组数列问题即可解决.

**例4** (2003,全国高考(理科))设$\{a_n\}$是集合$\{2^s+2^t \mid 0\leqslant s<t$且$s,t\in \mathbf{Z}\}$中所有的数从小到大排列成的数列,即$a_1=3,a_2=5,a_3=6,a_4=9,a_5=10,a_6=12,\cdots$

将数列$\{a_n\}$各项按照上小下大,左小右大的原则写成如下的三角形数表

$$\begin{array}{c} 3 \\ 5 \quad 6 \\ 9 \quad 10 \quad 12 \\ — \quad — \quad — \quad — \\ \cdots \end{array}$$

(1) 写出这个三角形数表的第四行、第五行各数;

(2) 求$a_{100}$.

**解** 将上述三角形表排成直角三角形数表

$a_1=2^0+2^1$

$a_2=2^0+2^2,a_3=2^1+2^2$

$a_4=2^0+2^3,a_5=2^1+2^3,a_6=2^2+2^3$

$a_7=2^0+2^4,a_8=2^1+2^4,a_9=2^2+2^4,a_{10}=2^3+2^4$

$a_{11}=2^0+2^5,a_{12}=2^1+2^5,a_{13}=2^2+2^5,a_{14}=2^3+2^5,a_{15}=2^4+2^5$

$\cdots$

因此,第四行17 18 20 24,第五行33 34 36 40 48.

注意到指数$f(x)=2^x$是增函数,且$2^0+2^{k+1}>2^{k-1}+2^k(k\in \mathbf{N}^*)$,那么第$k$行为

$$2^0+2^k,2^1+2^k,2^2+2^k,\cdots,2^{k-1}+2^k$$

设$a_{100}$位于第$k$行,由$a_{\frac{k(k-1)}{2}+i}=2^{i-1}+2^k$,则当$\frac{k(k-1)}{2}+1\leqslant 100<\frac{k(k+1)}{2}+1$时

$$a_{100}=2^{100-1-\frac{k(k+1)}{2}}+2^k$$

而

$$\frac{k(k-1)}{2}+1\leqslant 100<\frac{k(k+1)}{2}+1\Leftrightarrow\begin{cases}k^2-k-198\leqslant 0\\ k^2+k-198>0\end{cases}\Leftrightarrow$$

$$\frac{-1+\sqrt{793}}{2}<k\leqslant\frac{1+\sqrt{793}}{2}$$

由$k\in \mathbf{N}^*$,知$k=14$,故$a_{100}=2^{14}+2^8=16\ 640$.

**例5** （《数学通报》2002年第2期的问题1 360）数列$\{a_n\}$满足:$a_1=1$,$a_{n+1}=a_n+\frac{1}{[a_n]}$,其中$[a_n]$表示不超过$a_n$的最大整数,求数列$\{a_n\}$通项公式.

**注** 本题是作者2002年编拟的一个题目,表面上看似乎与分组数列无关,但是如果我们写出数列的前几项并排成直角三角形数表,就发现与例4类似

$$a_1=\frac{0}{1}+1$$

$$a_2=\frac{0}{2}+2,a_3=2+\frac{1}{2}$$

$$a_4=\frac{0}{3}+3,a_5=\frac{1}{3}+3a_6=\frac{2}{3}+3$$

$$a_7=\frac{0}{4}+4,a_8=\frac{1}{4}+4,a_9=\frac{2}{4}+4,a_{10}=\frac{3}{4}+4$$

$$\cdots$$

用数学归纳法可以证明,第$k$行为

$$a_{\frac{k(k-1)}{2}+1}=\frac{0}{k}+k,a_{\frac{k(k-1)}{2}+2}=\frac{1}{k}+k,\cdots,a_{\frac{k(k-1)}{2}+k}=\frac{k-1}{k}+k$$

设$a_n$位于第$k$行,按例4的解法可求出$k=\left[\frac{1+\sqrt{8n-7}}{2}\right]$,因而

$$a_n=\frac{n-\frac{k(k-1)}{2}-1}{k}+k=\frac{n-1}{k}+\frac{k+1}{2}$$

其中$k=\left[\frac{1+\sqrt{8n-7}}{2}\right]$.

例4,例5可以统一推广为:

**命题** 设函数$f(s,t)$对任意的$k\in\mathbf{N}^+$,满足

$$f(i,k)<f(i+1,k),f(k-1,k)<f(0,k+1)(i=0,1,2,\cdots,k-1)$$

$\{a_n\}$是集合$M=\{f(s,t)\mid 0\leqslant s<t,s,t\in\mathbf{N}\}$中的所有数从小到大排列而成的数列,则

$$a_n=f\left(n-1-\frac{k(k+1)}{2},k\right),k=\left[\frac{1+\sqrt{8n-7}}{2}\right]$$

**例6** （1998,希望杯邀请赛）下表是一个向右和向下方可以无限延伸的棋盘,横排为行,竖排为列.将正整数按已填好的4×4个方格的数字显现的规律填入方格中.

（1）求位于第3行第8列的方格内的数.

（2）数字321在哪一方格内?

（3）写出位于左上角向右下角的对角线上的方格内的数字组成的数列的

通项公式.

(4) 求(3) 中数列的前 $n$ 项和 $S_n$.

| 1 | 2 | 4 | 7 | | |
|---|---|---|---|---|---|
| 3 | 5 | 8 | 12 | | |
| 6 | 9 | 13 | 18 | | |
| 10 | 14 | 19 | 25 | | |
| | | | | $a_{ij}$ | |
| | | | | | |

**解** 按右上至左下方向斜向分组:(1),(2,3),(4,5,6),…,第 $k$ 组有 $k$ 个数,该组第一个数所在的列即为第 $k$ 列,前 $k-1$ 组共有 $1+2+3+\cdots+(k-1)=\frac{k(k-1)}{2}$ 个数.

设第 $i$ 行第 $j$ 列的数为 $a_{ij}$ 在第 $k$ 组,从 $a_{ij}$ 开始,按箭头方向每上升一个数,列 $j$ 就增加 1 个数,上升 $i-1$ 个数,就得到该组的第一个数,故 $k=j+i-1$,$a_{ij}$ 是第 $j+i-1$ 组的第 $i$ 个数,等于第 $j+i-2$ 组的最后一个数加上 $i$,即

$$a_{ij}=\frac{(i+j-2)(i+j-1)}{2}+i \qquad (*)$$

(1) 将 $i=3$,$j=8$ 代入式($*$)得位于第 3 行第 8 列的方格内的数为 48.

(2) 设 321 在第 $k$ 组,则 $\frac{k(k-1)}{2}+1\leqslant 321<\frac{k(k+1)}{2}+1$,解之 $k=25$,则

$$\begin{cases}j+i-1=25\\ a_{ij}=\frac{(i+j-2)(i+j-1)}{2}+i=321\end{cases}\Leftrightarrow\begin{cases}i=21\\ j=5\end{cases}$$

故 321 位于第 21 行第 5 列.

(3) 设满足条件的数列为 $\{b_n\}$:$b_n$ 为第 $2n-1$ 组的中间一个数,此组的第一个为 $\frac{(2n-1)(2n-2)}{2}+1$,最后一个数为 $\frac{(2n-1)(2n-2)}{2}+n$,$b_n$ 为二者的等差中项,所以 $b_n=2n^2-2n+1$.

(4) $S_n=2(1^2+2^2+\cdots+n^2)-2(1+2+\cdots+n)+n=\frac{n(2n^2+1)}{3}$.

## 2 分组数在解题应用举例

**例 7** (2003,全国高中联赛) 删去正整数数列 1,2,3,… 中的所有完全平方数,得到一个新数列 $\{a_n\}$. 则 $\{a_n\}$ 的第 2 003 项是(　　).

(A)2 046　　(B)2 047　　(C)2 048　　(D)2 049

**解**　我们解决更一般的问题,求出新数列$\{a_n\}$的通项公式.

由$(k+1)^2-k^2-1=2k,k\in\mathbf{Z}^+$,知正整数数列1,2,3,…中,$k^2$与$(k+1)^2$之间有$2k$个数,它们均为$\{a_n\}$的项,所有这些数从小到大构成数列$\{a_n\}$,因此把数列$\{a_n\}$分组

$(2,3),(5,6,7,8),(10,11,12,13,14,15),\cdots,(k^2+1,k^2+2,\cdots,k^2+2k),\cdots$
其中第$k$组有$2k$个数.

设$a_n$在第$k$组,则$a_n=k^2+n-[2+4+\cdots+2(k-1)]=n+k$,并且

$$[2+4+\cdots+2(k-1)]+1\leqslant n<[2+4+\cdots+2(k-1)+2k]+1\Leftrightarrow$$

$$k(k-1)+1\leqslant n<k(k+1)+1\Leftrightarrow$$

$$\begin{cases}k^2-k+1-n\leqslant 0\\ k^2+k+1-n>0\end{cases}\Leftrightarrow-\frac{1}{2}+\sqrt{n}<k\leqslant\frac{1}{2}+\sqrt{n}$$

由$k\in\mathbf{Z}^+$且,$\frac{1}{2}+\sqrt{n}-\left(-\frac{1}{2}+\sqrt{n}\right)=1$,有$k=\left[\frac{1}{2}+\sqrt{n}\right]$.

故$a_n=n+\left[\frac{1}{2}+\sqrt{n}\right]$.

特别地,当$n=2\ 003$时,$a_{2\ 003}=2\ 003+\left[\sqrt{2\ 003}+\frac{1}{2}\right]=2\ 048$.

**注**　此题曾以不同形式在各类数学竞赛中出现,如:

(1)第27届普特南数学竞赛试题A-4题:求证:在正整数数列中删去所有完全平方数后,第$n$项等于$n+(n)$,其中$(n)$表示最接近$\sqrt{n}$的整数.

(2)1992年圣彼得堡选拔试题(九～十年级):证明,如果正整数$A$不是完全平方数,则可找到正整数$n$,使$A=\left[n+\sqrt{n}+\frac{1}{2}\right]$.

**例8**　(1980,美国数学竞赛)在正奇数非减数列$\{1,3,3,5,5,5,5,5,\cdots\}$中每个正奇数$k$出现$k$次,已知有整数$b,c,d$存在,对所有的整数$n$满足$a_n=b[\sqrt{n+c}]+d$,其中$[x]$表示不超过$x$的最大整数,$b+c+d$等于(　　).

(A)0　　(B)1　　(C)2　　(D)3　　(E)4

**解**　将数列$\{1,3,3,3,5,5,5,5,5,\cdots\}$分组

$$(1),(3,3,3),(5,5,5,5,5),\cdots,(2k-1,2k-1,\cdots,2k-1),\cdots$$
其中第$k$组为$k$个$2k-1$.

设$a_n$在第$k$组,则$a_n=2k-1$,并且

$$1+3+\cdots+(2k-3)+1\leqslant n<1+3+\cdots+(2k-1)+1\Leftrightarrow$$

$$(k-1)^2+1\leqslant n<(k+1)^2+1\Leftrightarrow\sqrt{n-1}<k\leqslant\sqrt{n-1}+1$$

由$k\in\mathbf{Z}^+$,$\sqrt{n-1}+1-\sqrt{n-1}=1$,得$k=[\sqrt{n-1}+1]=[\sqrt{n-1}]+$

1,则

$$a_n = 2k - 1 = 2([\sqrt{n-1}] + 1) - 1 = 2[\sqrt{n-1}] + 1$$

所以 $a = 2, b = -1, c = 1, b + c + d = 2 + (-1) + 1 = 2$.

**注** 此题曾作为1989年理科试验班数学复试题.1981年奥地利数学竞赛中第二试第一题为将此题的另一形式:"$\{a_1, a_2, \cdots\} = \{1,3,3,3,5,5,5,5,5,\cdots\}$,即每个奇数 $k$ 出现 $k$ 次,证明:存在整数 $b,c,d$,使 $a_n = b[\sqrt{n+c}] + d$ $(n \geqslant 1)$,而且只能有一组 $b,c,d$ 的值满足上式".

**例9** (1988,第29届IMO候选题)若 $n$ 历遍所有正整数,证明:$f(n) = n + \left[\sqrt{\frac{n}{3}} + \frac{1}{2}\right]$ 历遍所有正整数,但数列 $a_n = 3n^2 - 2n$ 的项除外.

**解** 设正整数列除去数列 $\{a_n\}$ 的所有项后从小到大构成数列 $\{b_n\}$,只需证明

$$b_n = f(n) = n + \left[\sqrt{\frac{n}{3}} + \frac{1}{2}\right]$$

由 $a_1 = 1, a_{k+1} - a_k - 1 = 6k, k \in \mathbf{Z}^+$,知在正整数数列 $1,2,3,\cdots$ 中,$a_k$ 与 $a_{k+1}$ 之间有 $6k$ 个数,它们均为 $\{b_n\}$ 的项,所有这些数从小到大构成数列 $\{b_n\}$,因此把数列 $\{b_n\}$ 分组

$$(2,3,4,5,6,7),(9,10,\cdots,20),\cdots$$
$$(3k^2 - 2k + 1, 3k^2 - 2k + 2, \cdots, 3k^2 - 2k + 6k),\cdots$$

其中第 $k$ 组有 $6k$ 个数.

设 $b_n$ 在第 $k$ 组,则前 $k-1$ 组共有 $6 + 12 + \cdots + 6(k-1) = 3k^2 - 3k$ 项,则

$$b_n = 3k^2 - 2k + n - (3k^2 - 3k) = n + k$$

并且 $k$ 为满足 $3k^2 - 3k + 1 \leqslant n$ 的最大整数.

由 $3k^2 - 3k + 1 \leqslant n$,有 $3k^2 - 3k + \frac{3}{4} \leqslant n$,解之得 $0 < k \leqslant \frac{1}{2} + \sqrt{\frac{1}{3}n}$,所以 $k = \left[\frac{1}{2} + \sqrt{\frac{1}{3}n}\right]$.

故 $b_n = n + \left[\frac{1}{2} + \sqrt{\frac{1}{3}n}\right]$,因此原题结论成立.

## 练习题

1. 设数列 $\{a_n\} = \{1,2,2,3,3,3,\cdots,k,k,\cdots,k,\cdots\}$,其中每个正整数 $k$ 出现 $k$ 次,求 $\{a_n\}$ 的通项公式及前 $n$ 项和 $S_n$.

答案:$a_n = \left[\frac{1 + \sqrt{8n-7}}{2}\right]$,$S_n = kn - \frac{1}{6}k(k+1)(k-1)$,$k =$

$\left[\dfrac{1+\sqrt{8n-7}}{2}\right]$.

2. 数列1,1,2,2,2,2,2,…,$k$,$k$,…,$k$,…,其中每个正整数$k$出现$3k-1$次,此数列的第2 004项是________.(答案37)

3. 已知数列$\frac{1}{1},\frac{2}{1},\frac{1}{2},\frac{3}{1},\frac{2}{2},\frac{1}{3},\frac{4}{1},\frac{3}{2},\frac{2}{3},\frac{1}{4},\cdots,\frac{n}{m}$是此数列的第几项.

答案:第$\frac{(m+n-1)(m+n)}{2}-n+1$项.

4. 把正奇数按下表排列,并把第$i$行第$j$列记作$a_{ij}$.

| 1 | 3 | 7 | 13 | 21 | 31 | |
|---|---|---|---|---|---|---|
| 5 | 9 | 15 | 23 | | | |
| 11 | 17 | 25 | | | | |
| 19 | 27 | | | | | |
| 29 | | | | | | |
| | | | | | | |

(1) 求满足$i+j=n+1(n\in\mathbf{N}^*)$的所有$a_{ij}$的和;

(2) 求满足$i+j\leqslant n+1(n\in\mathbf{N}^*)$的所有$a_{ij}$的和;

(3) 如果$a_{ij}=2\ 005$,求$i,j$.

(答案:(1)$n^3$;(2)$\left[\frac{n(n+1)}{2}\right]^2$;(3)$i=13,j=23$)

5. 正整数除去数列$\{2n^2-n\}(n\in\mathbf{N}^*)$的所有项由小到大依次构成数列$\{a_n\}$,试求$\{a_n\}$的通项公式.

# 牛顿公式的推广及其应用

**牛顿公式** 设$f(x)=x^n+a_1x^{n-1}+\cdots+a_{n-1}x+a_n$，$x_i(i=1,2,\cdots,n)$为$f(x)=0$的根，$s_k=x_1^k+x_2^k+\cdots+x_n^k(k=1,2,\cdots)$，则

$$s_k=-a_1s_{k-1}-a_2s_{k-2}-\cdots-a_{k-1}s_1-ka_k(k\leqslant n) \quad (1)$$

$$s_k=-a_1s_{k-1}-a_2s_{k-2}-\cdots-a_{n-1}s_{k-n+1}-a_{k-n}(k>n) \quad (2)$$

本文首先推广牛顿公式(2)，然后应用推广公式来解决一些涉及$n$次方程的根的同次幂的线性组合的问题，题目大都选自近年各类数学奥林匹克.

**命题** 设$x_i(i=1,2,\cdots,n)$是一元$k$次方程$x^n+a_1x^{n-1}+\cdots+a_{n-1}x+a_n=0$的$k$个根，$A_i(i=1,2,\cdots,n)$为常数，$s_k=A_1x_1^k+A_2x_2^k+\cdots+A_nx_n^k$，则当$k\geqslant n$时，有

$$s_k=-a_1s_{k-1}-a_2s_{k-2}-\cdots-a_{n-1}s_{k-n+1}-a_{k-n} \quad (3)$$

**注记** 当$A_i=1(i=1,2,\cdots,n)$时，由式(3)即得式(2). 式(3)即为方程式之根的$n$次方的线性组合的递推公式.

**证明** 由题设，有$x_1^n+a_1x_1^{n-1}+\cdots+a_{n-1}x_1+a_n=0$，两边同乘$A_1x_1^{k-n}$，有

$$A_1x_1^k+a_1A_1x_1^{k-1}+\cdots+a_{n-1}A_1x_1^{k-n+1}+a_nA_1x_1^{k-n}=0$$

同理，有

$$A_2x_2^k+a_1A_2x_2^{k-1}+\cdots+a_{n-1}A_2x_2^{k-n+1}+a_nA_2x_2^{k-n}=0$$

$$\vdots$$

$$A_nx_n^k+a_1A_nx_n^{k-1}+\cdots+a_{n-1}A_nx_n^{k-n+1}+a_nA_nx_n^{k-n}=0$$

将这$n$个式子相加即得式(3).

特别地，当$n=2$时，应用韦达定理及式(3)易得：

**推论** 设$s_n=A\alpha^n+B\beta^n(n\in\mathbf{N},\alpha,\beta,A,B$为常数)，则

$$s_n=(\alpha+\beta)s_{n-1}-\alpha\beta s_{n-2}(n\geqslant 2)$$

## 1 求 值

**例1** 若实数$a,b,x,y$满足$ax+by=3$，$ax^2+by^2=7$，$ax^3+by^3=16$，$ax^4+by^4=42$，求$ax^5+by^5$的值.

**解** 设$x,y$是$t^2+pt+q=0$的根，$T_n=ax^n+by^n$，则由式(3)有$T_n=-pT_{n-1}-qT_{n-2}$，所以，$T_3=-pT_2-qT_1$，$T_4=-pT_3-qT_2$，即$16=-7p-3q$，$42=-16p-7q$，解之$p=14$，$q=38$，故$T_5=-pT_4-qT_3=-14\times 42-(-38)\times 16=20$，即$ax^5+by^5=20$.

**例2** 设 $a,b,c$ 满足 $a+b+c=1, a^2+b^2+c^2=2, a^3+b^3+c^3=3$，求 $a^4+b^4+c^4$ 的值.

**解** 设 $a,b,c$ 是 $f(t)=t^3+a_1t^2+a_2t+a_3$ 的三个根，$T_n=a^n+b^n+c^n$，则

$$T_0=3,\ T_1=a+b+c=-a_1=1 \Leftrightarrow a_1=-1$$

$$T_2=a^2+b^2+c^2=(a+b+c)^2-2(ab+bc+ca)=1-2a_2=2 \Leftrightarrow a_2=-\frac{1}{2}$$

由式(3)，当 $n \geqslant 3$ 时，$T_n=a_1T_{n-1}+a_2T_{n-2}+a_3T_{n-3}$，所以

$$T_3=-a_1T_2-a_2T_1-a_3T_0=\frac{5}{2}-3a_3=3 \Rightarrow a_3=-\frac{1}{6}$$

$$T_4=-a_1T_3-a_2T_2-a_3T_1=\frac{25}{6}$$

故 $a^4+b^4+c^4=\frac{25}{6}$.

## 2 证明恒等式

**例3** 设 $a+b+c=0$，求证：$\frac{a^7+b^7+c^7}{7}=\frac{a^2+b^2+c^2}{2}\cdot\frac{a^5+b^5+c^5}{5}$

**证明** 设 $a,b,c$ 是 $f(t)=t^3+a_1t^2+a_2t+a_3$ 的三个根，$T_n=a^n+b^n+c^n$，则

$$T_0=3,\ T_1=a+b+c=-a_1=0 \Leftrightarrow a_1=0$$

$$T_2=a^2+b^2+c^2=(a+b+c)^2-2(ab+bc+ca)=-2a_2$$

由式(3) 有，$T_n=-a_2T_{n-2}-a_3T_{n-3}(n \geqslant 3)$，所以

$$T_3=-a_2T_1-a_3T_0=-3a_3$$

$$T_4=-a_2T_2-a_3T_1=2a_2^2$$

$$T_5=-a_2T_3-a_3T_2=-a_2(-3a_3)-a_3(-2a_2)=5a_3a_2$$

$$T_7=-a_2T_5-a_3T_4=-a_2(5a_3a_2)-a_3\cdot 2a_2^2=-7a_3a_2^2$$

于是

$$\frac{T_2}{2}\cdot\frac{T_5}{5}=\frac{-2a_2}{2}\cdot\frac{5a_3a_2}{5}=-a_3a_2^2=\frac{T_7}{7} \Leftrightarrow$$

$$\frac{a^7+b^7+c^5}{7}=\frac{a^2+b^2+c^2}{2}\cdot\frac{a^5+b^5+c^5}{5}$$

**注** 从上面证明过程，还可以得到

$$\frac{a^5+b^5+c^5}{5}=\frac{a^2+b^2+c^2}{2}\cdot\frac{a^3+b^3+c^3}{3}$$

$$\frac{a^7+b^7+c^7}{7}=\frac{a^4+b^4+c^4}{2}\cdot\frac{a^3+b^3+c^3}{3}$$

## 3 解方程

**例4** （第2届USAMO第4题）确定方程组$\begin{cases}x+y+z=3\\x^2+y^2+z^2=3\\x^5+y^5+z^5=3\end{cases}$的所有实数根或复数根.

**解** 设$T_n=x^n+y^n+z^n(n=1,2,\cdots)$，$x,y,z$是方程$t^3+a_1t^2+a_2t+a_3=0$的三个根，由根与系数的关系及式(3)有

$$T_0=3,T_1=x+y+z=-a_1=3\Leftrightarrow a_1=-3$$

$$T_2=x^2+y^2+z^2=(x+y+z)^2-2(xy+yz+zx)=9-2a_2=3\Leftrightarrow a_2=3$$

$$T_3=-a_1T_2-a_2T_1-a_3T_0=-3a_3,T_4=-a_1T_3-a_2T_2-a_3T_1=-9-12a_3$$

$$T_5=-a_1T_4-a_2T_3-a_3T_2=-27-30a_3=3\Leftrightarrow a_3=-1$$

因此，$x,y,z$是方程$t^3-3t^2+3t-1=0\Leftrightarrow(t-1)^3=0$的三个根，故$x=y=z=1$.

**例5** （2006年全国高中数学联合竞赛加试题）解方程组

$$\begin{cases}x-y+z-w=2\\x^2-y^2+z^2-w^2=6\\x^3-y^3+z^3-w^3=20\\x^4-y^4+z^4-w^4=66\end{cases}$$

**解** 设$x,z$是方程$\alpha^2-p\alpha+q=0$的两个根，$y,w$是方程$\beta^2-s\beta+t=0$的两个根，$S_n=x^n+z^n$，$T_n=y^n+w^n$，则

$$S_1=x+z=p,\ T_1=y+w=s$$

$$S_2=x^2+z^2=(x+z)^2-2xz=p^2-2q,\ T_2=S_2=y^2+w^2=s^2-2t$$

$$S_3=pS_2-qS_1=p^3-2pq,\ T_3=sT_2-tT_1=s^3-2st$$

$$S_4=pS_3-qS_2=p^4-4p^2q+2q^2,\ T_4=sT_3-tT_2=s^4-4s^2t+2t^2$$

故原方程即

$$\begin{cases}p-s=2 & (4)\\p^2-2q-(s^2-2t)=6 & (5)\\p^3-3pq-(s^3-3st)=20 & (6)\\p^4-4p^2q+2q^2-(s^4-4s^2t+2t^2)=66 & (7)\end{cases}$$

由式(4)得

$$p^2=s^2+4s+4\tag{8}$$

$$p^3=s^3+6s^2+12s+8\tag{9}$$

$$p^4=s^4+8s^3+24s^2+32s+16\tag{10}$$

由式(5),(8)得

$$q = t + 2s - 1 \tag{11}$$

由式(6),(9)得

$$pq = st + 2s^2 + 4s - 4 \tag{12}$$

由式(7),(10)得

$$2p^2q = 2s^2t - t^2 + 4s^2 + 16s - 25 \tag{13}$$

将式(4),(11)代入式(12)得

$$t = \frac{s}{2} - 1 \tag{14}$$

将式(14)代入式(11)得

$$q = \frac{5s}{2} - 2 \tag{15}$$

将式(4),(14),(15)代入式(13)得,$s = 2$,所以 $t = 0$,$p = 4$,$q = 3$,因此,$x$,$z$ 是方程 $\alpha^2 - 4\alpha + 3 = 0$ 的根,$y$,$w$ 是方程 $\beta^2 - 2\beta = 0$ 的根.

故原方程组的解为 $x = 3, y = 2, z = 1, w = 0$;或 $x = 3, y = 0, z = 1, w = 2$;或 $x = 1, y = 0, z = 3, w = 2$;或 $x = 1, y = 2, z = 3, w = 0$.

## 4 证明不等式

**例6** (2004年英国数学奥林匹亚试题)设 $a,b,c$ 是实数,且 $a + b + c = 0$,证明 $a^3 + b^3 + c^3 > 0$ 的充要条件是 $a^5 + b^5 + c^2 > 0$. 并证明上述结论对四个实数同样成立.

**证明** 设 $T_n = a^n + b^n + c^n (n \in \mathbf{N})$,由例3的解答过程可得

$$\frac{a^5 + b^5 + c^5}{5} = \frac{a^2 + b^2 + c^2}{2} \cdot \frac{a^3 + b^3 + c^3}{3} \tag{16}$$

若 $a^2 + b^2 + c^2 = 0 \Leftrightarrow a = b = c = 0$,则 $a^3 + b^3 + c^3 = a^5 + b^5 + c^5 = 0$;

若 $a^2 + b^2 + c^2 \neq 0$,则由式(16)知,$a^3 + b^3 + c^3$ 与 $a^5 + b^5 + c^5$ 符号相同.

故 $a^3 + b^3 + c^3 > 0$ 的充要条件是 $a^5 + b^5 + c^5 > 0$.

对于四元的情形类似可得

$$\frac{a^5 + b^5 + c^5 + d^5}{5} = \frac{a^2 + b^2 + c^2 + d^2}{2} \cdot \frac{a^3 + b^3 + c^3 + d^3}{3}$$

所以 $a^3 + b^3 + c^3 + d^3 > 0$ 的充要条件是 $a^5 + b^5 + c^5 + d^5 > 0$.

## 5 证明整除问题

**例7** (2004年北京市中学生数学竞赛高一复赛题)设 $\alpha,\beta$ 是方程 $x^2 - x - 1 = 0$ 的两个根,数列 $\{a_n\}$:$a_n = \dfrac{\alpha^n - \beta^n}{\alpha - \beta} (n = 1,2,3,\cdots)$.

(1) 证明:对任意正整数 $n$,都有 $a_{n+2}=a_{n+1}+a_n$;

(2) 证明:数列 $\{a_n\}$ 中的项都是整数,且任意相邻两项都互质.

**证明** (1) $a_n=\frac{1}{\alpha-\beta}\alpha^n-\frac{1}{\alpha-\beta}\beta^n$,由 $\alpha,\beta$ 是一元二次方程 $x^2-x-1=0$ 的两个根,由公式(3)即得 $a_{n+2}=a_{n+1}+a_n$.

(2) 因为 $a_1=1,a_2=1,a_{n+2}=a_{n+1}+a_n$,所以,数列 $\{a_n\}$ 中的项都是整数.

下面证 $\{a_n\}$ 中任意相邻两项都互质. 如若不然,设 $(a_{n+1},a_n)=d>1$,则对任意正整 $n$

$$a_{n+2}=a_{n+1}+a_n$$

$$d=(a_{n+2},a_{n+1})=(a_{n+1},a_n)=(a_n,a_{n-1})=\cdots=(a_3,a_2)=(1,1)=1$$

与 $d>1$ 矛盾,因此 $\{a_n\}$ 中任意相邻两项都互质.

**例 8** (2005 年上海市高中数学竞赛题五) $\{f_n\}$ 的通项公式为

$$f_n=\frac{1}{\sqrt{5}}\left[\left(\frac{1+\sqrt{5}}{2}\right)^n-\left(\frac{1-\sqrt{5}}{2}\right)^n\right]\ (n\in\mathbf{Z}^+)$$

记 $S_n=\mathrm{C}_n^1f_1+\mathrm{C}_n^2f_2+\cdots+\mathrm{C}_n^nf_n$,求所有的正整数 $n$,使得 $S_n$ 能被 8 整除.

**解** 记 $\alpha=\frac{1+\sqrt{5}}{2},\beta=\frac{1-\sqrt{5}}{2}$,则

$$\begin{aligned}S_n&=\frac{1}{\sqrt{5}}\sum_{i=1}^{n}\mathrm{C}_n^i(\alpha^i-\beta^i)=\frac{1}{\sqrt{5}}\sum_{i=0}^{n}\mathrm{C}_n^i(\alpha^i-\beta^i)=\\&\frac{1}{\sqrt{5}}\left(\sum_{i=0}^{n}\mathrm{C}_n^i\alpha^i-\sum_{i=0}^{n}\mathrm{C}_n^i\beta^i\right)=\\&\frac{1}{\sqrt{5}}[(1+\alpha)^n-(1+\beta)^n]=\\&\frac{1}{\sqrt{5}}\left[\left(\frac{3+\sqrt{5}}{2}\right)^n-\left(\frac{3-\sqrt{5}}{2}\right)^n\right]\end{aligned}$$

由推论有

$$S_{n+2}=3S_{n+1}-S_n \qquad (*)$$

因此,$S_{n+2}$ 除以 8 的余数,完全由 $S_{n+1},S_n$ 除以 8 的余数确定. $S_1=\mathrm{C}_1^1f_1$,$S_2=\mathrm{C}_2^1f_1+\mathrm{C}_2^2f_2=3$,故由式(*)可以算出 $\{S_n\}$ 各项除以 8 的余数依次是 1,3,0,5,7,0,1,3,…,它是一个以 6 为周期的数列,从而 $8\mid S_n\Leftrightarrow 3\mid n$,故当且仅当 $3\mid n$ 时,$8\mid S_n$.

**例 9** (2002 年中国西部数学奥林匹亚第 7 题) 设 $\alpha,\beta$ 是方程 $x^2-x-1=0$ 的两个根,令 $a_n=\frac{\alpha^n-\beta^n}{\alpha-\beta}(n=1,2,3,\cdots)$.

(1) 证明:对任意正整数 $n$,都有 $a_{n+2}=a_{n+1}+a_n$;

(2) 求所有正整数 $a,b,a<b$,满足对任意正整数 $n$,有 $b$ 整除 $a_n-2na^n$.

**证明** (1) 易得 $a_{n+2}=a_{n+1}+a_n$;

(2) 由条件可知 $b\mid(a_1-2a)$,而 $a_1=a_2=1$. 于是 $b\mid(1-2a)$. 注意到 $1\leqslant 2a-1<2b-1<2b$,而 $2a-1$ 是 $b$ 的倍数,故 $b=2a-1$.

又 $b\mid(a_3-6a^3)$,即$(2a-1)\mid(6a^3-2)$,而

$$6a^3-2=3a^2(2a-1)+3a^2-2$$

故$(2a-1)\mid(3a^2-2)\Rightarrow(2a-1)\mid(6a^2-4)$. 结合 $6a^2-4=(3a+1)(2a-1)+a-3$,有

$$(2a-1)\mid(a-3)\Rightarrow(2a-1)\mid(2a-6)\Rightarrow(2a-1)\mid 5$$

所以 $2a-1=1$ 或 $5$. $2a-1=1\Rightarrow a=b=1$,矛盾. 故 $2a-1=5\Rightarrow a=3,b=5$.

下面证明:对任意正整数 $n$,5 整除 $a_n-2n\cdot 3^n$.

设 $b_n=a_n-2n\cdot 3^n$,即 $a_n=b_n+2n\cdot 3^n$,代入 $a_{n+2}=a_{n+1}+a_n$,有

$$b_{n+2}+2(n+2)3^{n+2}=a_{n+1}+2(n+1)3^{n+1}+a_n+2n\cdot 3^n$$

整理,得

$$b_{n+2}=b_{n+1}+b_n-5(2n+6)3^n \tag{17}$$

且 $$b_1=a_1-2\times 3=-5,b_2=a_2-2\times 2\times 3^2=-35$$

由 $b_1,b_2$ 能被 5 整除及递推式(17) 可得对一切整数 $n$,5 整除 $a_n$ 即 5 整除 $a_n-2n\times 3^n$.

## 6 解数列问题

**例 10** (2000 年全国高考数学理科第 20 题)(1) 已知数列$\{c_n\}$,其中 $c_n=2^n+3^n$ 且数列$\{c_{n+1}-pc_n\}$ 为等比数列,求常数 $p$.

(2) 设$\{a_n\}$,$\{b_n\}$ 是公比不等的两个等比数列,$c_n=a_n+b_n$,证明$\{c_n\}$ 不可能是等比数列.

(1) **解** 由推论,有 $c_{n+1}=5c_n-6c_{n-1}$,所以 $c_{n+1}-pc_n=(5-p)\left(c_n-\frac{6}{5-p}c_{n-1}\right)$,而数列$\{c_{n+1}-pc_n\}$ 为等比数列,$p=\frac{6}{5-p}\Leftrightarrow p=2$ 或 $p=3$.

(2) **证明** 设 $a_n=Aq_1^n,b_n=Bq_2^n(A,B,q_1,q_2$ 为非零常数且 $q_1\neq q_2)$,则 $c_n=Aq_1^n+Bq_2^n$,由推论有 $c_{n+1}=(q_1+q_2)c_n-q_1q_2c_{n-1}(n\geqslant 2)$.

假设$\{c_n\}$ 是等比数列,可设 $c_n=Cq^n(C,q$ 为非零常数$)$,则 $c_{n+1}=qc_n$,代入上式有

$$qc_n=(q_1+q_2)c_n-q_1q_2\frac{c_n}{q}\Leftrightarrow q^2-(q_1+q_2)q+q_1q_2=0\Leftrightarrow q=q_1 \text{ 或 } q=q_2$$

当 $q=q_1$ 时,$c_n=Cq^n=Cq_1=Aq_1^n+Bq_2^n$,即$\left(\frac{q_2}{q_1}\right)^n=\frac{C-A}{B}$ 对一切正整数 $n$

都成立$\Rightarrow \frac{q_2}{q_1}=1 \Rightarrow q_1=q_2$;当$q=q_2$时,同理可推出$q_1=q_2$. 这与已知$q_1 \neq q_2$矛盾,故$\{c_n\}$不可能是等比数列.

## 7　解、证实数的有关性质

**例 11**　(1990 年全国高中数学联合竞赛题)已知$a>b>0$ $\sin\theta=\frac{2ab}{a^2+b^2}\left(0<\theta<\frac{\pi}{2}\right)$,$A_n=(a^2+b^2)^n\sin n\theta$. 求证:当$a,b$均为整数时,对一切自然数$n$,$A_n$均为整数.

**证明**　由已知,有$\cos\theta=\sqrt{1-\sin^2\theta}=\frac{a^2-b^2}{a^2+b^2}$,设$Z=(a^2+b^2)(\cos\theta+\mathrm{i}\sin\theta)$,则

$$\overline{Z}=(a^2+b^2)(\cos\theta-\mathrm{i}\sin\theta)$$

由 de Moiver 定理,有

$$z^n=(a^2+b^2)^n(\cos n\theta+\mathrm{i}\sin n\theta),\overline{z}^n=(a^2+b^2)^n(\cos n\theta-\mathrm{i}\sin n\theta)$$

所以

$$A_n=\frac{z^n-\overline{z}^n}{2\mathrm{i}}=\frac{1}{2\mathrm{i}}z^n+\left(-\frac{1}{2\mathrm{i}}\right)\overline{z}^n$$

由$z+\overline{z}=2(a^2+b^2)\cos\theta=2(a^2-b^2)$,$z\cdot\overline{z}=|z|^2=(a^2+b^2)$,知$z,\overline{z}$是方程$t^2-(a^2-b^2)t+(a^2+b^2)=0$的根. 由式(3)有

$$A_n=(a^2-b^2)A_{n-1}+(a^2+b^2)A_{n-2}(n\geqslant 2) \tag{18}$$

注意到当$a,b$为整数时$a^2+b^2$,$a^2-b^2$,$2ab$均为整数,由$A_0=3$,$A_1=2ab$及递推式(18)知,对一切自然数$n$,$A_n$均为整数.

**例 12**　(1980 年芬兰等四国奥林匹亚题)找出$(\sqrt{2}+\sqrt{3})^{1\,980}$的十进制表达式中紧靠小数点右边一位数字(即第一位小数)和左边一位数字(即个位数).

**解**　设

$$T_n=(\sqrt{2}+\sqrt{3})^{2n}+(\sqrt{2}-\sqrt{3})^{2n}=(5+2\sqrt{6})^n+(5-2\sqrt{6})^n$$

因$5+2\sqrt{6}$,$5-2\sqrt{6}$是方程$x^2-10x+1=0$的两根,所以

$$T_{n+2}=10T_{n+1}-T_n \text{ 且 } T_1=10,T_2=98$$

由递推公式可知,$T_n$为整数,$T_{n+2}$与$T_n$的个位数之和为0,于是$T_{n+4}$与$T_n$的个位数相同,所以$T_{990}$与$T_{990-4\times 247}=T_2=98$的个位数相同,即$T_{990}$的个位数为8. 而

$$0<5-2\sqrt{6}<0.2\Rightarrow 0<(5-2\sqrt{6})^{990}<0.2^{990}<0.01^{330}$$

$$(\sqrt{2}+\sqrt{3})^{1\,980}=T_{990}-(\sqrt{2}+\sqrt{3})^{1\,980}=T_{990}-\underbrace{0.0\cdots0}_{\text{至少660个0}}P$$

故$(\sqrt{2}+\sqrt{3})^{1\,980}$的个位数为7,第一位小数为9.

# 一类海伦三角形

三边为整数的三角形叫整边三角形,整边三角形的周长为整数但面积不一定为整数,面积为整数的整边三角形叫海伦三角形.一个自然的问题是:是否存在海伦三角形,其周长与面积在数值上相等?我们先来解决.

**问题1** 求出所有周长与面积在数值上相等的海伦三角形.

**解** 设 $\triangle ABC$ 的三边为 $a,b,c$,面积为 $F$,半周为 $s$,由海伦公式

$$F=\sqrt{s(s-a)(s-b)(s-c)}$$

及题设有

$$\sqrt{s(s-a)(s-b)(s-c)}=2s \tag{1}$$

不妨设 $a\leqslant b\leqslant c$,令

$$s-a=x,s-b=y,s-c=z$$

则 $x\geqslant y\geqslant z\geqslant 1$,式(1)等价于

$$xyz=4(x+y+z) \tag{2}$$

由海伦公式有

$$(a+b+c)(-a+b+c)(a-b+c)(a+b-c)=16F^2$$

而 $a+b+c,-a+b+c,a-b+c,a+b-c$ 为整数且奇偶性相同,及 $F$ 为正整数,所以

$$a+b+c,-a+b+c,a-b+c,a+b-c$$

均为偶数,因而 $x,y,z$ 均为正整数.由式(2)有

$$yz=4+\frac{4(y+z)}{x}\leqslant 4+\frac{8x}{x}=12\Rightarrow z^2\leqslant yz\leqslant 12\Rightarrow z\leqslant 2\sqrt{3}<4$$

而 $z$ 为正整数,所以 $z=1$,或 $z=2$,或 $z=3$.

(1)当 $z=1$ 时,由式(2)有 $x=\frac{4y+4}{y-4}=4+\frac{20}{y-4}$,由 $x$ 为正整数知 $y-4$ 是20的正的约数,注意到 $x\geqslant y$,可得 $y=5,6,8$,代入 $x=4+\frac{20}{y-4}$ 可求得相应的 $x$ 分别为24,14,9.此时 $a=6,b=25,c=29$;或 $a=7,b=15,c=20$;或 $a=9,b=10,c=17$.

(2)当 $z=2$ 时,由式(2)有 $x=\frac{2y+4}{y-2}=2+\frac{8}{y-2}$,由 $x$ 为正整数知 $y-2$ 是8的正的约数,注意到 $x\geqslant y$,可得 $y=3,4$,代入 $x=2+\frac{8}{y-2}$ 可求得相应的

$x$ 分别为 10,6. 此时 $a=5,b=12,c=13$;或 $a=6,b=8,c=10$.

(3) 当 $z=3$ 时,由式(2) 有 $3x=4+\frac{52}{3y-4}$,由 $x\geqslant y\geqslant z=3\Rightarrow 3x\geqslant 9\Rightarrow \frac{52}{3y-4}\geqslant 5$,注意到 $3y-4>0$,易得 $y\leqslant\frac{24}{5}$,又 $y$ 是整数且 $y\geqslant 3$,所以 $y=3,4$,代入 $3x=4+\frac{52}{3y-4}$ 求得相应的 $x$ 分别为 10.8,3.5 这与 $x$ 为整数矛盾. 因此,当 $z=3$ 时,式(2) 无整数解.

综上所述,周长与面积在数值上相等的海伦三角形共有五个,其边长分别为:(5,12,13),(6,8,10),(6,25,29),(7,15,20),(9,10,17).

解决了问题 1,我们再来考虑更广泛的:

**问题 2** 求出所有周长在数值上是面积的 $n$ 倍($n$ 为正整数) 的海伦三角形.

**解** 设 $\triangle ABC$ 的三边为 $a,b,c$,面积为 $F$,半周长为 $s$,由海伦公式

$$F=\sqrt{s(s-a)(s-b)(s-c)}$$

及题设有

$$n\sqrt{s(s-a)(s-b)(s-c)}=2s \tag{3}$$

不妨设 $a\leqslant b\leqslant c$,令 $s-a=x,s-b=y,s-c=z$,则 $x\geqslant y\geqslant z\geqslant 1$,式(3) 等价于

$$n^2xyz=4(x+y+z) \tag{4}$$

由问题 1 的解答可知,$x,y,z$ 均为正整数,由式(2) 有

$$yz=\frac{4}{n^2}+\frac{4(y+z)}{n^2x}\leqslant\frac{4}{n^2}+\frac{8x}{n^2x}=\frac{12}{n^2}\Rightarrow z^2\leqslant yz\leqslant\frac{12}{n^2}\Rightarrow z\leqslant\frac{2\sqrt{3}}{n} \tag{5}$$

而 $z$ 为正整数,所以 $1\leqslant z\leqslant\frac{2\sqrt{3}}{n}\Leftrightarrow n\leqslant 2\sqrt{3}$,由 $n$ 为正整数,知 $n=1,2,3$. 因此:

(1) 当 $n\geqslant 4$ 时满足条件的三角形不存在.

(2) 当 $n=3$ 时,由式(5) 有 $z\leqslant\frac{2}{\sqrt{3}}<2$,又 $z$ 为正整数,所以,$z=1$,又 $yz\leqslant\frac{12}{9}=\frac{4}{3}$ 及 $y$ 为正整数,则 $y=1$,代入式(4) 得 $x=\frac{8}{5}$,这与 $x$ 为整数矛盾. 因此,当 $n=3$ 时满足条件的三角形不存在.

(3) 当 $n=2$ 时,由式(5) 有 $z\leqslant\sqrt{3}$,又 $z$ 为正整数,所以,$z=1$.

由式(4) 有 $x=\frac{y+1}{y-1}=1+\frac{2}{y-1}$,由 $x$ 为正整数知,$y-1=1$ 或 $y-1=2$,即 $y=2$ 或 $y=3$,当 $y=2$ 时,$x=3$;当 $y=3$ 时,$x=2$,但 $x\geqslant y$,所以 $x=3,y=2,z=1$.

此时 $a=3,b=4,c=5$,故当 $n=2$ 时,满足条件的三角形只有一个,其边长为3,4,5.

(4) 当 $n=1$ 时,问题1已求出满足条件的三角形共有五个.

综上所述,当 $n\geqslant 3$ 时,满足条件的三角形不存在;当 $n=2$ 时,满足条件的三角形只有一个,其边长为(3,4,5);当 $n=1$ 时,满足条件的三角形共有五个,其边长为(5,12,13),(6,8,10),(6,25,29),(7,15,20),(9,10,17).

**注记** 本题表面上看是几何问题,通过转化化为解不定方程问题,其中 $n=1$ 或 $n=2$ 的情形曾出现在国内外数学竞赛中:

(1) 当 $n=2$ 时,设 $r$ 为三角形的内切圆半径,则 $r=\frac{F}{s}=\frac{2F}{a+b+c}=1$,可得到2007年第三届北方数学奥林匹克第八题:

设 $\triangle ABC$ 的三边为 $a,b,c$,均为整数,且内切圆半径 $r=1$,求证 $\triangle ABC$ 为直角三角形.

**注** 此题也为1988年四川省数学竞赛题(见单墫主编《数学奥林匹克题目典》(P695,C1-153),南京大学出版社,1995年2月);曾出现在《数学教学》2000年第1期"问题"栏中(问题504).

此题的另一形式"求出所有边长为整数内切圆半径为1的三角形"为1988年第29届IMO备选题.(见《世界数学奥林匹克解题大辞典》(数论卷)P753,河北少年儿童出版社,2003年.

(2)《中等数学》2004年第4期"数学奥林匹克问题"栏140题"求出所有边长为整数,内切圆半径为2的三角形的三边长"为 $n=1$ 的情形.

与问题2类似的一个问题是:

**问题3** 求出所有面积在数值上是周长的 $n$ 倍($n$ 为正整数)的海伦三角形.

有关记号同前,则

$$xyz=4n^2(x+y+z)(x,y,z,n\in\mathbf{N},x\geqslant y\geqslant z\geqslant 1,n\geqslant 1) \tag{6}$$

式(6)显然有解$(3n,2n,n)$,但要求出式(6)的所有解就不那么容易,因此问题3笔者未能解决,留给有兴趣的读者思考.

1965年第26届普南特数学竞赛中有一题"试证边长为整数而面积在数值上等于周长的2倍的直角三角形,正好三个(见《世界数学奥林匹克解题大辞典》(数论卷)P753,河北少年儿童出版社,2003年)"即为问题3中 $n=2$ 且为直角三角形的特例.

## 用权方和不等式证明分式不等式

最近文[1]给出了柯西不等式的一个直接推论——分式型柯西不等式：设 $x_i \in \mathbf{R}, y_i \in \mathbf{R}^+ (i = 1,2,\cdots,n)$，则

$$\frac{x_1^2}{y_1} + \frac{x_2^2}{y_2} + \cdots + \frac{x_n^2}{y_n} \geqslant \frac{(x_1 + x_2 + \cdots + x_n)^2}{y_1 + y_2 + \cdots + y_n} \tag{1}$$

及其在证明分式不等式中的应用. 由于不等式(1)中每个分式分子、分母的幂指数必须分别为2,1,使不等式(1)应用受到足限. 本文将介绍不等式(1)的推广——权方和不等式在证明分式不等式中的应用.

设 $x_i \in \mathbf{R}, y_i \in \mathbf{R}^+ (i = 1,2,\cdots,n), m \in \mathbf{R}^+$，则

$$\frac{x_1^{m+1}}{y_1^m} + \frac{x_2^{m+1}}{y_2^m} + \cdots + \frac{x_n^{m+1}}{y_n^m} \geqslant \frac{(x_1 + x_2 + \cdots + x_n)^{m+1}}{(y_1 + y_2 + \cdots + y_n)^m} \tag{2}$$

当且仅当 $\frac{x_1}{y_1} = \frac{x_2}{y_2} = \cdots = \frac{x_n}{y_n}$ 时，式(2)取等号.

这就是著名的权方和不等式，其证明容易找到(如贵刊文[2]就给出了一个简单证明)，这里从略.

下面举例说明这个不等式在证明分式不等式中的应用.

**例1** (《数学通报》2003年第5期第1 435题)设 $a,b > 0$，求证

$$\sqrt{\frac{a}{a+3b}} + \sqrt{\frac{b}{3a+b}} \geqslant 1 \tag{3}$$

**证明** 由不等式(2)有

$$\sqrt{\frac{a}{a+3b}} + \sqrt{\frac{b}{3a+b}} = \frac{(a^{\frac{2}{3}})^{\frac{1}{2}+1}}{(a^2+3ab)^{\frac{1}{2}}} + \frac{(b^{\frac{2}{3}})^{\frac{1}{2}+1}}{(b^2+3ab)^{\frac{1}{2}}} \geqslant$$

$$\frac{(a^{\frac{2}{3}} + b^{\frac{2}{3}})^{\frac{3}{2}}}{(a^2+3ab+b^2+3ab)^{\frac{1}{2}}} = \frac{(a^{\frac{2}{3}} + b^{\frac{2}{3}})^{\frac{3}{2}}}{(a^2+b^2+6ab)^{\frac{1}{2}}}$$

要证式(3)，只需证

$$\frac{(a^{\frac{2}{3}} + b^{\frac{2}{3}})^{\frac{3}{2}}}{(a^2+b^2+6ab)^{\frac{1}{2}}} \geqslant 1 \Leftrightarrow (a^{\frac{2}{3}} + b^{\frac{2}{3}})^3 \geqslant a^2 + b^2 + 6ab \Leftrightarrow$$

$$a^2 + b^2 + 3a^{\frac{2}{3}}b^{\frac{2}{3}}(a^{\frac{2}{3}} + b^{\frac{2}{3}}) \geqslant a^2 + b^2 + 6ab \Leftrightarrow a^{\frac{2}{3}} + b^{\frac{2}{3}} \geqslant 2a^{\frac{1}{3}}b^{\frac{1}{3}}$$

后一不等式显然成立，故不等式(3)成立.

**例2** (《数学通报》2004年第2期第1 479题)设 $a,b \in \mathbf{R}^+, |x| < \frac{1}{2}$，求

$f(x)=\sqrt[3]{\dfrac{4a^2}{(1+2x)^2}+\dfrac{4b^2}{(1-2x)^2}}$ 的最小值.

**解** 由不等式(2)有

$$u=[f(x)]^3=4\left(\frac{(a^{\frac{2}{3}})^3}{(1+2x)^2}+\frac{(b^{\frac{2}{3}})^3}{(1-2x)^2}\right)\geqslant 4\frac{(a^{\frac{2}{3}}+b^{\frac{2}{3}})^3}{(1+2x+1-2x)^2}=$$
$$(a^{\frac{2}{3}}+b^{\frac{2}{3}})^3$$

所以 $f(x)\geqslant a^{\frac{2}{3}}+b^{\frac{2}{3}}$,当且仅当 $\dfrac{a^{\frac{2}{3}}}{1+2x}=\dfrac{b^{\frac{2}{3}}}{1-2x}\Leftrightarrow x=\dfrac{a^{\frac{2}{3}}-b^{\frac{2}{3}}}{2(a^{\frac{2}{3}}+b^{\frac{2}{3}})}$ 时取等号.

故当 $x=\dfrac{a^{\frac{2}{3}}-b^{\frac{2}{3}}}{2(a^{\frac{2}{3}}+b^{\frac{2}{3}})}$ 时 $f(x)$ 取最小值 $\sqrt[3]{a^2}+\sqrt[3]{b^2}$.

**例 3** (2001,第 42 届 IMO 第 2 题)对所有正实数 $a,b,c$,证明

$$\frac{a}{\sqrt{a^2+8bc}}+\frac{b}{\sqrt{b^2+8ca}}+\frac{c}{\sqrt{c^2+8ab}}\geqslant 1 \tag{4}$$

**证明** 由不等式(2)有

$$\frac{a}{\sqrt{a^2+8bc}}+\frac{b}{\sqrt{b^2+8ca}}+\frac{c}{\sqrt{c^2+8ab}}=$$
$$\frac{a^{\frac{3}{2}}}{(a^3+8abc)^{\frac{1}{2}}}+\frac{b^{\frac{3}{2}}}{(b^3+8abc)^{\frac{1}{2}}}+\frac{b^{\frac{3}{2}}}{(b^3+8abc)^{\frac{1}{2}}}\geqslant$$
$$\frac{(a+b+c)^{\frac{3}{2}}}{(a^3+b^3+c^3+24abc)^{1/2}}$$

因此,要证式(4),只需证

$$\frac{(a+b+c)^{\frac{3}{2}}}{(a^3+b^3+c^3+24abc)^{\frac{1}{2}}}\geqslant 1\Leftrightarrow (a+b+c)^3\geqslant a^3+b^3+c^3+24abc \tag{5}$$

将 $(a+b+c)^3$ 的展开(同类项不合并),设 $(a+b+c)^3=a^3+b^3+c^3+\sum a^{q_1}b^{q_2}c^{q_3}$,其中 $q_1,q_2,q_3$ 为非负整数且 $q_1+q_2+q_3=3$,则 $\sum a^{q_1}b^{q_2}c^{q_3}$ 中共有 $27-3=24$ 项,字母 $a,b,c$ 各出现的次为 $\dfrac{27\times 3}{3}-3=24$,用平均值不等式可得

$$\sum a^{q_1}b^{q_2}c^{q_3}\geqslant 24\sqrt[24]{a^{24}b^{24}c^{24}}=24abc$$

因此

$$(a+b+c)^3=a^3+b^3+c^3+\sum a^{q_1}b^{q_2}c^{q_3}\geqslant a^3+b^3+c^3+24abc$$

即式(5)成立,故式(4)成立.

**注 1** 可以直接将 $(a+b+c)^3$ 展开并用平均值不等式证明式(4).

**注 2** 将上述证明中的 8 换成 $\lambda$ 即可以证明式(4)的推广:设 $a,b,c\in\mathbf{R}^+$,

$\lambda \geqslant 8$,则

$$\frac{a}{\sqrt{a^2+\lambda bc}}+\frac{b}{\sqrt{b^2+\lambda ca}}+\frac{c}{\sqrt{c^2+\lambda ab}} \geqslant \frac{3}{\sqrt{1+\lambda}} \qquad (6)$$

**注 3** 用此证法还可以证明式(4)的进一步推广[3]:

设 $a_i \in \mathbf{R}^+ (i=1,2,\cdots,n), n \geqslant 2$, $b_1, b_2, \cdots, b_n$ 是 $a_1, a_2, \cdots, a_n$ 的一个排列,$k \in \mathbf{R}, m \in \mathbf{N}, m > 0, \lambda \geqslant n^m - 1$,则

$$\sum_{i=1}^{n}\left[\frac{a_i^k}{b_i^k+\lambda\,(a_1 a_2 \cdots a_n)^{\frac{k}{n}}}\right]^{\frac{1}{m}} \geqslant n\left(\frac{1}{1+\lambda}\right)^{\frac{1}{m}} \qquad (7)$$

**例 4** (《数学通报》2004 年第 10 期第 1 504 题)已知 $x, y, z \in \mathbf{R}^+, x+y+z=1$,求 $u=\frac{1}{x^2}+\frac{1}{y^2}+\frac{8}{z^2}$ 的最小值.

**解** 由不等式(2)有

$$u=\frac{1}{x^2}+\frac{1}{y^2}+\frac{8}{z^2}=\frac{1^3}{x^2}+\frac{1^3}{y^2}+\frac{2^3}{z^2} \geqslant \frac{(1+1+2)^3}{(x+y+z)^2}=64$$

当且仅当$\frac{1}{x}=\frac{1}{y}=\frac{2}{z}$,即 $x=y=\frac{1}{4}, z=\frac{1}{2}$ 时,$u=64$. 故 $x=y=\frac{1}{4}, z=\frac{1}{2}$ 时,$u$ 取最小值 64.

**例 5** (《数学教学》2004 年第 8 期第 625 题)设 $a, b, n \in \mathbf{R}^+$,求 $y=\frac{a}{\sqrt{(1+x)^n}}+\frac{b}{\sqrt{(1-x)^n}}, x \in (-1,1)$,的最小值.

**解** 题目由不等式(2)有

$$y=\frac{a}{\sqrt{(1+x)^n}}+\frac{b}{\sqrt{(1-x)^n}}=\frac{\left(a^{\frac{2}{n+2}}\right)^{\frac{n}{2}+1}}{(1+x)^{\frac{n}{2}}}+\frac{\left(b^{\frac{2}{n+2}}\right)^{\frac{n}{2}+1}}{(1-x)^{\frac{n}{2}}} \geqslant$$

$$\frac{\left(a^{\frac{2}{n+2}}+b^{\frac{2}{n+2}}\right)^{\frac{n+2}{2}}}{(1+x+1-x)^{\frac{n}{2}}}=\frac{1}{(\sqrt{2})^n}\left(a^{\frac{2}{n+2}}+b^{\frac{2}{n+2}}\right)^{\frac{n+2}{2}}$$

当且仅当$\frac{a^{\frac{2}{n+2}}}{1+x}=\frac{b^{\frac{2}{n+2}}}{1-x}$,即 $x=\frac{a^{\frac{2}{n+2}}-b^{\frac{2}{n+2}}}{a^{\frac{2}{n+2}}+b^{\frac{2}{n+2}}}$时,上式取等号,故当$x=\frac{a^{\frac{2}{n+2}}-b^{\frac{2}{n+2}}}{a^{\frac{2}{n+2}}+b^{\frac{2}{n+2}}}$时,$y$ 取最小值$\frac{1}{(\sqrt{2})^n}\left(a^{\frac{2}{n+2}}+b^{\frac{2}{n+2}}\right)^{\frac{n+2}{2}}$.

**注** 类似可求得$y=\frac{a}{\sin^n\theta}+\frac{b}{\cos^n\theta}(a, b, n \in \mathbf{R}^+), 0<\theta<\frac{\pi}{2}$的最小值为$\left(a^{\frac{2}{n+2}}+b^{\frac{2}{n+2}}\right)^{\frac{n+2}{2}}$.

**例 6** (1995,第 36 届 IMO 第 2 题)设 $a, b, c$ 为正实数,且 $abc=1$,试证明

$$\frac{1}{a^3(b+c)}+\frac{1}{b^3(c+a)}+\frac{1}{c^3(a+b)} \geqslant \frac{3}{2}$$

**证明** 由不等式(2)有

$$\frac{1}{a^3(b+c)}+\frac{1}{b^3(c+a)}+\frac{1}{c^3(a+b)}=$$

$$\frac{(abc)^2}{a^3(b+c)}+\frac{(abc)^2}{b^3(c+a)}+\frac{(abc)^2}{c^3(a+b)}=$$

$$\frac{(bc)^2}{ab+ac}+\frac{(ca)^2}{bc+ab}+\frac{(ab)^2}{ca+cb}\geqslant$$

$$\frac{(bc+ca+ab)^2}{2(ab+ac+ca)}=\frac{bc+ca+ab}{2}\geqslant$$

$$\frac{1}{2}\times 3\sqrt[3]{bccaab}=\frac{3}{2}$$

**例 7** (第 31 届 IMO 预选题) 设 $a,b,c,d\in\mathbf{R}^+,ab+bc+cd+da=1$,求证

$$\frac{a^3}{b+c+d}+\frac{b^3}{c+d+a}+\frac{c^3}{d+a+b}+\frac{d^3}{a+b+c}\geqslant\frac{1}{3}$$

**证明** 由不等式(2)有

$$\frac{a^3}{b+c+d}+\frac{b^3}{c+d+a}+\frac{c^3}{d+a+b}+\frac{d^3}{a+b+c}=$$

$$\frac{(a^2)^2}{ab+ac+ad}+\frac{(b^2)^2}{bc+bd+ab}+\frac{(c^2)^2}{cd+ac+bc}+\frac{(d^2)^2}{ad+bd+cd}\geqslant$$

$$\frac{(a^2+b^2+c^2+d^2)^2}{2(ab+ac+ad+bc+bd+cd)}=\frac{(a^2+b^2+c^2+d^2)^2}{2(1+ac+bd)}$$

由

$$a^2+b^2+c^2+d^2=\frac{a^2+b^2}{2}+\frac{b^2+c^2}{2}+\frac{d^2+a^2}{2}\geqslant ab+bc+cd+da=1$$

$$a^2+b^2+c^2+d^2=(a^2+c^2)+(b^2+d^2)\geqslant 2ac+2bd$$

有

$$\frac{(a^2+b^2+c^2+d^2)^2}{2(1+ac+bd)}\geqslant\frac{a^2+b^2+c^2+d^2}{2(1+ac+bd)}=$$

$$\frac{1}{3}\cdot\frac{2(a^2+b^2+c^2+d^2)+(a^2+b^2+c^2+d^2)}{2(1+ac+bd)}\geqslant$$

$$\frac{1}{3}\cdot\frac{2+2(ac+bd)}{2(1+ac+bd)}=\frac{1}{3}$$

故原不等式成立.

## 参考文献

[1] 徐彦明. 分式型哥西不等式[J]. 数学通报,2005,44(1).

[2] 俞武扬. 一个猜想的证明[J]. 数学通报,2002(2).

[3] 蒋明斌. IMO42 中的一个不等式的新推广[J]. 中学数学研究(南昌),2004(11).

# 求使不等式恒成立的参数范围的一种方法

近年来国内外数学竞赛中常出现求使含参数不等式恒成立的参数范围的试题,这类试题往往涉及函数、方程、不等式、充要条件等,因而综合性强、难度较大.实际上,应用最值可使这类问题得到简单处理.

容易证明:

"若函数$f(x)$在$D$上存在最大值$f(x)_{\max}$(或最小值$f(x)_{\min}$),则对一切$x \in D$,不等式$f(x) \leqslant A$(或$f(x) \geqslant B$)恒成立当且仅当$f(x)_{\max} \leqslant A$(或$f(x)_{\min} \geqslant B$)".

利用这一结论,很容易把不等式恒成立问题转化为最值问题,现举例说明.

**例1** (2002年全国高中数学联赛第12题)求使不等式

$$\sin^2 x + a\cos x + a^2 \geqslant 1 + \cos x$$

对一切$x \in \mathbf{R}$恒成立的负数$a$的取值范围.

**解** 原不等式即

$$\cos^2 x + (1-a)\cos x - a^2 \leqslant 0 \tag{1}$$

令$\cos x = t$,由$x \in \mathbf{R}$知$t \in [-1,1]$,于是式(1)对一切$x \in \mathbf{R}$恒成立,当且仅当

$$f(t) = t^2 + (1-a)t - a^2 \leqslant 0 \tag{2}$$

对一切$t \in [-1,1]$恒成立,其充要条件为$f(t)$在$[-1,1]$上的最大值$f(t)_{\max} \leqslant 0$,而$f(t)_{\max} = f(1)$或$f(-1)$,因此,式(2)对一切$t \in [-1,1]$恒成立当且仅当

$$\begin{cases} a < 0 \\ f(1) = 1 + 1 - a - a^2 \leqslant 0 \\ f(-1) = 1 - (1-a) - a^2 \leqslant 0 \end{cases} \Leftrightarrow \begin{cases} a < 0 \\ a \leqslant -2 \text{ 或 } a \geqslant 1 \\ a \leqslant 0 \text{ 或 } a \geqslant 1 \end{cases} \Leftrightarrow a \leqslant -2$$

故所求的$a$的范围为$(-\infty, -2]$.

**例2** (2003年上海高中数学竞赛第一大题第5题)若对$|x| \leqslant 1$的一切$x$,$t + 1 > (t^2 - 4)x$恒成立,则$t$的范围是什么?

**解** 因$t + 1 > (t^2 - 4)x \Leftrightarrow (t^2 - 4)x - t + 1 > 0$,令

$$f(x) = (t^2 - 4)x - t + 1 > 0$$

则对$|x| \leqslant 1$的一切$x$,$t + 1 > (t^2 - 4)x$恒成立$\Leftrightarrow f(x) > 0$对$x \in [-1,1]$恒成立$\Leftrightarrow f(x)$在$[-1,1]$的最小值$f(x)_{\min} > 0$,而$f(t)_{\max} = f(1)$或$f(-1)$.

因此,对$|x| \leqslant 1$的一切$x$,$t + 1 > (t^2 - 4)x$恒成立,当且仅当

$$\begin{cases}f(1)=t^2-t-5<0\\f(-1)=-t^2-t+3<0\end{cases}\Leftrightarrow\begin{cases}\dfrac{1-\sqrt{21}}{2}<t<\dfrac{1+\sqrt{21}}{2}\\t<\dfrac{-1-\sqrt{13}}{2}\text{或}t>\dfrac{-1+\sqrt{13}}{2}\end{cases}\Leftrightarrow$$

$$\frac{-1+\sqrt{13}}{2}<t<\frac{1+\sqrt{21}}{2}$$

故 $t$ 的范围为 $\left[\dfrac{-1+\sqrt{13}}{2},\dfrac{1+\sqrt{21}}{2}\right]$.

**例 3** (2002 年高考江苏卷,第 22 题) 已知 $a>0$,函数 $f(x)=ax-bx^2$.

(1) 当 $b>0$ 时,若对任意 $x\in\mathbf{R}$ 都有 $f(x)\leqslant 1$,证明 $a\leqslant 2\sqrt{b}$;

(2) 当 $b>1$ 时,证明对任意 $x\in[0,1]$,都有 $|f(x)|\leqslant 1$ 的充要条件是 $b-1\leqslant a\leqslant 2\sqrt{b}$;

(3) 当 $0<b\leqslant 1$ 时,讨论:对任意 $x\in[0,1]$,有 $|f(x)|\leqslant 1$ 的充要条件.

**解** (1) $f(x)=-b\left(x-\dfrac{a}{2b}\right)^2+\dfrac{a^2}{4b}$,当 $x\in\mathbf{R}$ 时,$f(x)_{\max}=\dfrac{a^2}{4b}$,于是,对任意 $x\in\mathbf{R}$ 都有 $f(x)\leqslant 1\Leftrightarrow f(x)_{\max}=\dfrac{a^2}{4b}\leqslant 1\Leftrightarrow a\leqslant 2\sqrt{b}$;

(2) 用 $f(x)_{\max}$,$f(x)_{\min}$ 分别表示 $f(x)$ 在 $[0,1]$ 上的最大值、最小值,则对任意 $x\in[0,1]$,都有 $|f(x)|\leqslant 1$ 当且仅当

$$\begin{cases}f(x)_{\max}\leqslant 1\\f(x)_{\min}\geqslant -1\end{cases}\tag{3}$$

而

$$f(x)=-b\left(x-\frac{a}{2b}\right)^2+\frac{a^2}{4b}\quad(x\in[0,1])$$

当 $2b\geqslant a$ 时,$0<\dfrac{a}{2b}\leqslant 1$,$f(x)_{\max}=\dfrac{a^2}{4b}$,$f(x)_{\min}=f(0)$ 或 $f(1)$;

当 $2b<a$ 时,$\dfrac{a}{2b}>1$,$f(x)_{\max}=f(1)$,$f(x)_{\min}=f(0)$,于是

$$\text{式(3)}\Leftrightarrow\begin{cases}b>1\text{ 且 }2b\geqslant a\\\dfrac{a^2}{4b}\leqslant 1\\f(0)=0\geqslant -1\\f(1)=a-b\geqslant -1\end{cases}\text{或}\begin{cases}b>1\text{ 且 }2b<a\\f(1)=a-b\leqslant 1\\f(0)=0\geqslant -1\end{cases}\Leftrightarrow$$

$$b-1\leqslant a\leqslant 2\sqrt{b}\text{ 或 }a\in\varnothing\Leftrightarrow b-1\leqslant a\leqslant 2\sqrt{b}$$

故对任意 $x\in[0,1]$,都有 $|f(x)|\leqslant 1$ 的充要条件是 $b-1\leqslant a\leqslant 2\sqrt{b}$.

(3) 由(2) 的解答知,对任意 $x\in[0,1]$,都有 $|f(x)|\leqslant 1$ 当且仅当

$$\begin{cases}2b \geqslant a > 0 \text{且} 0 < b \leqslant 1 \\ \dfrac{a^2}{4b} \leqslant 1 \\ f(0)=0 \geqslant -1 \\ f(1)=a-b \geqslant -1\end{cases} \text{或} \begin{cases}2b < a \text{且} 0 < b \leqslant 1 \\ f(1)=a-b \leqslant 1 \\ f(0)=0 \geqslant -1\end{cases} \Leftrightarrow$$

$$0 < a \leqslant 2b \text{或} 2b < a \leqslant b+1 \Leftrightarrow 0 < a \leqslant b+1$$

故当 $0 < b \leqslant 1$ 时,对任意 $x \in [0,1]$,都有 $|f(x)| \leqslant 1$ 的充要条件 $0 < a \leqslant b+1$.

**评注** 本题通常解法是先利用特殊值找出必要条件,然后再证明条件也是充分的,显然不如上述解法简洁明快.

**例4** (1992,保加利亚数学竞赛题)设 $a,b$ 为正数,求证:$\sqrt{a}+1>\sqrt{b}$ 的充要条件是对任意 $x>1$,有 $ax+\dfrac{x}{x-1}>b$.

**证明** 只需证对任意 $x>1$,有 $ax+\dfrac{x}{x-1}>b$ 的充要条件是 $\sqrt{a}+1>\sqrt{b}$.

令 $f(x)=ax+\dfrac{x}{x-1}(x>1)$,则

$$f(x)=a(x-1)+\frac{1}{x-1}+1+a \geqslant \sqrt{a(x-1)\frac{1}{x-1}}=(\sqrt{a}+1)^2$$

当且仅当 $a(x-1)=\dfrac{1}{x-1}(x>1)$,即 $x=1+\sqrt{\dfrac{1}{a}}$ 时等号成立,所以 $f(x)_{\min}=(\sqrt{a}+1)^2$.

于是,对任意 $x>1$,有 $ax+\dfrac{x}{x-1}>b$ 当且仅当

$$f(x)_{\min}=(\sqrt{a}+1)^2>b \Leftrightarrow \sqrt{a}+1>\sqrt{b}$$

**注** 此题原证(见《数学竞赛》(21),湖南教育出版社,1994,4)较繁且用了一千字的篇幅,上述证明简洁多了,只不过四、五行字.

**例5** (1994,全国高中数学联赛)设 $a,b,c$ 是实数,那么对任何实数 $x$,不等式 $a\sin x+b\cos x+c>0$ 都成立的充要条件是(  ).

(A) $a,b$ 同时为 0,且 $c>0$  (B) $\sqrt{a^2+b^2}=c$

(C) $\sqrt{a^2+b^2}<c$  (D) $\sqrt{a^2+b^2}>c$

**解** 因为

$$a\sin x+b\cos x+c>0 \Leftrightarrow f(x)=\sqrt{a^2+b^2}\sin(x+\varphi)+c>0 \tag{4}$$

其中 $\varphi$ 是辅助角.

那么式(4)对一切 $x \in \mathbf{R}$ 恒成立 $\Leftrightarrow f(x)$ 的最小值 $\Leftrightarrow f(x)_{\min}=c-$

$\sqrt{a^2+b^2}>0$,故选(C).

**例6** (1999, 全国高中数学联赛)已知当 $x\in[0,1]$ 时,不等式 $x^2\cos\theta-x(1-x)+1-x^2\sin\theta>0$ 恒成立,试求 $\theta$ 的取值范围.

**解** 原不等式等价于

$$f(x)=(1+\sin\theta+\cos\theta)x^2-(2\sin\theta+1)x+\sin\theta>0$$

令 $x=0,1$,则 $\cos\theta>0,\sin\theta>0$,所以

$$u=\frac{2\sin\theta+1}{2(1+\sin\theta+\cos\theta)}\in(0,1)$$

于是,$f(x)$ 在$[0,1]$上的最小值为$f(u)$. 因此$f(x)>0$对 $x\in[0,1]$ 恒成立当且仅当

$$\begin{cases}\sin\theta>0\\ \cos\theta>0\\ \dfrac{4\sin\theta(1+\sin\theta+\cos\theta)-(2\sin\theta+1)^2}{4(1+\sin\theta+\cos\theta)}>0\end{cases}\Leftrightarrow\begin{cases}\sin\theta>0\\ \cos\theta>0\\ \sin 2\theta>\dfrac{1}{2}\end{cases}\Leftrightarrow$$

$$2k\pi+\frac{\pi}{12}<\theta<2k\pi+\frac{5\pi}{12}(k\in\mathbf{Z})$$

**注** 解本题的技巧在于先取特殊值 $x=0,1$ 得出不等式成立的必要条件 $\cos\theta>0,\sin\theta>0$,从而使求$f(x)$ 的最小值仅有一种情况,避免了分情况讨论.

**例7** (1996 年全国高中数学联赛)求实数 $a$ 的取值范围,使得对任意实数 $x$ 和任意 $\theta\in\left[0,\frac{\pi}{2}\right]$ 恒有

$$(x+3+2\sin\theta\cos\theta)^2+(x+a\sin\theta+a\cos\theta)^2\geqslant\frac{1}{8}$$

**解** 令

$$u=3+2\sin\theta\cos\theta,v=a\sin\theta+a\cos\theta$$
$$F(x)=(x+u)^2+(x+v)^2=2x^2+(u+v)x+u^2+v^2$$

则问题等价于 $F(x)\geqslant\frac{1}{8}$ 对任意实数 $x$ 恒成立,当且仅当 $F(x)$ 的最小值

$$F(x)_{\min}=\frac{1}{2}(u-v)^2\geqslant\frac{1}{8}\Leftrightarrow u-v\leqslant-\frac{1}{2}\text{或}u-v\geqslant\frac{1}{2}\qquad(5)$$

令 $t=\sin\theta+\cos\theta$,则$2\sin\theta\cos\theta=t^2-1$, 由 $\theta\in\left[0,\frac{\pi}{2}\right]$ 知 $t\in[1,\sqrt{2}]$.

又令 $\qquad f(t)=u-v=t^2-at+2\ (t\in[1,\sqrt{2}])$

于是式(5) 对 $\theta\in\left[0,\frac{\pi}{2}\right]$ 恒成立当且仅当$f(t)\leqslant-\frac{1}{2}$对 $t\in[1,\sqrt{2}]$ 恒成立,

或$f(t)\geqslant\frac{1}{2}$对$t\in[1,\sqrt{2}]$恒成立,即当且仅当

$$f(t)_{\max}\leqslant-\frac{1}{2}\ (t\in[1,\sqrt{2}]),\text{或}f(t)_{\min}\geqslant\frac{1}{2}\ (t\in[1,\sqrt{2}])\qquad(6)$$

而$f(t)=t^2-at+2=\left(t-\frac{a}{2}\right)^2+2-\frac{a^2}{4}$,当$t\in[1,\sqrt{2}]$时,$f(t)$的最大值$f(1)=3-a$或$f(\sqrt{2})=4-\sqrt{2}a$.

$f(t)$的最小值分三种情况:

当$1\leqslant\frac{a}{2}\leqslant\sqrt{2}$时,$f(t)_{\min}=f\left(\frac{a}{2}\right)=2-\frac{a^2}{4}$;

当$\frac{a}{2}>\sqrt{2}$时,$f(x)_{\min}=f(\sqrt{2})=4-\sqrt{2}a$;

当$\frac{a}{2}<1$时,$f(x)_{\min}=f(1)=3-a$. 于是

$$\text{式}(6)\Leftrightarrow$$

$$\begin{cases}3-a\leqslant-\frac{1}{2}\\4-\sqrt{2}a\leqslant-\frac{1}{2}\end{cases}\text{或}\begin{cases}1\leqslant\frac{a}{2}\leqslant\sqrt{2}\\2-\frac{a^2}{4}\geqslant\frac{1}{2}\end{cases}\text{或}\begin{cases}\frac{a}{2}>\sqrt{2}\\4-\sqrt{2}a\geqslant\frac{1}{2}\end{cases}\text{或}\begin{cases}\frac{a}{2}<1\\3-a\geqslant\frac{1}{2}\end{cases}\Leftrightarrow$$

$$a\geqslant7\text{或}2\leqslant a\leqslant\sqrt{6}\text{或}a\in\varnothing\text{或}a<2\Leftrightarrow a\geqslant7\text{或}a\leqslant\sqrt{6}$$

故$a$的范围为$(-\infty,\sqrt{6}]\cup[7,+\infty)$.

**例8** 求使不等式$\lg(xy)\leqslant\lg a\cdot\sqrt{\lg^2x+\lg^2y}$对任何大于1的实数$x,y$恒成立的实数$a$的取值范围.

**解** 由$x>1,y>1\Rightarrow\lg x>0,\lg y>0$,因此,原不等式等价于

$$\lg a\geqslant\frac{\lg(xy)}{\sqrt{\lg^2x+\lg^2y}}=\frac{\lg x+\lg y}{\sqrt{\lg^2x+\lg^2y}}=f(x,y)$$

而
$$f(x,y)=\sqrt{\frac{\lg^2x+\lg^2y+2\lg x\lg y}{\lg^2x+\lg^2y}}\leqslant\sqrt{\frac{2(\lg^2x+\lg^2y)}{\lg^2x+\lg^2y}}=\sqrt{2}$$

当且仅当$x=y$时,$f(x,y)$取最大值$\sqrt{2}$.

于是不等式对$x>1,y>1$恒成立当且仅当$\lg a\geqslant\sqrt{2}\Leftrightarrow a\geqslant10^{\sqrt{2}}$,故$a$的范围为$[10^{\sqrt{2}},+\infty)$.

**例9** (2003年全国高考题理科第19题)已知$c>0$,设$P$:函数$y=c^x$在$\mathbf{R}$上单调递减;$Q$:不等式$x+|x-2c|>1$的解集为$\mathbf{R}$. 如果$P$和$Q$有且仅有一个正确,求$c$的取值范围.

**解** 函数$y=c^x$在$\mathbf{R}$上单调递减$\Leftrightarrow0<c<1$.

不等式 $x+|x-2c|>1$ 的解集为 $\mathbf{R} \Leftrightarrow f(x)=x+|x-2c|$ 在 $\mathbf{R}$ 上的最小值大于1，而

$$f(x)=x+|x-2c|=\begin{cases}2x-2c, x \geqslant 2c \\ 2c, \ x<2c\end{cases}$$

在 $\mathbf{R}$ 上最小值为 $2c$，于是 $2c>1 \Leftrightarrow c>\frac{1}{2}$.

如果 $P$ 正确且 $Q$ 不正确，则 $0<c \leqslant \frac{1}{2}$，如果 $P$ 不正确且 $Q$ 正确，则 $c \geqslant 1$.

故 $c$ 的取值范围为 $\left(0, \frac{1}{2}\right] \cup[1,+\infty)$.

**例10** （2004年高考数学福建卷理第21题）已知 $f(x)=\frac{2x-1}{x^{2}+2}(x \in \mathbf{R})$ 在区间 $[-1,1]$ 上是增函数.（1）求实数 $a$ 的值所组成的集合 $A$；（2）设关于 $x$ 的方程 $f(x)=\frac{1}{x}$ 的两个非零实根为 $x_1, x_2$. 试问：是否存在实数 $m$，使得不等式 $m^{2}+tm+1 \geqslant |x_1-x_2|$ 对任意 $a \in A$ 及 $t \in[-1,1]$ 恒成立？若存在，求 $m$ 的取值范围；若不存在，请说明理由.

**解** （1）有

$$f'(x)=\frac{4+2ax-2x^{2}}{(x^{2}+2)^{2}}=\frac{-2(x^{2}-ax-2)}{(x^{2}+2)^{2}}$$

$f(x)$ 在 $[-1,1]$ 上是增函数 $\Rightarrow f'(x) \geqslant 0$ 对 $x \in[-1,1]$ 恒成立，即 $x^{2}-ax-2 \leqslant 0$ 对 $x \in[-1,1]$ 恒成立等价于

$$\varphi(x)=x^{2}-ax-2 \text{ 在}[-1,1] \text{ 的最大值} f(x)_{\max} \leqslant 0 \tag{7}$$

而 $\varphi(x)$ 在 $[-1,1]$ 上的最大值 $f(x)_{\max}=f(-1)$ 或 $f(1)$，于是

$$\text{式}(7) \Leftrightarrow \begin{cases}\varphi(1)=1-a-2 \leqslant 0 \\ \varphi(-1)=1+a-2 \leqslant 0\end{cases} \Leftrightarrow -1 \leqslant a \leqslant 1$$

因为对 $x \in[-1,1]$，$f(x)$ 是连续函数，且只有当 $a=1$ 时，$f'(-1)=0$ 以及当 $a=-1$ 时，$f'(1)=0$，所以 $A=[-1,1]$.

（2）由

$$\frac{2x-1}{x^{2}+2}=\frac{1}{x} \Leftrightarrow x^{2}-ax-2=0, \Delta=a^{2}+8>0$$

知方程 $x^{2}-ax-2=0$ 的两非零实根 $x_1, x_2$，$x_1+x_2=a$，$x_1 x_2=-2$，从而

$$|x_1-x_2|=\sqrt{(x_1+x_2)^{2}-4x_1x_2}=\sqrt{a^{2}+8}$$

而 $-1 \leqslant a \leqslant 1$，则 $|x_1-x_2|=\sqrt{a^{2}+8}|$ 的最大值为3.

要使不等式 $m^{2}+tm+1 \geqslant |x_1-x_2|$ 对任意 $a \in A$ 及 $t \in[-1,1]$ 恒成立，当且仅当 $m^{2}+tm+1 \geqslant 3$ 对任意 $t \in[-1,1]$ 恒成立，即 $m^{2}+tm-2 \geqslant 0$ 对

任意$t\in[-1,1]$恒成立，当且仅当$g(t)=mt+m^2-2$在$[-1,1]$上的最小值

$$g(t)_{\min}\geqslant 0\Leftrightarrow\begin{cases}g(-1)=m^2-m-2\geqslant 0\\g(1)=m^2-m-2\geqslant 0\end{cases}\Leftrightarrow m\leqslant -2\text{ 或 }m\geqslant 2$$

所以,存在实数$m$,使不等式$m^2+tm+1\geqslant|x_1-x_2|$对任意$a\in A$及$t\in[-1,1]$恒成立,其取值范围是$(-\infty,-2]\cup[2,+\infty)$.

**例 11** 求使不等式$\sin^2x+a\cos x+a^2\geqslant 1+\cos x$对一切$x\in\mathbf{R}$恒成立的负数$a$的取值范围.

**解** 原不等式即

$$\cos^2x+(1-a)\cos x-a^2\leqslant 0\tag{8}$$

令$\cos x=t$,由$x\in\mathbf{R}$知$t\in[-1,1]$,于是式(8)对一切$x\in\mathbf{R}$恒成立当且仅当

$$f(t)=t^2+(1-a)t-a^2\leqslant 0\tag{9}$$

对一切$t\in[-1,1]$恒成立,其充要条件为$f(t)$在$[-1,1]$上的最大值$f(t)_{\max}\leqslant 0$,而$f(t)_{\max}=f(1)$或$f(-1)$,因此式(9)对一切$t\in[-1,1]$恒成立,当且仅当

$$\begin{cases}a<0\\f(1)=1+1-a-a^2\leqslant 0\\f(-1)=1-(1-a)-a^2\leqslant 0\end{cases}\Leftrightarrow\begin{cases}a<0\\a\leqslant -2\text{ 或 }a\geqslant 1\\a\leqslant 0\text{ 或 }a\geqslant 1\end{cases}\Leftrightarrow a\leqslant -2$$

故所求的$a$的范围为$(-\infty,-2)(-\infty,-2]$.

**例 12** 已知数列$\{a_n\}$的前$n$项和为$S_n$,$p$为非零常数,满足条件

$$a_1=1;S_n=4a_n+S_{n-1}-pa_{n-1}(n\geqslant 2);\lim_{n\to\infty}S_n=\frac{3}{2}$$

(1) 求证数列$\{a_n\}$是等比数列;

(2) 求数列$\{a_n\}$的通项公式;

(3) 若$c_n=t^n[n(\lg 3+\lg t)+\lg a_{n+1}](t>1)$,且$\{c_n\}$中的每一项总小于它后面的项. 求实数$t$的取值范围.

**解** (1) 易证$\{a_n\}$是首项为1,公比为$\frac{p}{3}$的等比数列;

(2) 易求得$a_n=\left(\frac{1}{3}\right)^{n-1}$;

(3)$c_n=t^n[n(\lg 3+\lg t)+\lg a_{n+1}]=t^n\left[n(\lg 3+\lg t)+\lg\left(\frac{1}{3}\right)^n\right]=nt^n\lg t$,由题意知$c_{k+1}-c_k>0(k=1,2,3,\cdots)$恒成立,即

$$c_{k+1}-c_k=(k+1)t^{k+1}\lg t-kt^k\lg t=t^k(\lg t)[(t-1)k+t]>0$$

对任意自然数$k>0$恒成立.

因$t>0,t^n>0$,则

$$c_{k+1}-c_k>0(k=1,2,3,\cdots)\Leftrightarrow f(k)=(\lg t)[(t-1)k+t]>0$$

对任意自然数 $k>0$ 恒成立. 而 $f(k)$ 为 $k$ 的一次函数,当 $(\lg t)(t-1)\leqslant 0$ 时, $f(k)>0$ 不可能对任意自然数 $k>0$ 恒成立;当 $(\lg t)(t-1)>0$ 时, $f(k)(k\in\mathbf{N},k>0)$ 的最小值为 $f(1)=(2t-1)\lg t$.

于是, $f(k)>0$ 对任意自然数 $k>0$ 恒成立当且仅当

$$\begin{cases}(\lg t)(t-1)>0\\(2t-1)\lg t>0\end{cases}\Leftrightarrow\begin{cases}\lg t>0\\t-1>0\\2t-1>0\end{cases}\text{或}\begin{cases}\lg t<0\\t-1<0\\2t-1<0\end{cases}\Leftrightarrow t>1\text{ 或 }0<t<\frac{1}{2}$$

故实数 $t$ 的取值范围为 $\left(-\infty,\frac{1}{2}\right)\cup(1,+\infty)$.

## 练习题

1. 已知不等式 $\frac{1}{n}+\frac{1}{n+1}+\frac{1}{n+2}+\cdots+\frac{1}{2n}<\frac{11a}{6}-\frac{11}{3a}$ 对一切正整数 $n$ 恒成立,求实数 $a$ 的取值范围(答案 $(-1,0)\cup(2,+\infty)$).

2. 若函数 $f(x)=a+b\cos x+c\sin x$ 的图像经过 $(0,1)$, $\left(\frac{\pi}{2},1\right)$ 两点,求使 $|f(x)|\leqslant 2$,对 $x\in\left[0,\frac{\pi}{2}\right]$ 恒成立的 $a$ 的取值范围(答案 $[-\sqrt{2},3\sqrt{2}+4]$).

3. $f(x)=x^2+ax+3$,对 $x\in[-2,2]$ 恒有 $f(x)\geqslant a$,求实数 $a$ 的取值范围(答案 $[-7,2]$).

# 运用夹逼法解数学竞赛题

“如果 $x \geqslant A$ 且 $x \leqslant A$，那么 $x = A$” 这就是所谓的夹逼原理，其极限形式为“如果 $a_n \leqslant X_n \leqslant b_n$，且 $\lim\limits_{n\to\infty} a_n = \lim\limits_{n\to\infty} b_n = A$，那么 $\lim\limits_{n\to\infty} X_n = A$”，这一原理虽然简单，但在解数学竞赛题中却有着广泛的应用.

**例1** （2002，全国高中数学联赛）已知 $f(x)$ 是定义在 $\mathbf{R}$ 上的函数，$f(1)=1$ 且对任意 $x \in \mathbf{R}$ 都有

$$f(x+5) \geqslant f(x)+5, f(x+1) \leqslant f(x)+1$$

若 $g(x)=f(x)+1-x$，则 $g(2\,002)=$ ________.

**解** 由

$$g(x)=f(x)+1-x \Rightarrow f(x)=g(x)+x-1$$

所以

$$g(x+5)+(x+5)-1 \geqslant g(x)+(x-1)+5$$
$$g(x+1)+(x+1)-1 \leqslant g(x)+(x-1)+1$$

即

$$g(x+5) \geqslant g(x), g(x+1) \leqslant g(x)$$

所以

$$g(x) \leqslant g(x+5) \leqslant g(x+4) \leqslant g(x+2) \leqslant g(x+1) \leqslant g(x)$$

于是

$$g(x+1)=g(x)$$

即 $g(x)$ 是周期为1的周期函数，又 $g(1)=1$，故 $g(2\,002)=1$.

**例2** （2002，全国高中数学联赛）设二次函数 $f(x)=ax^2+bx+c(a,b,c \in \mathbf{R}, a \neq 0)$ 满足条件：

(1) 当 $x \in \mathbf{R}$ 时，$f(x-4)=f(2-x)$，且 $f(x) \geqslant x$；

(2) 当 $x \in (0,2)$ 时，$f(x) \leqslant \left(\dfrac{x+1}{2}\right)^2$；

(3) $f(x)$ 在 $\mathbf{R}$ 上的最小值为0.

求最大的 $m(m>1)$，使得存在 $t \in \mathbf{R}$，只要 $x \in [1,m]$，就有 $f(x+t) \leqslant x$.

**解** 由 $f(x-4)=f(2-x)$，知函数的图像关于 $x=-1$ 对称，则 $-\dfrac{b}{2a}=-1$，$b=2a$，由(3)知，$x=-1$ 时，$y=0$，即 $a-b+c=0$，由(1)得 $f(1) \geqslant 1$，由(2)得 $f(1) \leqslant 1$，则 $f(1)=1$，即

$$a+b+c=1,\text{又 } a-b+c=0\Rightarrow$$

$$b=\frac{1}{2},a=\frac{1}{4},c=\frac{1}{4}\Rightarrow f(x)=\frac{1}{4}x^2+\frac{1}{2}x+\frac{1}{4}$$

假设存在 $t\in\mathbf{R}$,只要 $x\in[1,m]$,就有 $f(x+t)\leqslant x$. 取 $x=1$ 有

$$f(t+1)\leqslant 1\Rightarrow\frac{1}{4}(t+1)^2+\frac{1}{2}(t+1)+\frac{1}{4}\leqslant 1\Rightarrow -4\leqslant t\leqslant 0$$

对固定的 $t\in[-4,0]$,取 $x=m$,有

$$f(t+m)\leqslant m\Leftrightarrow$$

$$\frac{1}{4}(t+m)^2+\frac{1}{2}(t+m)+\frac{1}{4}\leqslant m\Leftrightarrow$$

$$m^2-2(1-t)m+(t^2+2t+1)\leqslant 0\Leftrightarrow$$

$$1-t-\sqrt{-4t}\leqslant m\leqslant 1-t+\sqrt{-4t}$$

于是 $$m\leqslant 1-t+\sqrt{-4t}=1-(-4)+\sqrt{-4(-4)}=9$$

当 $t=-4$ 时,对任意的 $x\in[1,9]$,恒有

$$f(x-4)-x=\frac{1}{4}(x^2-10x+9)=\frac{1}{4}(x-1)(x-9)\leqslant 0$$

所以 $m$ 的最大值为 9.

**例 3** (1996,第 27 届 IMO)设 $f$ 为定义在非负实数集上且取非负实数值的函数,求所有满足下列条件的 $f$:

(1) $f(xf(y))f(y)=f(x+y)$; (2) $f(2)=0$; (3) 当 $0\leqslant x\leqslant 2$ 时,$f(x)\neq 0$.

**解** 由于 $f(2)=0$,故可分为 $x>2$ 和 $0\leqslant x<2$ 两种情况:

当 $x>2$ 时,令 $x=t+2(t>0)$,由条件(1),(2)得

$$f(x)=f(t+2)=f[tf(2)]\cdot f(2)=0$$

当 $0\leqslant x<2$ 时,令 $x=2-t(t>0)$,由条件(1),(2)

$$f(2)=f(x+t)=f[tf(x)]\cdot f(x)=0$$

由条件(3)可知:当 $0\leqslant x\leqslant 2$ 时,$f(x)\neq 0$,于是 $f[tf(x)]=0$. 再由(1)的结果可得

$$tf(x)\geqslant 2,f(x)\geqslant\frac{2}{t}=\frac{2}{2-x}\tag{1}$$

再取 $0\leqslant x+t<2$,则

$$f(x+t)=f[tf(x)]\cdot f(x)\neq 0\Rightarrow f[tf(x)]\neq 0$$

由条件(3)得

$$tf(x)<2,f(x)<\frac{2}{t}$$

令 $t\to 2-x$ 有

$$f(x) \leqslant \frac{2}{2-x} \tag{2}$$

由式(1),(2)及夹逼原理可得

$$f(x)=\frac{2}{2-x}$$

故所求函数为

$$f(x)=\begin{cases}0(x>2)\\ \dfrac{2}{2-x}(0<x<2)\end{cases}$$

**例4** (1983,第24届IMO)求满足条件:(1)对所有正实数 $x,y$,$f(xf(y))=yf(x)$;(2)$x\to\infty$,$f(x)\to 0$ 的所有定义在正实数集上取正值的函数 $f$.

**解** 对任意正实数 $A$,任取 $x_0>0$,由 $f(x_0)>0$,知 $y_0=\dfrac{A}{f(x_0)}>0$,由(1)有

$$f(x_0f(y_0))=y_0f(x_0)=A$$

故对任意正实数都位于 $f$ 的值域内. 特别地,存在 $y>0$,使 $f(y)=1$,则

$$f(1)=f(1\cdot f(y))=y\cdot f(1)$$

而 $f(1)>0$,所以,$y=1\Rightarrow f(1)=1$,即1为 $f$ 的不动点. 又 $f(xf(x))=xf(x)$,即 $xf(x)$ 为 $f$ 的不动点.

若 $f(a)=a$,$f(b)=b$,则

$$f(ab)=f(af(b))=bf(a)=ba=ab$$

即 $ab$ 为 $f$ 的不动点. 特别地,$a^n(n\in\mathbf{N}^*)$ 为 $f$ 的不动点,故 $f$ 不存在大于1的不动点,这是因为若 $f(a)=a$ 且 $a>1$,则 $f(a^n)=a^n\to+\infty$,这与(2)矛盾.

因为对 $x>0$,$xf(x)$ 为 $f$ 的不动点

$$xf(x)\leqslant 1\Leftrightarrow f(x)\leqslant\frac{1}{x}(x\in\mathbf{R}^+) \tag{3}$$

又若 $f(a)=a$,则

$$1=f(1)=f\left(\frac{1}{a}f(a)\right)=af\left(\frac{1}{a}\right)\Rightarrow f\left(\frac{1}{a}\right)=\frac{1}{a}$$

即 $\dfrac{1}{a}$ 为 $f$ 的不动点. 所以 $\dfrac{1}{xf(x)}$ 也为 $f$ 的不动点,则 $\dfrac{1}{xf(x)}\leqslant 1$,即

$$f(x)\geqslant\frac{1}{x}(x\in\mathbf{R}^+) \tag{4}$$

由式(3),(4)可得

$$f(x)=\frac{1}{x}(x\in\mathbf{R}^+)$$

**例 5** (1989,第四届 CMO)$f$ 是定义在$(1,+\infty)$上且在$(1,+\infty)$中取值的函数,满足条件:对任何 $x,y>1$ 及 $u>,v>0$ 都成立

$$f(x^u y^v)\leqslant f(x)^{\frac{1}{4u}}f(y)^{\frac{1}{4v}} \tag{5}$$

试确定这样的函数 $f$.

**解** 令 $x=y>1,u=v>0$,由式(5)有

$$f(x^{2u})\leqslant f(x)^{\frac{1}{2u}}$$

作变换 $u\to 2u$,则对 $x>1$ 及 $u>0$ 有

$$f(x^u)\leqslant f(x)^{\frac{1}{u}} \tag{6}$$

令 $y=x^u,v=\dfrac{1}{u}$,由式(6)有

$$f(y)\leqslant f(y^v)^v\Leftrightarrow f(y^v)\geqslant f(y)^{\frac{1}{v}}$$

$x$ 代换 $y$,$u$ 代换 $v$,则对 $x>1$ 及 $u>0$ 有

$$f(x^u)\geqslant f(x)^{\frac{1}{u}} \tag{7}$$

由式(6),(7)知

$$f(x^u)=f(x)^{\frac{1}{u}} \tag{8}$$

取 $x=\mathrm{e},t=\mathrm{e}^u\Leftrightarrow u=\ln t$,当 $u$ 从 0 变到 $+\infty$ 时,$t$ 从 1 变到 $+\infty$ 时,于是式(8)变为

$$f(t)=f(\mathrm{e})^{\frac{1}{\ln t}}$$

令 $f(\mathrm{e})=a>1$,用 $x$ 代 $t$,则

$$f(x)=a^{\frac{1}{\ln x}} \tag{9}$$

另一方面,设 $f(x)=a^{\frac{1}{\ln x}}(a>1)$,由柯西不等式得

$$\left(\frac{1}{4u\ln x}+\frac{1}{4v\ln y}\right)(u\ln x+v\ln y)\geqslant$$

$$\left(\sqrt{\frac{1}{4u\ln x}u\ln x}+\sqrt{\frac{1}{4v\ln y}v\ln y}\right)^2=1\Rightarrow$$

$$\frac{1}{4u\ln x}+\frac{1}{4v\ln y}\geqslant\frac{1}{u\ln x+v\ln y}=\frac{1}{\ln x^u y^v}\Rightarrow$$

$$a^{\frac{1}{4u\ln x}+\frac{1}{4v\ln y}}\geqslant a^{\frac{1}{\ln x^u y^v}}\Leftrightarrow f(x^u y^v)\leqslant f(x)^{\frac{1}{4u}}f(y)^{\frac{1}{4v}}$$

综上所述,$f(x)=a^{\frac{1}{\ln x}}(a>1)$.

**例 6** (第 50 届普南特数学竞赛)若 $11z^{10}+10\mathrm{i}z^9+10\mathrm{i}z-11=0$,求证:$|z|=1$.

**证明** 由已知有

$$z^9\left(z+\frac{10}{11}\mathrm{i}\right)=1-\frac{10}{11}\mathrm{i}\cdot z$$

设 $z_0=-\frac{10}{11}\mathrm{i}$，显然 $\overline{z_0}=\frac{10}{11}\mathrm{i}$，$|z_0|<1$，则

$$|z|^9=\frac{|1-\overline{z_0}z|}{|z-z_0|}$$

若 $|z|\geqslant 1$，则

$$|z-z_0|\geqslant|1-\overline{z_0}z|\Rightarrow|z|^9\leqslant 1\Rightarrow|z|\leqslant 1\Rightarrow|z|=1$$

若 $|z|\leqslant 1$，则

$$|z-z_0|\leqslant|1-\overline{z_0}z|\Rightarrow|z|^9\geqslant 1\Rightarrow|z|\geqslant 1\Rightarrow|z|=1$$

故 $|z|=1$.

**例 7** （1992，第七届 CMO）设方程

$$x^n+a_{n-1}x^{n-1}+\cdots+a_1x+a_0=0 \tag{10}$$

的系数都是实数，且满足 $0<a_0\leqslant a_1\leqslant a_2\leqslant\cdots\leqslant a_{n-1}\leqslant 1$，已知 $\lambda$ 是此方程的复数根且 $|\lambda|\geqslant 1$，试证明 $\lambda^{n+1}=1$.

**证明** 由条件可知，$\lambda\neq 0,1$

$$\begin{aligned}0&=(\lambda-1)(\lambda^n+a_{n-1}\lambda^{n-1}+\cdots+a_1\lambda+a_0)=\\&\lambda^{n+1}+(a_{n-1}-1)\lambda^n+(a_{n-2}-a_{n-1})\lambda^{n-1}+\cdots+(a_0-a_1)\lambda-a_0\end{aligned}$$

于是

$$\lambda^{n+1}=(1-a_{n-1})\lambda^n+(a_{n-1}-a_{n-2})\lambda^{n-1}+\cdots+(a_1-a_0)\lambda+a_0$$

因

$$|\lambda|\geqslant 1 \text{ 及 } 0<a_0\leqslant a_1\leqslant a_2\leqslant\cdots\leqslant a_{n-1}\leqslant 1$$

上式两边取模得

$$\begin{aligned}|\lambda^{n+1}|&=|(1-a_{n-1})\lambda^n+(a_{n-1}-a_{n-2})\lambda^{n-1}+\cdots+(a_1-a_0)\lambda+a_0|\leqslant\\&(1-a_{n-1})|\lambda|^n+(a_{n-1}-a_{n-2})|\lambda|^{n-1}+\cdots+(a_1-a_0)|\lambda|+a_0\leqslant\\&[(1-a_{n-1})+(a_{n-1}-a_{n-2})+\cdots+(a_1-a_0)+a_0]|\lambda|^n=\\&|\lambda|^n\end{aligned}$$

因此

$$|\lambda|\leqslant 1\text{，又 }|\lambda|\geqslant 1\Rightarrow|\lambda|=1\text{ 且上式取等号}$$

故复数

$$(1-a_{n-1})\lambda^n,\ (a_{n-1}-a_{n-2})\lambda^{n-1},\cdots,\ (a_1-a_0)\lambda,a_0$$

的辐角相同，而 $a_0$ 为正实数，所以

$$\begin{aligned}&(1-a_{n-1})\lambda^n\geqslant 0,\ (a_{n-1}-a_{n-2})\lambda^{n-1}\geqslant 0,\cdots,\ (a_1-a_0)\lambda\geqslant 0\Rightarrow\\&\lambda^{n+1}=(1-a_{n-1})\lambda^n+(a_{n-1}-a_{n-2})\lambda^{n-1}+\cdots+(a_1-a_0)\lambda+a_0\geqslant 0\end{aligned}$$

故

$$\lambda^{n+1}=|\lambda^{n+1}|=|\lambda|^{n+1}=1$$

**例 8** （第二届全国数学竞赛命题比赛获奖命题. 中等数学 1994 年第 3 期：

“蒋明斌,数学奥林匹克问题高 18 题”) 设一元 $n$ 次方程

$$b_nx^n + b_{n-1}x^{n-1} + \cdots + b_1x + b_0 = 0 \tag{11}$$

的系数都是虚数,$b_k = a_k + \mathrm{i}a_{n-k}(k = 0,1,2,\cdots,n)$ 且满足

$$0 < a_0 < a_1 < a_2 < \cdots < a_{n-1} < a_n$$

若 $z$ 是此方程的复数根,试证明 $|z| = 1$.

**解** 设$f(x) = a_nx^n + a_{n-1}x^{n-1} + \cdots + a_1x + a_0z_0$ 是方程$f(x) = 0$ 的根,则 $|z_0| < 1$.

事实上,由条件可知 $z_0 \neq 0,1$,因为

$$0 = (z_0 - 1)(a_nz_0{}^n + a_{n-1}z_0{}^{n-1} + \cdots + a_1z_0 + a_0) =$$
$$a_nz_0{}^{n+1} + (a_{n-1} - a_n)z_0{}^n + (a_{n-2} - a_{n-1})z_0{}^{n-1} + \cdots +$$
$$(a_0 - a_1)z_0 - a_0$$

所以

$$a_nz_0{}^{n+1} = (a_n - a_{n-1})z_0{}^n + (a_{n-1} - a_{n-2} - a_{n-1})z_0{}^{n-1} + \cdots + (a_1 - a_0)z_0 + a_0$$

假设 $|z_0| \geqslant 1$,则

$$|a_nz_0{}^{n+1}| = |(a_n - a_{n-1})z_0{}^n + (a_{n-1} - a_{n-2})z_0{}^{n-1} + \cdots + (a_1 - a_0)z_0 + a_0| <$$

(之所以没取等号,是因为$(a_n - a_{n-1})z_0{}^n,(a_{n-1} - a_{n-2})z_0{}^{n-1},\cdots,(a_1 - a_0)z_0,a_0$ 的辐角不能完全相等,除非 $z_0 \geqslant 0$,但此时 $z_0$ 不是$f(x) = 0$ 的根)

$$(a_n - a_{n-1})|z_0|^n + (a_{n-1} - a_{n-2})|z_0|^{n-1} + \cdots + (a_1 - a_0)|z_0| + a_0 \leqslant$$
$$[(a_n - a_{n-1}) + (a_{n-1} - a_{n-2}) + \cdots + (a_1 - a_0) + a_0]|z_0|^n = a_n|z_0|^n$$

因此

$$|a_nz_0{}^{n+1}| < a_n|z_0|^n \Leftrightarrow |z_0| < 1$$

这与假设 $|z_0| \geqslant 1$ 矛盾. 故 $|z_0| < 1$.

设 $z_k(k = 1,2,\cdots,n)$ 为$f(x) = 0$ 的 $n$ 个根,则 $|z_k| < 1$

$$f(x) = a_nx^n + a_{n-1}x^{n-1} + \cdots + a_1x + a_0 =$$
$$a_n(x - z_1)(x - z_2)\cdots(x - z_n)$$

两边取共轭,并注意到$\overline{a_k} = a_k(k = 0,1,2,\cdots,n)$,得

$$a_n\,\overline{x}^n + a_{n-1}\,\overline{x}^{n-1} + \cdots + a_1\overline{x} + a_0 =$$
$$a_n(\overline{x} - \overline{z_1})(\overline{x} - \overline{z_2})\cdots(\overline{x} - \overline{z_n})$$

以$\overline{\left(\frac{1}{x}\right)}$ 代上式的 $x$,可得

$$a_n\left(\frac{1}{x}\right)^n + a_{n-1}\left(\frac{1}{x}\right)^{n-1} + \cdots + a_1\left(\frac{1}{x}\right) + a_0 =$$
$$a_n\left(\frac{1}{x} - \overline{z_1}\right)\left(\frac{1}{x} - \overline{z_2}\right)\cdots\left(\frac{1}{x} - \overline{z_n}\right)$$

即

$$a_0x^n + a_1x^{n-1} + \cdots + a_{n-1}x + a_n =$$
$$a_n(1 - \overline{z_1}x)(1 - \overline{z_2}x)\cdots(1 - \overline{z_n}x)$$

因此方程(11)可改写成

$$a_n(x - z_1)(x - z_2)\cdots(x - z_n) =$$
$$(-\mathrm{i})a_n(1 - \overline{z_1}x)(1 - \overline{z_2}x)\cdots(1 - \overline{z_n}x)$$

两边取模,得

$$|x - z_1||x - z_2|\cdots|x - z_n| = |1 - \overline{z_1}x||1 - \overline{z_2}x|\cdots|1 - \overline{z_n}x|$$

故

$$|z - z_1||z - z_2|\cdots|z - z_n| = |1 - \overline{z_1}z||1 - \overline{z_2}z|\cdots|1 - \overline{z_n}z| \quad (12)$$

注意到$|z - z_k|^2 - |1 - \overline{z_k}z|^2 = (|z|^2 - 1)(1 - |z_k|^2)$且$|z_k| < 1$ $(k = 1,2,\cdots,n)$,则

$$|z| \geqslant 1 \Leftrightarrow |z - z_k| \geqslant |1 - \overline{z_k}z|, |z| \leqslant 1 \Leftrightarrow |z - z_k| \leqslant |1 - \overline{z_k}z|$$
$$(k = 1,2,\cdots,n)$$

因此式(12)成立,当且仅当$|z| = 1$.

**例 9** (1982,第23届IMO)设$f(n)$是定义在正整数集上,取非负整数值的函数,且对一切$m,n$满足

$$f(m + n) - f(m) - f(n) = 0 \text{ 或 } 1$$

又知$f(2) = 0, f(3) > 0, f(9\ 999) = 3\ 333$,求$f(1\ 982)$.

**解** 由题设等式,有

$$f(m) + f(n) \leqslant f(m + n) \leqslant f(m) + f(n) + 1 \quad (13)$$

令$m = n = 1$,得

$$2f(1) \leqslant f(2) = 0 \Rightarrow f(1) = 0$$

令$m = 1, n = 2$,得

$$0 \leqslant f(3) \leqslant 1 \Rightarrow f(3) = 1$$

由式(13)得

$$f(n + 3) \geqslant f(n) + f(3) = f(n) + 1$$

所以

$$f(n + 3k) \geqslant f(n) + k \Rightarrow f(3m) \geqslant m(m = 1,2,\cdots)$$

若对某个$m < 3\ 333, f(3m) > m \Rightarrow f(3m) \geqslant m + 1$,则

$$f(9\ 999) \geqslant f(9\ 999 - 3m) + f(3m) \geqslant 3\ 333 - 1 + m + 1 > 333$$

这与题设矛盾,所以

$$f(3m) = m(m = 1,2,\cdots,3\ 333) \Rightarrow$$
$$f(1\ 980) = 660, f(1\ 982) \geqslant f(1\ 982) + f(2) = 660$$

$$f(1\ 982) \geqslant f(1\ 982) + f(2) = 660$$

又 $$1\ 982 = f(3 \times 1\ 982) \geqslant 3f(1\ 982) \Leftrightarrow f(1\ 982) \leqslant \frac{1\ 982}{3} < 661$$

而 $$f(1\ 982) \in \mathbf{N}^* \Rightarrow f(1\ 982) \leqslant 660$$

故 $$f(1\ 982) = 660$$

**例 10** 设常数 $c > 0$,数列 $\{a_n\}$ 满足:$a_1 = \sqrt{c}$,$a_{n+1} = \sqrt{c + a_n}$,求 $\lim\limits_{n\to\infty} a_n$ 的值.

**解** 假设 $\lim\limits_{n\to\infty} a_n$ 存在,并设 $\lim\limits_{n\to\infty} a_n = x_0$,则 $\lim\limits_{n\to\infty} a_{n+1} = \sqrt{c + \lim\limits_{n\to\infty} a_n}$,即 $x_0 = \sqrt{c + x_0}$,注意到 $a_n > 0$,有 $x_0 > 0$,则 $x_0 = \dfrac{1 + \sqrt{1 + 4c}}{2}$,下面证明

$$\lim_{n\to\infty} a_n = x_0 = \frac{1 + \sqrt{1 + 4c}}{2}$$

显然 $x_0 = \sqrt{c + x_0}$ 且 $x_0 > 1$,因为

$$|a_{n+1} - x_0| = |\sqrt{c + a_n} - x_0| = |\sqrt{c + a_n} - \sqrt{c + x_0}| = \frac{|a_n - x_0|}{|\sqrt{c + a_n} + \sqrt{c + x_0}|} < \frac{1}{x_0}|a_n - x_0|$$

所以

$$0 \leqslant |a_n - x_0| < \left(\frac{1}{x_0}\right)^{n-1}|a_1 - x_0| = \left(\frac{1}{x_0}\right)^{n-1}|\sqrt{c} - x_0|$$

而 $x_0 > 1 \Leftrightarrow 0 < \dfrac{1}{x_0} < 1 \Leftrightarrow \lim\limits_{n\to\infty}\left(\dfrac{1}{x_0}\right)^n = 0$,则

$$0 \leqslant \lim_{n\to\infty}(a_n - x_0) \leqslant 0 \Rightarrow \lim_{n\to\infty}(a_n - x_0) = 0$$

故 $$\lim_{n\to\infty} a_n = x_0 = \frac{1 + \sqrt{1 + 4c}}{2}$$

# 巧用柯西不等式证不等式竞赛题

设 $a_i,b_i \in \mathbf{R}(i=1,2,\cdots,n)$,则

$$(a_1^2+a_2^2+\cdots+a_n^2)(b_1^2+b_2^2+\cdots+b_n^2) \geqslant (a_1b_1+a_2b_2+\cdots+a_nb_n)^2 \tag{A}$$

当且仅当且 $b_i=\lambda a_i(i=1,2,\cdots,n)$ 时式(A)取等号.

这就是著名的柯西不等式,它还有如下等价形式:

设 $a_i,b_i>0(i=1,2,\cdots,n)$,则

$$\frac{a_1^2}{b_1}+\frac{a_2^2}{b_2}+\cdots+\frac{a_n^2}{b_n} \geqslant \frac{(a_1+a_2+\cdots+a_n)^2}{b_1+b_2+\cdots+b_n} \tag{B}$$

当且仅当且 $\frac{a_1}{b_1}=\frac{a_2}{b_2}=\cdots=\frac{a_n}{b_n}$ 时式(B)取等号,用这一形式处理分式要方便些.

柯西不等式是处理不等式问题的重要工具.有些证明不等式的题目表面上看与柯西不等式无关,然而通过对原不等式作适当的变形改造后却可以应用柯西不等式加以解决,当然具体如何变形改造是关键,也是难点,这往往需要经过观察、直觉、猜测、推理等.本文从近年来各类数学竞赛中选取了几道证明不等式(或求最值)的题目,通过巧妙变形后应用柯西不等式加以解决,证明过程简单明快.

**例1** (2006年中国数学奥林匹克国家集训队考试题(三)第二题)设已知 $x_1,x_2,\cdots,x_n$ 是正数,且满足 $\sum\limits_{i=1}^{n}x_i=1$,求证

$$\left(\sum_{i=1}^{n}\sqrt{x_i}\right)\left(\sum_{i=1}^{n}\frac{1}{\sqrt{1+x_i}}\right) \leqslant \frac{n^2}{\sqrt{n+1}}$$

**证明** 设 $1+x_i=y_i$,则 $x_i=y_i-1$, $y_i>1(i=1,2,\cdots,n)$, $\sum\limits_{i=1}^{n}y_i=n+1$,则原不等式等价于

$$\left(\sum_{i=1}^{n}\sqrt{y_i-1}\right)\left(\sum_{i=1}^{n}\frac{1}{\sqrt{y_i}}\right) \leqslant \frac{n^2}{\sqrt{n+1}} \tag{1}$$

由柯西不等式有

$$\sqrt{y_1-1}\cdot\frac{1}{\sqrt{n}}+\sqrt{y_2-1}\cdot\frac{1}{\sqrt{n}}+\sqrt{y_3-1}\cdot\frac{1}{\sqrt{n}}+\cdots+\sqrt{y_n-1}\cdot\frac{1}{\sqrt{n}} \leqslant$$

$$\sqrt{\left[\frac{1}{n}+y_2+y_3+\cdots+y_n-(n-1)\right]\left(y_1-1+\frac{n-1}{n}\right)}=$$

$$\sqrt{\left(\frac{1}{n}+n+1-y_1-n+1\right)\left(y_1-\frac{1}{n}\right)}=$$

$$\sqrt{-y_1{}^2+\frac{2(n+1)}{n}y_1-\frac{2n+1}{n^2}}$$

所以

$$\frac{\sum_{i=1}^{n}\sqrt{y_i-1}}{\sqrt{y_1}}\leqslant\sqrt{n}\sqrt{-y_1+\frac{2}{n}(n+1)-\frac{2n+1}{n^2}\frac{1}{y_1}}$$

同理,有

$$\frac{\sum_{i=1}^{n}\sqrt{y_{i-1}}}{\sqrt{y_2}}\leqslant\sqrt{n}\sqrt{-y_2+\frac{2}{n}(n+1)-\frac{2n+1}{n^2}\frac{1}{y_2}}$$

$$\vdots$$

$$\frac{\sum_{i=1}^{n}\sqrt{y_i}-1}{\sqrt{y_n}}\leqslant\sqrt{n}\sqrt{-y_n+\frac{2}{n}(n+1)-\frac{2n+1}{n^2}\frac{1}{y_n}}$$

相加并应用柯西不等式,有

$$\left(\sum_{i=1}^{n}\sqrt{y_i-1}\right)\left(\sum_{i=1}^{n}\frac{1}{\sqrt{y_i}}\right)\leqslant\sqrt{n}\sum_{i=1}^{n}\sqrt{-y_i+\frac{2}{n}(n+1)-\frac{2n+1}{n^2}\frac{1}{y_i}}=$$

$$n\sqrt{-(n+1)+2(n+1)-\frac{2n+1}{n^2}\sum_{i=1}^{n}\frac{1}{y_i}}=$$

$$n\sqrt{n+1-\frac{(2n+1)}{n^2}\sum_{i=1}^{n}\frac{1}{y_i}}$$

由柯西不等式的等价形式(B)有

$$\sum_{i=1}^{n}\frac{1}{y_i}\geqslant\frac{n^2}{\sum_{i=1}^{n}y_i}=\frac{n^2}{n+1}$$

所以

$$\left(\sum_{i=1}^{n}\sqrt{y_i-1}\right)\left(\sum_{i=1}^{n}\frac{1}{\sqrt{y_i}}\right)\leqslant n\sqrt{n+1-\frac{(2n+1)}{n^2}\sum_{i=1}^{n}\frac{1}{y_i}}\leqslant$$

$$n\sqrt{n+1-\frac{2n+1}{n^2}\cdot\frac{n^2}{n+1}}=\frac{n^2}{\sqrt{n+1}}$$

即式(1)成立,故原不等式成立.

**注** 本题命题者提供的解答用的三角代换,过程复杂且不易想到,不如上述用柯西不等式简洁明快.

**例 2** （2004 年中国西部数学奥林匹克第八题）求证：对任意正实数 $a,b,c$ 都有

$$1<\frac{a}{\sqrt{a^2+b^2}}+\frac{b}{\sqrt{b^2+c^2}}+\frac{c}{\sqrt{c^2+a^2}}\leqslant\frac{3\sqrt{2}}{2} \tag{2}$$

**证明** 左边不等式易证，下面证右边不等式，由柯西不等式有

$$\left(\frac{a}{\sqrt{a^2+b^2}}+\frac{b}{\sqrt{b^2+c^2}}+\frac{c}{\sqrt{c^2+a^2}}\right)^2=$$

$$\left(\sqrt{a^2+c^2}\cdot\frac{a}{\sqrt{(a^2+b^2)(a^2+c^2)}}+\sqrt{b^2+a^2}\cdot\frac{b}{\sqrt{(b^2+c^2)(b^2+a^2)}}+\right.$$

$$\left.\sqrt{c^2+b^2}\cdot\frac{c}{\sqrt{(c^2+a^2)(c^2+b^2)}}\right)^2\leqslant$$

$$2(a^2+b^2+c^2)\cdot$$

$$\left(\frac{a^2}{(a^2+b^2)(a^2+c^2)}+\frac{b^2}{(b^2+c^2)(b^2+a^2)}+\frac{c^2}{(c^2+a^2)(c^2+b^2)}\right)$$

因此，要证式(2) 右边不等式，只需证

$$4(a^2+b^2+c^2)\left(\frac{a^2}{(a^2+b^2)(a^2+c^2)}+\right.$$

$$\left.\frac{b^2}{(b^2+c^2)(b^2+a^2)}+\frac{c^2}{(c^2+a^2)(c^2+b^2)}\right)\leqslant\frac{9}{2}\Leftrightarrow$$

$$4(a^2+b^2+c^2)[a^2(b^2+c^2)+b^2(c^2+a^2)+c^2(a^2+b^2)]\leqslant$$

$$9(a^2+b^2)(b^2+c^2)(c^2+a^2)\Leftrightarrow$$

$$8(a^2+b^2+c^2)(a^2b^2+b^2c^2+c^2a^2)\leqslant 9(a^2+b^2)(b^2+c^2)(c^2+a^2)\Leftrightarrow$$

$$a^4b^2+b^4c^2+c^4a^2+a^2b^4+b^2c^4+c^2a^4\geqslant 6a^2b^2c^2$$

由均值不等式知，后一不等式显然成立，因而原不等式成立.

**注** 本题右边的不等式证明难度较大，命题人给出的证明很难想到，据说当时参赛选手无一人证出，上面的巧用柯西不等式给出的证明十分简捷.

**例 3** （2006 年中国数学奥林匹克国家集训队考试(四) 第 2 题）设 $x,y,z>0,x+y+z=1$，求证

$$\frac{xy}{\sqrt{xy+yz}}+\frac{yz}{\sqrt{yz+zx}}+\frac{zx}{\sqrt{zx+xy}}\leqslant\frac{\sqrt{2}}{2}$$

**证明** 由柯西不等式有

$$\left(\frac{xy}{\sqrt{xy+yz}}+\frac{yz}{\sqrt{yz+zx}}+\frac{zx}{\sqrt{zx+xy}}\right)^2=\left(\frac{x\sqrt{y}}{\sqrt{x+z}}+\frac{y\sqrt{z}}{\sqrt{y+x}}+\frac{z\sqrt{x}}{\sqrt{z+y}}\right)^2=$$

$$\left[\sqrt{x+y}\cdot\frac{x\sqrt{y}}{\sqrt{(x+y)(x+z)}}+\sqrt{y+z}\cdot\frac{y\sqrt{z}}{\sqrt{(y+z)(y+x)}}+\right.$$

$$\sqrt{z+x}\cdot\frac{z\sqrt{x}}{\sqrt{(z+x)(z+y)}}\Bigg]^2\leqslant$$
$$2(x+y+z)\left[\frac{x^2y}{(x+y)(x+z)}+\frac{y^2z}{(y+z)(y+x)}+\frac{z^2x}{(z+x)(z+y)}\right]=$$
$$2\left[\frac{x^2y}{(x+y)(x+z)}+\frac{y^2z}{(y+z)(y+x)}+\frac{z^2x}{(z+x)(z+y)}\right]$$

因此,要证原不等式,只需证

$$2\left[\frac{x^2y}{(x+y)(x+z)}+\frac{y^2z}{(y+z)(y+x)}+\frac{z^2x}{(z+x)(z+y)}\right]\leqslant\frac{1}{2}\Leftrightarrow$$
$$4[x^2y(y+z)+y^2z(z+x)+z^2x(x+y)]\leqslant$$
$$(x+y)(y+z)(z+x)(x+y+z)\Leftrightarrow$$
$$x^3y+xy^3+y^3z+yz^3+z^3x+zx^3-2(x^2y^2+y^2z^2+z^2x^2)\geqslant 0\Leftrightarrow$$
$$xy(x-y)^2+yz(y-z)^2+zx(z-x)^2\geqslant 0$$

后一式显然成立,故原不等式成立.

**注** 本题命题者给出的证法是通过利用排序不等式证明原不等式的加强而证得的,其证明思路一般不易想到.

**例4** (2005年全国高中数学联赛加试题2)设正数 $a,b,c,x,y,z$ 满足 $cy+bz=a;az+cx=b;bx+ay=c$,求函数

$$f(x,y,z)=\frac{x^2}{1+x}+\frac{y^2}{1+y}+\frac{z^2}{1+z}$$

的最小值.

**解** 用 $\sum$ 表示循环和,由条件得 $b(az+cx)+c(bx+ay)-a(cy+bz)=b^2+c^2-a^2$,即 $2bcx=b^2+c^2-a^2$,所以 $x=\frac{b^2+c^2-a^2}{2bc}$,同理 $y=\frac{c^2+a^2-b^2}{2ca}$,$z=\frac{a^2+b^2-c^2}{2ab}$,应用柯西不等式的等价形式(B),有

$$f(x,y,z)=\sum\frac{x^2}{1+x}=\sum\frac{(b^2+c^2-a^2)^2}{4b^2c^2+2bc(b^2+c^2-a^2)}\geqslant$$
$$\sum\frac{(b^2+c^2-a^2)^2}{4b^2c^2+(b^2+c^2)(b^2+c^2-a^2)}\geqslant \tag{3}$$
$$\frac{[\sum(b^2+c^2-a^2)]^2}{4\sum b^2c^2+\sum(b^2+c^2)(b^2+c^2-a^2)}= \tag{4}$$
$$\frac{(b^2+c^2-a^2)^2}{4\sum b^2c^2+\sum(b^2+c^2)(b^2+c^2+a^2)-2\sum(b^2+c^2)a^2}=$$
$$\frac{(b^2+c^2-a^2)^2}{4\sum b^2c^2+2(b^2+c^2+a^2)^2-4\sum b^2c^2}=\frac{1}{2}$$

并且式(3)中等号成立当且仅当 $a=b=c$,即 $x=y=z=\frac{1}{2}$,此时式(4)中等号成立,故当 $x=y=z=\frac{1}{2}$ 时,$f(x,y,z)$ 取最小值$\frac{1}{2}$.

**注** 本题参考答案较复杂,先通过构造三角形转化为三角问题,后又通过换元化为求分式的最值,一般不容易想到.而上述解法思路自然且过程简单,是目前给出的解法中最简单的.

**例 5** (2001 年第 42 届国际数学奥林匹克(IMO)第二题)对所有正实数 $a,b,c$,证明

$$\frac{a}{\sqrt{a^2+8bc}}+\frac{b}{\sqrt{b^2+8ca}}+\frac{c}{\sqrt{c^2+8ab}}\geqslant 1 \tag{5}$$

**证明** 由柯西不等式的等价形式(B),有

$$\frac{a}{\sqrt{a^2+8bc}}+\frac{b}{\sqrt{b^2+8ca}}+\frac{c}{\sqrt{c^2+8ab}}=$$
$$\frac{a^2}{a\sqrt{a^2+8bc}}+\frac{b^2}{b\sqrt{b^2+8ca}}+\frac{c^2}{c\sqrt{c^2+8ab}}\geqslant$$
$$\frac{(a+b+c)^2}{a\sqrt{a^2+8bc}+b\sqrt{b^2+8ca}+c\sqrt{c^2+8ab}}$$

又由柯西不等式,有

$$a\sqrt{a^2+8bc}+b\sqrt{b^2+8ca}+c\sqrt{c^2+8ab}=$$
$$\sqrt{a}\cdot\sqrt{a^3+8abc}+\sqrt{b}\cdot\sqrt{b^3+8abc}+\sqrt{c}\cdot\sqrt{c^3+8abc}\leqslant$$
$$(a+b+c)^{\frac{1}{2}}(a^3+b^3+c^3+24abc)^{\frac{1}{2}}$$

于是

$$\frac{a}{\sqrt{a^2+8bc}}+\frac{b}{\sqrt{b^2+8ca}}+\frac{c}{\sqrt{c^2+8ab}}\geqslant$$
$$\frac{(a+b+c)^2}{(a+b+c)^{\frac{1}{2}}(a^3+b^3+c^3+24abc)^{\frac{1}{2}}}$$

要证式(5),只需证

$$\frac{(a+b+c)^{\frac{3}{2}}}{(a^3+b^3+c^3+24abc)^{\frac{1}{2}}}\geqslant 1\Leftrightarrow (a+b+c)^3\geqslant a^3+b^3+c^3+24abc$$

将 $(a+b+c)^3$ 展开,并用平均值不等式可证明后一不等式成立,故不等式(5)成立.

**例 6** (2004 年中国台湾数学奥林匹克集训营第 4 题)设正实数 $a,b,c$ 满足 $abc\geqslant 2^9$,证明

$$\frac{1}{\sqrt{1+a}}+\frac{1}{\sqrt{1+b}}+\frac{1}{\sqrt{1+c}} \geqslant \frac{3}{\sqrt{1+\sqrt[3]{abc}}} \tag{6}$$

**证明** 设 $abc=\lambda, a=\lambda \frac{yz}{x}, b=\lambda \frac{zx}{y}, c=\lambda \frac{xy}{z}, x, y, z>0$，则 $\lambda \geqslant 8$，不等式(6) 等价于

$$\frac{x}{\sqrt{x^{2}+\lambda yz}}+\frac{y}{\sqrt{y^{2}+\lambda zx}}+\frac{z}{\sqrt{z^{2}+\lambda xy}} \geqslant \frac{3}{\sqrt{1+\lambda}} \tag{7}$$

很显然式(7) 是式(5) 的推广，其证明与式(5) 的证明类似：只需将式(5) 的证明中的 8 换成 $\lambda$ 即可，从略.

**例 7** (2005 年 IMO 越南国家队选拔考试题) 设 $a, b, c>0$，求证

$$\left(\frac{a}{a+b}\right)^{3}+\left(\frac{b}{b+c}\right)^{3}+\left(\frac{c}{c+a}\right)^{3} \geqslant \frac{3}{8}$$

**证明** 由柯西不等式的等价形式(B)，有

$$\begin{aligned}&\left(\frac{a}{a+b}\right)^{3}+\left(\frac{b}{b+c}\right)^{3}+\left(\frac{c}{c+a}\right)^{3}= \\ &\frac{\left(a^{2}\right)^{2}}{a(a+b)^{3}}+\frac{\left(b^{2}\right)^{2}}{b(b+c)^{3}}+\frac{\left(c^{2}\right)^{2}}{c(c+a)^{3}} \geqslant \\ &\frac{\left(a^{2}+b^{2}+c^{2}\right)^{2}}{a(a+b)^{3}+b(b+c)^{3}+c(c+a)^{3}}\end{aligned}$$

要证原不等式，只需证

$$\begin{aligned}8\left(a^{2}+b^{2}+c^{2}\right)^{2} \geqslant 3\left[a(a+b)^{3}+b(b+c)^{3}+c(c+a)^{3}\right] \Leftrightarrow \\ 5\left(a^{4}+b^{4}+c^{4}\right)+7\left(a^{2}b^{2}+b^{2}c^{2}+c^{2}a^{2}\right)- \\ 9\left(a^{3}b+b^{3}c+c^{3}a\right)-3\left(ab^{3}+bc^{3}+ca^{3}\right) \geqslant 0\end{aligned}$$

$$\begin{aligned}\text{上式左}=&\left(4a^{4}+b^{2}+7a^{2}b^{2}-9a^{3}b-3ab^{3}\right)+ \\ &\left(4b^{2}+c^{2}+7b^{2}c^{2}-9b^{3}c-3bc^{3}\right)+ \\ &\left(4c^{2}+a^{2}+7c^{2}a^{2}-9c^{3}a-3ca^{3}\right)= \\ &(a-b)^{2}\left(4a^{2}-ab+b^{2}\right)+(b-c)^{2}\left(4b^{2}-bc+c^{2}\right)+ \\ &(c-a)^{2}\left(4c^{2}-ca+a^{2}\right) \geqslant 0\end{aligned}$$

故原不等式成立.

**例 8** (2005 年第 46 届国际数学奥林匹克(IMO) 第三题) 设 $x, y, z$ 为正数且 $xyz \geqslant 1$. 求证

$$\frac{x^{5}-x^{2}}{x^{5}+y^{2}+z^{2}}+\frac{y^{5}-y^{2}}{x^{2}+y^{5}+z^{2}}+\frac{z^{5}-z^{2}}{x^{2}+y^{2}+z^{5}} \geqslant 0 \tag{8}$$

**证明** 由 $\frac{x^{5}-x^{2}}{x^{5}+y^{2}+z^{2}}=1-\frac{x^{2}+y^{2}+z^{2}}{x^{5}+y^{2}+z^{2}}$ 等，知不等式(8) 等价于

$$\frac{1}{x^{5}+y^{2}+z^{2}}+\frac{1}{x^{2}+y^{5}+z^{2}}+\frac{1}{x^{2}+y^{2}+z^{5}} \leqslant \frac{3}{x^{2}+y^{2}+z^{2}} \tag{9}$$

注意到 $yz \geqslant \frac{1}{x}$,并应用柯西不等式,有

$$(x^5+y^2+z^2)(yz+y^2+z^2) \geqslant (x^5+y^2+z^2)\left(\frac{1}{x}+y^2+z^2\right) \geqslant (x^2+y^2+z^2)^2$$

所以

$$\frac{1}{x^5+y^2+z^2} \leqslant \frac{yz+y^2+z^2}{(x^2+y^2+z^2)^2} \leqslant \frac{\frac{y^2+z^2}{2}+y^2+z^2}{(x^2+y^2+z^2)^2} = \frac{3}{2}\frac{y^2+z^2}{(x^2+y^2+z^2)^2} \Rightarrow$$
$$\frac{1}{x^5+y^2+z^2} \leqslant \frac{3}{2}\frac{y^2+z^2}{(x^2+y^2+z^2)^2}$$

同理,有

$$\frac{1}{x^2+y^5+z^2} \leqslant \frac{3}{2}\frac{z^2+x^2}{(x^2+y^2+z^2)^2}$$
$$\frac{1}{x^2+y^2+z^5} \leqslant \frac{3}{2}\frac{x^2+y^2}{(x^2+y^2+z^2)^2}$$

三式相加,有

$$\frac{1}{x^5+y^2+z^2}+\frac{1}{x^2+y^5+z^2}+\frac{1}{x^2+y^2+z^5} \leqslant \frac{3}{2}\frac{(2x^2+y^2+z^2)}{(x^2+y^2+z^2)^2} = \frac{3}{x^2+y^2+z^2}$$

即不等式(9)成立,故不等式(8)成立.

**例 9** (1995 年第 36 届 IMO 试题)设 $a,b,c$ 为正实数,且 $abc=1$,试证明

$$\frac{1}{a^3(b+c)}+\frac{1}{b^3(c+a)}+\frac{1}{c^3(a+b)} \geqslant \frac{3}{2}$$

**证明** 由柯西不等式的等价形式(B),有

$$\frac{1}{a^3(b+c)}+\frac{1}{b^3(c+a)}+\frac{1}{c^3(a+b)}=$$
$$\frac{(abc)^2}{a^3(b+c)}+\frac{(abc)^2}{b^3(c+a)}+\frac{(abc)^2}{c^3(a+b)}=$$
$$\frac{(bc)^2}{ab+ac}+\frac{(ca)^2}{bc+ab}+\frac{(ab)^2}{ca+cb} \geqslant$$
$$\frac{(bc+ca+ab)^2}{2(ab+ac+ca)}=\frac{bc+ca+ab}{2} \geqslant$$
$$\frac{1}{2}\times 3\sqrt[3]{bccaab}=\frac{3}{2}$$

**例 10** (2005 年巴尔干数学奥林匹克试题 2)设 $a,b,c>0$,求证

$$\frac{a^2}{b}+\frac{b^2}{c}+\frac{c^2}{a}\geqslant a+b+c+\frac{(a-b)^2}{a+b+c}$$

**证明** 原不等式等价于

$$\frac{(a-b)^2}{b}+\frac{(b-c)^2}{c}+\frac{(c-a)^2}{a}\geqslant\frac{4(a-b)^2}{a+b+c}$$

由柯西不等式的等价形式(B)

$$\frac{(a-b)^2}{b}+\frac{(b-c)^2}{c}+\frac{(c-a)^2}{a}\geqslant$$

$$\frac{(a-b)^2}{b}+\frac{(b-c+c-a)^2}{c+a}=$$

$$\frac{(a-b)^2}{b}+\frac{(a-b)^2}{c+a}=$$

$$(a-b)^2\left(\frac{1}{b}+\frac{1}{c+a}\right)\geqslant$$

$$(a-b)^2\frac{(1+1)^2}{a+b+c}=\frac{4(a-b)^2}{a+b+c}$$

**例** 11 (2004年IMO中国国家队培训题)设$x,y,z$均为大于$-1$的实数,求证

$$\frac{1+x^2}{1+y+z^2}+\frac{1+y^2}{1+z+x^2}+\frac{1+z^2}{1+x+y^2}\geqslant 2$$

**证明** 令$1+x^2=a,1+y^2=b,1+z^2=c$,因为

$$x\leqslant\frac{1+x^2}{2}=\frac{a}{2},y\leqslant\frac{1+y^2}{2}=\frac{b}{2},z\leqslant\frac{1+z^2}{2}=\frac{c}{2}$$

由此并应用由柯西不等式的等价形式(B),有

$$\frac{1+x^2}{1+y+z^2}+\frac{1+y^2}{1+z+x^2}+\frac{1+z^2}{1+x+y^2}\geqslant$$

$$\frac{a}{\frac{b}{2}+c}+\frac{b}{\frac{c}{2}+a}+\frac{c}{\frac{a}{2}+a}=$$

$$2\left[\frac{a^2}{a(b+2c)}+\frac{b^2}{b(c+2a)}+\frac{c^2}{c(a+2b)}\right]\geqslant$$

$$2\frac{(a+b+c)^2}{3(ab+bc+ca)}\geqslant 2\frac{3(ab+bc+ca)}{3(ab+bc+ca)}=2$$

**例** 12 (1999年罗马尼亚国家队选拔考试题)设$x_1,x_2,\cdots,x_n$为正实数且$x_1x_2\cdots x_n=1$,则

$$\frac{1}{n-1+x_1}+\frac{1}{n-1+x_2}+\cdots+\frac{1}{n-1+x_n}\leqslant 1\tag{10}$$

**证明** 因为

$$\frac{1}{n-1+x_i}=\frac{1}{n-1}\frac{n-1}{n-1+x_i}=$$
$$\frac{1}{n-1}\left(1-\frac{x_i}{n-1+x_i}\right)=$$
$$\frac{1}{n-1}-\frac{1}{n-1}\frac{x_i}{n-1+x_i}(i=1,2,\cdots,n)$$

则

$$\frac{1}{n-1+x_1}+\frac{1}{n-1+x_2}+\cdots+\frac{1}{n-1+x_n}=$$
$$\frac{n}{n-1}-\frac{1}{n-1}\left(\frac{x_1}{n-1+x_1}+\frac{x_2}{n-1+x_2}+\cdots+\frac{x_n}{n-1+x_n}\right)$$

因而不等式(10) 等价于

$$\frac{x_1}{1+(n-1)x_1}+\frac{x_2}{1+(n-1)x_2}+\cdots+\frac{x_n}{1+(n-1)x_n}\geqslant 1 \tag{11}$$

令 $x_i=\dfrac{y_i^n}{y_1y_2\cdots y_n}, y_i>0\ (i=1,2,\cdots,n)$,则式(11) 等价于

$$\frac{y_1^n}{y_1^n+(n-1)y_1y_2\cdots y_n}+\frac{y_2^n}{y_2^n+(n-1)y_1y_2\cdots y_n}+\cdots+$$
$$\frac{y_n^n}{y_n^n+(n-1)y_1y_2\cdots y_n}\geqslant 1 \tag{12}$$

由柯西不等式的等价形式(B),有

$$\frac{y_1^n}{y_1^n+(n-1)y_1y_2\cdots y_n}+\frac{y_2^n}{y_2^n+(n-1)y_1y_2\cdots y_n}+\cdots+\frac{y_n^n}{y_n^n+(n-1)y_1y_2\cdots y_n}=$$
$$\frac{(y_1^{\frac{n}{2}})^2}{y_1^n+(n-1)y_1y_2\cdots y_n}+\frac{(y_2^{\frac{n}{2}})^2}{y_2^n+(n-1)y_1y_2\cdots y_n}+\cdots+\frac{(y_n^{\frac{n}{2}})^2}{y_n^n+(n-1)y_1y_2\cdots y_n}\geqslant$$
$$\frac{(y_1^{\frac{n}{2}}+y_2^{\frac{n}{2}}+\cdots+y_n^{\frac{n}{2}})^2}{y_1^n+y_2^n+\cdots+y_n^n+n(n-1)y_1y_2\cdots y_n}$$

因此,要证式(12),只需证

$$(y_1^{\frac{n}{2}}+y_2^{\frac{n}{2}}+\cdots+y_n^{\frac{n}{2}})^2\geqslant y_1^n+y_2^n+\cdots+y_n^n+n(n-1)y_1y_2\cdots y_n \tag{13}$$

将 $(y_1^{\frac{n}{2}}+y_2^{\frac{n}{2}}+\cdots+y_n^{\frac{n}{2}})^2$ 展开,并用平均值不等式易得式(13) 成立,因而不等式(10) 成立.

**例 13** (2009 年伊朗数学奥林匹克国家队选拔考试题) 设正实数 $a,b,c$ 满足 $a+b+c=3$,求证

$$\frac{1}{2+a^2+b^2}+\frac{1}{2+b^2+c^2}+\frac{1}{2+c^2+a^2}\leqslant\frac{3}{4} \tag{14}$$

**证明** 注意到$\frac{1}{2+a^2+b^2}=\frac{1}{2}\left(1-\frac{a^2+b^2}{2+a^2+b^2}\right)$，及类似的另两式，知式(14)等价于

$$\frac{1}{2}\left(1-\frac{1}{2+a^2+b^2}\right)+\frac{1}{2}\left(1-\frac{1}{2+b^2+c^2}\right)+\frac{1}{2}\left(1-\frac{1}{2+c^2+a^2}\right)\leqslant\frac{3}{4}\Leftrightarrow$$

$$\frac{a^2+b^2}{2+a^2+b^2}+\frac{b^2+c^2}{2+b^2+c^2}+\frac{c^2+a^2}{2+c^2+a^2}\geqslant\frac{3}{2}\tag{15}$$

应用柯西不等式，有

$$\frac{a^2+b^2}{2+a^2+b^2}+\frac{b^2+c^2}{2+b^2+c^2}+\frac{c^2+a^2}{2+c^2+a^2}\geqslant$$

$$\frac{(\sqrt{a^2+b^2}+\sqrt{b^2+c^2}+\sqrt{c^2+a^2})^2}{6+2(a^2+b^2+c^2)}$$

要证式(15)，只需证

$$(\sqrt{a^2+b^2}+\sqrt{b^2+c^2}+\sqrt{c^2+a^2})^2\geqslant 9+3(a^2+b^2+c^2)\Leftrightarrow$$

$$2(a^2+b^2+c^2)+2[\sqrt{(a^2+b^2)(b^2+c^2)}+$$

$$\sqrt{(a^2+b^2)(b^2+c^2)}+\sqrt{(a^2+b^2)(b^2+c^2)}]\geqslant$$

$$9+3(a^2+b^2+c^2)\Leftrightarrow$$

$$2[\sqrt{(a^2+b^2)(b^2+c^2)}+\sqrt{(a^2+b^2)(b^2+c^2)}+\sqrt{(a^2+b^2)(b^2+c^2)}]\geqslant$$

$$9+a^2+b^2+c^2\tag{16}$$

又由柯西不等式，有

$$2[\sqrt{(a^2+b^2)(b^2+c^2)}+\sqrt{(a^2+b^2)(b^2+c^2)}+$$

$$\sqrt{(a^2+b^2)(b^2+c^2)}]\geqslant$$

$$2(b^2+ca+c^2+ab+a^2+bc)=$$

$$(a+b+c)^2+(a^2+b^2+c^2)=$$

$$9+a^2+b^2+c^2$$

即式(16)成立，所以式(8)成立，故式(14)成立.

# 通过构造“零件不等式”证明不等式

不等式的证明已成为各类数学竞赛命题的热门内容之一,证明不等式有很多方法和技巧.本文介绍一种证明对称不等式的方法:先构造若干形式较简单的不等式,再将它们累加(或累积)即得所证不等式.这好比工业上制造复杂机器,先制造出零件,然后将它们组装便成了人们所需要的机器.因此,我们把先构造出的简单不等式称为“零件不等式”,把这种证明不等式的方法称为“构造零件不等式法”.下面,我们通过范例来说明如何用“构造零件不等式法”来证明对称不等式.

## 1 证明和型对称不等式

对于形如 $\sum \frac{f(x_1,x_2,\cdots,x_n)}{g(x_1,x_2,\cdots,x_n)} \geqslant A$(或 $\leqslant A$)($A$ 为常数,$f(x_1,x_2,\cdots,x_n)$,$g(x_1,x_2,\cdots,x_n)$ 为整式或整式的 $n$ 次根式)的不等式,可构造如下“零件不等式”

$$h_i(x_1,x_2,\cdots,x_n) \geqslant A\frac{x_i^\alpha}{x_1^\alpha + x_2^\alpha + \cdots + x_n^\alpha}(i=1,2,\cdots,n) \tag{1}$$

或

$$h_i(x_1,x_2,\cdots,x_n) \leqslant A\frac{x_i^\alpha}{x_1^\alpha + x_2^\alpha + \cdots + x_n^\alpha}(i=1,2,\cdots,n) \tag{2}$$

将这些不等式相加即得所证不等式.因此,证这类不等式的关键是确定式(1),(2)中的常数 $\alpha$,具体处理可用待定系数法来确定.

**例 1** (2001 年第 42 届 IMO 第二题)对所有正实数 $a,b,c$,证明

$$\frac{a}{\sqrt{a^2+8bc}} + \frac{b}{\sqrt{b^2+8ca}} + \frac{c}{\sqrt{c^2+8ab}} \geqslant 1$$

**证明** 设 $p$ 是待定常数,使

$$\frac{a}{\sqrt{a^2+8bc}} \geqslant \frac{a^p}{a^p+b^p+c^p} \tag{3}$$

因为

$$式(3) \Leftrightarrow (a^p+b^p+c^p)^2 \geqslant a^{2p-2}(a^2+8bc) \Leftrightarrow$$
$$2a^p(b^p+c^p)+(b^p+c^p)^2 \geqslant 8a^{2p-2}bc \tag{4}$$

由均值不等式,有

$$2a^p(b^p+c^p)+(b^p+c^p)^2 \geqslant 2a^p \cdot 2\sqrt{b^pc^p}+(2\sqrt{b^pc^p})^2 \geqslant$$

$$4 \times 2\sqrt{a^p\sqrt{b^pc^p}\,b^pc^p}=8a^{\frac{p}{2}}(bc)^{\frac{3p}{4}}$$

要使式(4) 成立,只需 $p=\frac{4}{3}$.

同理,有

$$\frac{b}{\sqrt{b^2+8ca}} \geqslant \frac{b^p}{a^p+b^p+c^p}$$

$$\frac{c}{\sqrt{c^2+8ab}} \geqslant \frac{c^p}{a^p+b^p+c^p}$$

其中 $p=\frac{4}{3}$

三式相加即得所证不等式.

用类似的方法可证2004年波兰数学奥林匹亚中的一个试题:设 $a,b,c,d>0$,求证

$$\frac{a}{\sqrt[3]{a^2+63bcd}}+\frac{b}{\sqrt[3]{b^3+63cda}}+\frac{c}{\sqrt[3]{c^3+63dab}}+\frac{d}{\sqrt[3]{d^3+63abc}} \geqslant 1$$

**例2** (2005年第46届IMO第三题)设 $x,y,z$ 为正数且 $xyz \geqslant 1$. 求证

$$\frac{x^5-x^2}{x^5+y^2+z^2}+\frac{y^5-y^2}{x^2+y^5+z^2}+\frac{z^5-z^2}{x^2+y^2+z^5} \geqslant 0$$

**证明** 首先证明"零件不等式"

$$\frac{x^5-x^2}{x^5+y^2+z^2} \geqslant \frac{x^2-\frac{1}{2}(y^2+z^2)}{x^2+y^2+z^2} \tag{5}$$

因为

$$x^3(x^3-1)(x^2+y^2+z^2)-(x^3-1)(x^5+y^2+z^2)=$$
$$(x^3-1)^2(y^2+z^2) \geqslant 0$$

所以
$$\frac{x^5-x^2}{x^5+y^2+z^2} \geqslant \frac{x^2-\frac{1}{x}}{x^2+y^2+z^2}$$

又由 $xyz \geqslant 1$,有 $\frac{1}{x} \leqslant yz \leqslant \frac{y^2+z^2}{2}$,那么

$$\frac{x^5-x^2}{x^5+y^2+z^2} \geqslant \frac{x^2-\frac{1}{x}}{x^2+y^2+z^2} \geqslant \frac{x^2-\frac{1}{2}(y^2+z^2)}{x^2+y^2+z^2}$$

同理,有

$$\frac{y^5-y^2}{x^2+y^5+z^2}\geqslant\frac{y^2-\frac{1}{2}(z^2+x^2)}{x^2+y^2+z^2}$$

$$\frac{z^5-z^2}{x^2+y^2+z^5}\geqslant\frac{z^2-\frac{1}{2}(x^2+y^2)}{x^2+y^2+z^2}$$

三式相加,得

$$\frac{x^5-x^2}{x^5+y^2+z^2}+\frac{y^5-y^2}{x^2+y^5+z^2}+\frac{z^5-z^2}{x^2+y^2+z^5}\geqslant$$

$$\frac{x^2-\frac{1}{2}(y^2+z^2)}{x^2+y^2+z^2}+\frac{y^2-\frac{1}{2}(z^2+x^2)}{x^2+y^2+z^2}+\frac{z^2-\frac{1}{2}(x^2+y^2)}{x^2+y^2+z^2}=0$$

故原不等式成立.

**例 3** (2004 年北京数学竞赛高一复赛题) 设 $a,b,c>0$,求证

$$\frac{a^4}{4a^4+b^4+c^4}+\frac{b^4}{a^4+4b^4+c^4}+\frac{a^4}{a^4+b^4+4c^4}\leqslant\frac{1}{2}$$

**提示** 构造"零件不等式"

$$\frac{a^4}{4a^4+b^4+c^4}\leqslant\frac{1}{2}\frac{a^2}{a^2+b^2+c^2}$$

**例 4** (1997 年美国数学奥林匹克题) 设 $a,b,c>0$,求证

$$\frac{1}{b^3+c^3+abc}+\frac{1}{c^3+a^3+abc}+\frac{1}{a^3+b^3+abc}\leqslant\frac{1}{abc}$$

**提示** 由 $b^3+c^3\geqslant b^2c+bc^2$,有 $\frac{abc}{b^3+c^3+abc}\leqslant\frac{abc}{b^2c+bc^2+abc}=\frac{a}{a+b+c}$.

类似可证 1996 年第 37 届 IMO 备选题:设 $a,b,c>0$,且 $abc=1$,求证

$$\frac{ab}{a^5+b^5+ab}+\frac{bc}{b^5+c^5+bc}+\frac{ca}{c^5+a^5+ca}\leqslant 1$$

并指出等号成立的条件.

**例 5** (2005 年亚太地区数学奥林匹克题) 设 $a,b,c>0$,$abc=8$,求证

$$\frac{a^2}{\sqrt{(1+a^3)(1+b^3)}}+\frac{b^2}{\sqrt{(1+b^3)(1+c^3)}}+\frac{c^2}{\sqrt{(1+c^3)(1+a^3)}}\geqslant\frac{4}{3}$$

**证明** 由均值不等式有

$$\sqrt{1+a^3}=\sqrt{(1+a)(1-a+a^2)}\leqslant\frac{1+a+1-a+a^2}{2}=\frac{a^2+2}{2}$$

所以

$$\frac{a^2}{\sqrt{(1+a^3)(1+b^3)}}\geqslant\frac{4a^2}{(a^2+2)(b^2+2)}$$

同理有另两式,三式相加,得

$$\frac{a^2}{\sqrt{(1+a^3)(1+b^3)}}+\frac{b^2}{\sqrt{(1+b^3)(1+c^3)}}+\frac{c^2}{\sqrt{(1+c^3)(1+a^3)}}\geqslant$$
$$\frac{4a^2}{(a^2+2)(b^2+2)}+\frac{4b^2}{(b^2+2)(c^2+2)}+\frac{4c^2}{(c^2+2)(a^2+2)}$$

因此,要证原不等式,只需证

$$\frac{a^2}{(a^2+2)(b^2+2)}+\frac{b^2}{(b^2+2)(c^2+2)}+\frac{c^2}{(c^2+2)(a^2+2)}\geqslant\frac{1}{3}\Leftrightarrow$$
$$3[a^2(2+c^2)+b^2(2+a^2)+c^2(2+b^2)]\geqslant(2+a^2)(2+b^2)(2+c^2)\Leftrightarrow$$
$$2(a^2+b^2+c^2)+(a^2b^2+b^2c^2+c^2a^2)\geqslant 72$$

而

$$2(a^2+b^2+c^2)+(a^2b^2+b^2c^2+c^2a^2)\geqslant$$
$$6\sqrt[3]{(abc)^2}+3\sqrt[3]{(abc)^4}=6\times 4+3\times 16=72$$

故原不等式成立.

对形如$\sum\limits_{i=1}^{n}f(x_i)\geqslant M$(或$\leqslant M$)且满足条件$\sum\limits_{i=1}^{n}g(x_i)=S$($M,S$为常数)的对称不等式,可构造“零件不等式”

$$f(x_i)-\frac{M}{n}\geqslant(\text{或}\leqslant)\lambda\left[g(x_i)-\frac{S}{n}\right] \tag{6}$$

其中待定常数$\lambda$可按如下方法求得:将$f(x_i)-\frac{M}{n}=\lambda\left[g(x_i)-\frac{S}{n}\right]$两边分解因式并约去两边的公因式,再取满足$g(x_i)=\frac{S}{n}$的$x_i$,即可求出$\lambda$.

**例6** (2006年第二届北方数学奥林匹克第5题)已知正数$a,b,c$满足$a+b+c=3$,求证

$$\frac{a^2+9}{2a^2+(b+c)^2}+\frac{b^2+9}{2b^2+(c+a)^2}+\frac{c^2+9}{2c^2+(a+b)^2}\leqslant 5$$

**证明** 令$f(x)=\frac{x^2+9}{2x^2+(3-x)^2}$,则原不等式等价于

$$f(a)+f(b)+f(c)\leqslant\frac{1}{8}$$

因为当$a=b=c=1$时,取等号,且$f(a)=\frac{5}{3}$,可设$A$为待定常数,使

$$f(x)-\frac{5}{3}\leqslant A(x-1)\Leftrightarrow\frac{-2(2x-3)(x-1)}{3(x^2-2x+3)}\leqslant A(x-1)$$

考虑此式等号成立,应有

$$\frac{-2(2x-3)(x-1)}{3(x^2-2x+3)} \leqslant A(x-1)$$

约去 $x-1$，并令 $x=1$ 得 $A=\frac{1}{3}$.

下面先证明

$$f(x)-\frac{5}{3} \leqslant \frac{1}{3}(x-1) \Leftrightarrow f(x) \leqslant \frac{5}{3}+\frac{1}{3}(x-1)=g(x) \tag{7}$$

因为式(7)等价于

$$\frac{-2(2x-3)(x-1)}{3(x^2-2x+3)} \leqslant \frac{1}{3}(x-1) \Leftrightarrow (x-1)^2(x+3) \geqslant 0$$

显然成立，因而式(7)成立，所以

$$f(a)+f(b)+f(c) \leqslant 3 \times \frac{5}{5}+\frac{1}{3}(a+b+c-3)=5$$

**评注** 上面式(7)中，$g(x)=\frac{5}{3}+\frac{1}{3}(x-1)$ 是 $f(x)$ 在 $x=1$ 处的切线，式(7)的几何意义就是在 $(0,3]$ 内 $f(x)$ 的图像在 $x=1$ 处的切线的下方，因此待定常数 $A=f'(1)$，所以，$A$ 也可以通过计算 $f'(x)$ 求得. 但无论用哪种方法得出式(7)，都需要对式(7)作出证明.

**例 7** (2007 年中国西部数学奥林匹克第三题) 设实数 $a,b,c$ 满足 $a+b+c=3$. 求证

$$\frac{1}{5a^2-4a+11}+\frac{1}{5b^2-4b+11}+\frac{1}{5c^2-4c+11} \leqslant \frac{1}{4}$$

**证明** 若 $a,b,c$ 都小于 $\frac{9}{5}$，则可以证明

$$\frac{1}{5a^2-4a+11} \leqslant \frac{1}{24}(3-a) \tag{8}$$

因为式(8)等价于

$$(3-a)(5a^2-4a+11) \geqslant 24 \Leftrightarrow$$
$$5a^3-19a^2+23a-9 \leqslant 0 \Leftrightarrow (a-1)^2(5a-9) \leqslant 0$$

由 $a<\frac{9}{5}$ 知后一式显然成立，故式(7)成立，同理，对 $b,c$ 也有类似的不等式，相加便得

$$\frac{1}{5a^2-4a+11}+\frac{1}{5b^2-4b+11}+\frac{1}{5c^2-4c+11} \leqslant$$
$$\frac{1}{24}(3-a)+\frac{1}{24}(3-b)+\frac{1}{24}(3-c)=\frac{1}{4}$$

若 $a,b,c$ 中有一个不小于 $\frac{9}{5}$，不妨设 $a \geqslant \frac{9}{5}$，则

$$5a^2-4a+11=5\left(a-\frac{2}{5}\right)^2+\frac{51}{5}\geqslant 5\left(\frac{9}{5}-\frac{2}{5}\right)^2+\frac{51}{5}=20\Rightarrow$$

$$\frac{1}{5a^2-4a+11}\leqslant\frac{1}{20}$$

由于$5b^2-4b+11=5\left(b-\frac{2}{5}\right)^2+\frac{51}{5}>10$,有

$$\frac{1}{5b^2-4b+11}<\frac{1}{10}$$

同理,有

$$\frac{1}{5c^2-4c+11}<\frac{1}{10}$$

所以

$$\frac{1}{5a^2-4a+11}+\frac{1}{5b^2-4b+11}+\frac{1}{5c^2-4c+11}<\frac{1}{20}+\frac{1}{10}+\frac{1}{10}=\frac{1}{4}$$

**例 8** （2003 年第 32 届美国数学奥林匹克题）设$a,b,c>0$,求证

$$\frac{(2a+b+c)^2}{2a^2+(b+c)^2}+\frac{(2b+c+a)^2}{2b^2+(c+a)^2}+\frac{(2c+a+b)^2}{2c^2+(a+b)^2}\leqslant 8$$

**证明** 因为不等式左边各项分子、分母均为齐次的,不妨设$a+b+c=3$,则原不等式等价于

$$f(a)+f(b)+f(c)\leqslant 8,\text{其中}f(x)=\frac{(x+3)^2}{2x^2+(3-x)^2}$$

因$f(x)\leqslant\frac{4}{3}a+\frac{4}{3}\Leftrightarrow 4a^3-5a^2-6a+9\geqslant 0\Leftrightarrow(a-1)^2(4a+3)\geqslant 0$

显然成立. 所以

$$f(a)+f(b)+f(c)\leqslant\frac{4}{3}(a+b+c)+\frac{4}{3}\times 3=8$$

**例 9** （1997 年日本数学奥林匹克题）设$a,b,c>0$,求证

$$\frac{(b+c-a)^2}{(b+c)^2+a^2}+\frac{(c+a-b)^2}{(c+a)^2+b^2}+\frac{(a+b-c)^2}{(a+b)^2+c^2}\geqslant\frac{3}{5}$$

**证明** 因为不等式左边各项分子、分母均为齐次的,不妨设$a+b+c=3$,则原不等式等价于

$$f(a)+f(b)+f(c)\geqslant\frac{3}{5},\text{其中}f(x)=\frac{(3-2x)^2}{(3-x)^2+x^2}$$

易证
$$f(x)=\frac{(3-2x)^2}{(3-x)^2+x^2}-\frac{1}{5}\geqslant-\frac{18}{5}(x-1)$$

所以
$$f(a)+f(b)+f(c)\geqslant\frac{3}{5}-\frac{18}{5}(a+b+c-3)=\frac{3}{5}$$

**例 10** (1996,第 47 届波兰数学奥林匹克第二轮) 设 $a,b,c \geqslant -\frac{3}{4}$,且 $a+b+c=1$, 求证

$$\frac{a}{a^2+1}+\frac{b}{b^2+1}+\frac{c}{c^2+1} \leqslant \frac{9}{10}$$

**提示** 构造"零件不等式"

$$\frac{a}{a^2+1}-\frac{3}{10} \leqslant \frac{18}{25}\left(a-\frac{1}{3}\right)$$

**例 11** (2005 年第 8 届香港数学奥林匹克第 3 题) 设 $a,b,c,d>0$ 且 $a+b+c+d=1$,证明

$$6(a^3+b^3+c^3+d^3) \geqslant a^2+b^2+c^2+d^2+\frac{1}{8}$$

**提示** 令 $f(x)=6x^3-x^2$,原不等式即为

$$f(a)+f(b)+f(c)+f(d) \geqslant \frac{1}{8}$$

其中 $a,b,c,d>0$ 且 $a+b+c+d=1$. 构造"零件不等式"

$$f(x)-\frac{1}{32} \geqslant \frac{5}{8}\left(x-\frac{1}{4}\right)$$

**例 12** (2003 年中国西部数学奥林匹克题) 设 $x_i>0(i=1,2,3,4,5)$ 且 $\sum\limits_{i=1}^{n}\frac{1}{1+x_i}=1$,求证

$$\sum_{i=1}^{5}\frac{x_i}{4+x_i^2} \leqslant 1$$

**提示** 构造"零件不等式"

$$\frac{x}{4+x^2}-\frac{1}{5} \leqslant \frac{3}{4}\left(\frac{1}{1+x}-\frac{1}{5}\right)$$

**例 13** (2005 年摩尔多瓦选拔赛) 设 $a,b,c>0$,且 $a^4+b^4+c^4=3$,求证

$$\frac{1}{4-ab}+\frac{1}{4-bc}+\frac{1}{4-ca} \leqslant 1$$

**证明** 由已知有 $a^4<4 \Leftrightarrow 0<a<\sqrt{2} \Rightarrow 4-ab>0, 4-a^2>0, 4-b^2>0$,则

$$\frac{1}{4-ab} \leqslant \frac{1}{2}\left(\frac{1}{4-a^2}+\frac{1}{4-b^2}\right) \Leftrightarrow$$

$$2(4-a^2)(4-b^2) \leqslant (4-ab)(8-a^2-b^2) \Leftrightarrow$$

$$(ab+4)(a-b)^2 \geqslant 0$$

同理,有

$$\frac{1}{4-bc} \leqslant \frac{1}{2}\left(\frac{1}{4-b^2}+\frac{1}{4-c^2}\right)$$

$$\frac{1}{4-ca} \leqslant \frac{1}{2}\left(\frac{1}{4-c^2}+\frac{1}{4-a^2}\right)$$

三式相加,得

$$\frac{1}{4-ab}+\frac{1}{4-bc}+\frac{1}{4-ca} \leqslant \frac{1}{4-a^2}+\frac{1}{4-b^2}+\frac{1}{4-c^2}$$

又

$$\frac{1}{4-a^2} \leqslant \frac{a^4+5}{18} \Leftrightarrow a^6-4a^4+5a^2+2 \leqslant 0 \Leftrightarrow (a-1)^2(a^2-2) \leqslant 0$$

注意到 $a<2$,知后一式显然成立,所以

$$\frac{1}{4-a^2} \leqslant \frac{a^4+5}{18}$$

同理,有

$$\frac{1}{4-b^2} \leqslant \frac{b^4+5}{18}$$

$$\frac{1}{4-c^2} \leqslant \frac{c^4+5}{18}$$

所以

$$\frac{1}{4-ab}+\frac{1}{4-bc}+\frac{1}{4-ca} \leqslant \frac{1}{4-a^2}+\frac{1}{4-b^2}+\frac{1}{4-c^2} \leqslant \frac{a^4+b^4+c^4+15}{18}=1$$

对于有些和型对称不等式可利用算术几何不等式通过配凑来构造零件不等式.

**例 14** (2004 年新加坡数学奥林匹克题) 设 $0<a,b,c<1$,$ab+bc+ca=1$,求证

$$\frac{a}{1-a^2}+\frac{b}{1-b^2}+\frac{c}{1-c^2} \geqslant \frac{3\sqrt{3}}{2}$$

**证明** 由

$$0<a<1 \Rightarrow 2a^2(1-a^2)^2=2a^2(1-a^2)(1-a^2) \leqslant \left(\frac{2}{3}\right)^3$$

所以

$$a(1-a^2) \leqslant \frac{2\sqrt{3}}{9} \Leftrightarrow \frac{a}{1-a^2} \geqslant \frac{3\sqrt{3}}{2}a^2$$

同理,有

$$\frac{b}{1-b^2} \geqslant \frac{3\sqrt{3}}{2}b^2$$

$$\frac{c}{1-c^2} \geqslant \frac{3\sqrt{3}}{2}c^2$$

三式相加,有

$$\frac{a}{1-a^2}+\frac{b}{1-b^2}+\frac{c}{1-c^2} \geqslant \frac{3\sqrt{3}}{2}(a^2+b^2+c^2) \geqslant \frac{3\sqrt{3}}{2}(ab+bc+ca)=$$

$$\frac{3\sqrt{3}}{2}$$

**例 15** (1998 年第 39 届 IMO 备选题)设 $x,y,z>0,xyz=1$,求证

$$\frac{x^3}{(1+y)(1+z)}+\frac{y^3}{(1+z)(1+x)}+\frac{z^3}{(1+x)(1+y)} \geqslant \frac{3}{4}$$

**证明** 由均值不等式,有

$$\frac{x^3}{(1+y)(1+z)}+\frac{1+y}{8}+\frac{1+z}{8} \geqslant 3\sqrt[3]{\frac{x^3}{(1+y)(1+z)}\frac{1+y}{8}\frac{1+z}{8}}=\frac{3}{4}x$$

所以 $$\frac{x^3}{(1+y)(1+z)} \geqslant \frac{1}{8}(6x-y-z-2)$$

同理有另两式,三式相加,得

$$\frac{x^3}{(1+y)(1+z)}+\frac{y^3}{(1+z)(1+x)}+\frac{z^3}{(1+x)(1+y)} \geqslant$$

$$\frac{1}{8}(6x-y-z-2)+\frac{1}{8}(6y-z-x-2)+\frac{1}{8}(6z-x-y-2)=$$

$$\frac{1}{2}(x+y+z)-\frac{3}{4} \geqslant \frac{3}{2}\sqrt[3]{xyz}-\frac{3}{4}=\frac{3}{4}$$

**例 16** (1995 年第 36 届 IMO 试题)设 $a,b,c>0$ 且 $abc=1$,求证

$$\frac{1}{a^3(b+c)}+\frac{1}{b^3(c+a)}+\frac{1}{c^3(a+b)} \geqslant \frac{3}{2}$$

**证明** 设 $t$ 为待定正常数,由均值不等式,有

$$\frac{1}{a^3(b+c)}+ta(b+c) \geqslant \frac{2\sqrt{t}}{a}$$

所以 $$\frac{1}{a^3(b+c)} \geqslant \frac{2\sqrt{t}}{a}-t\frac{(b+c)}{bc}=2\sqrt{t}\frac{1}{a}-t\left(\frac{1}{b}+\frac{1}{c}\right)$$

当且仅当 $\frac{1}{a^3(b+c)}=ta(b+c) \Rightarrow ta^4(b+c)^2=1$ 时取等号,同理,有

$$\frac{1}{b^3(c+a)} \geqslant 2\sqrt{t}\frac{1}{b}-t\left(\frac{1}{c}+\frac{1}{a}\right),\frac{1}{c^3(a+b)} \geqslant 2\sqrt{t}\frac{1}{c}-t\left(\frac{1}{a}+\frac{1}{b}\right)$$

三式相加,得

$$\frac{1}{a^3(b+c)}+\frac{1}{b^3(c+a)}+\frac{1}{c^3(a+b)}\geqslant 2(\sqrt{t}-t)\left(\frac{1}{a}+\frac{1}{b}+\frac{1}{c}\right)$$

当且仅当 $ta^4(b+c)^2=1, tb^4(c+a)^2=1, tc^4(a+b)^2=1$ 同时成立时取等号,由此并注意到 $abc=1$,可解得 $t=\frac{1}{4}$,因此

$$\frac{1}{a^3(b+c)}+\frac{1}{b^3(c+a)}+\frac{1}{c^3(a+b)}\geqslant 2\left(\frac{1}{2}-\frac{1}{4}\right)\left(\frac{1}{a}+\frac{1}{b}+\frac{1}{c}\right)\geqslant$$

$$\frac{3}{2}\sqrt[3]{\frac{1}{abc}}=\frac{3}{2}$$

**例 17** (1990 年第 31 届 IMO 预选题)设 $a,b,c,d>0$,且 $ab+bc+ca=1$,求证

$$\frac{a^3}{b+c+d}+\frac{b^3}{c+d+a}+\frac{c^3}{d+a+b}+\frac{d^3}{a+b+c}\geqslant\frac{1}{3}$$

**证明** 设 $t$ 为待定正常数,由均值不等式,有

$$\frac{a^2}{b+c+d}+t^2(b+c+d)\geqslant 2ta\Leftrightarrow\frac{a^3}{b+c+d}\geqslant 2ta^2-t^2a(b+c+d)$$

当且仅当 $t=\frac{a}{b+c+d}$ 时取等号,同理有另三式,四式相加,得

$$\frac{a^3}{b+c+d}+\frac{b^3}{c+d+a}+\frac{c^3}{d+a+b}+\frac{d^3}{a+b+c}\geqslant$$

$$2t(a^2+b^2+c^2+d^2)-2t^2(1+ac+bd)$$

当且仅当 $t=\frac{a}{b+c+d}=\frac{b}{c+d+a}=\frac{c}{d+a+b}=\frac{d}{a+b+c}=\frac{a+b+c+d}{3(a+b+c+d)}=\frac{1}{3}$ 时取等号. 所以

$$\frac{a^3}{b+c+d}+\frac{b^3}{c+d+a}+\frac{c^3}{d+a+b}+\frac{d^3}{a+b+c}\geqslant$$

$$\frac{2}{9}[3(a^2+b^2+c^2+d^2)-(1+ac+bd)]$$

又因为

$$(a^2+b^2)+(b^2+c^2)+(c^2+d^2)+(d^2+a^2)\geqslant 2ab+2bc+2cd+2da=2$$

所以 $a^2+b^2+c^2+d^2\geqslant 1$,且

$$ac+bd\leqslant\frac{1}{2}(a^2+c^2+b^2+d^2)\leqslant\frac{1}{2}$$

故

$$\frac{a^3}{b+c+d}+\frac{b^3}{c+d+a}+\frac{c^3}{d+a+b}+\frac{d^3}{a+b+c}\geqslant\frac{2}{9}\left[3-\left(1+\frac{1}{2}\right)\right]=\frac{1}{3}$$

**例 18** (2005 年中国数学奥林匹克国家集训队选拔考试题) 设 $a,b,c,d>0$,且 $abcd=1$,求证

$$\frac{1}{(1+a)^2}+\frac{1}{(1+b)^2}+\frac{1}{(1+c)^2}+\frac{1}{(1+d)^2}\geqslant 1$$

**证明** 先证明

$$\frac{1}{(1+a)^2}+\frac{1}{(1+b)^2}\geqslant\frac{1}{1+ab} \tag{9}$$

事实上,式(9) 等价于

$$(1+ab)[(1+a)^2+(1+b)^2]\geqslant[(1+a)(1+b)]^2\Leftrightarrow$$
$$1+(a^2+b^2)ab-2ab-(ab)^2\geqslant 0\Leftarrow$$
$$1+(a^2+b^2)ab-2ab-(ab)^2\geqslant$$
$$1+2ab\cdot ab-2ab-(ab)^2=(1-ab)^2\geqslant 0$$

所以

$$\frac{1}{(1+a)^2}+\frac{1}{(1+b)^2}\geqslant\frac{1}{1+ab}$$

同理,有

$$\frac{1}{(1+c)^2}+\frac{1}{(1+d)^2}\geqslant\frac{1}{1+cd}$$

两式相加,并注意到 $cd=\frac{1}{ab}$,有

$$\frac{1}{(1+a)^2}+\frac{1}{(1+b)^2}+\frac{1}{(1+c)^2}+\frac{1}{(1+d)^2}\geqslant$$
$$\frac{1}{1+ab}+\frac{1}{1+cd}=\frac{1}{1+ab}+\frac{1}{1+\frac{1}{ab}}=1$$

## 2 证明积型对称不等式

**例 19** (2004 年第 33 届美国数学奥林匹克题) 设 $a,b,c$ 为正实数,证明

$$(a^5-a^2+3)(b^5-b^2+3)(c^5-c^2+3)\geqslant(a+b+c)^3$$

**证明** 先证"零件不等式"

$$a^5-a^2+3\geqslant a^3+2$$

这由 $(a^5-a^2+3)-(a^3+2)=(a-1)^2(a+1)(a^2+a+1)\geqslant 0$ 知此不等式成立.

同理,有

$$b^5-b^2+3\geqslant b^3+2,\ c^5-c^2+3\geqslant c^3+2$$

三式相乘,有

$$(a^5-a^2+3)(b^5-b^2+3)(c^5-c^2+3)\geqslant(a^3+2)(b^3+2)(c^3+2)$$

由均值不等式,有

$$(a^3+2)(b^3+2)(c^3+2)=(a^3+1+1)(1+b^3+1)(1+1+c^3)\geqslant (a+b+c)^3$$

**例 20** 设 $a_i>0(i=1,2,\cdots,n)$, $\sum_{i=1}^{n}a_i=1,k\in\mathbf{N}$,求证

$$\left(1+a_1^k+\frac{1}{a_1^k}\right)\left(1+a_2^k+\frac{1}{a_2^k}\right)\cdots\left(1+a_n^k+\frac{1}{a_n^k}\right)\geqslant\left(1+n^k+\frac{1}{n^k}\right)^n$$

**证明** 由均值不等式,有

$$1+a_i^k+\frac{1}{a_i^k}=\underbrace{\frac{1}{n^k}+\frac{1}{n^k}+\cdots+\frac{1}{n^k}}_{n^k}+a_i^k+\underbrace{\frac{1}{n^{2k}a_i^k}+\frac{1}{n^{2k}a_i^k}+\cdots+\frac{1}{n^{2k}a_i^k}}_{n^{2k}}$$

$i=1,2,\cdots,n$,将这 $n$ 个“零件不等式”相乘,得

$$\left(1+a_1^k+\frac{1}{a_1^k}\right)\left(1+a_2^k+\frac{1}{a_2^k}\right)\cdots\left(1+a_n^k+\frac{1}{a_n^k}\right)\geqslant$$

$$\left(1+n^k+\frac{1}{n^k}\right)^n\left(\frac{1}{n^n a_1a_2\cdots a_n}\right)^{\frac{k(n^{2k}-1)}{n^{2k}+n^k+1}}\geqslant\left(1+n^k+\frac{1}{n^k}\right)^n$$

后一式成立是因为

$$\frac{1}{n^n a_1a_2\cdots a_n}\geqslant 1\ \frac{k(n^{2k}-1)}{n^{2k}+n^k+1}>0\Rightarrow\left(\frac{1}{n^n a_1a_2\cdots a_n}\right)^{\frac{k(n^{2k}-1)}{n^{2k}+n^k+1}}\geqslant 1$$

即

$$\left(1+a_1^k+\frac{1}{a_1^k}\right)\left(1+a_2^k+\frac{1}{a_2^k}\right)\cdots\left(1+a_n^k+\frac{1}{a_n^k}\right)\geqslant\left(1+n^k+\frac{1}{n^k}\right)^n$$

## 参考文献


[1] 徐文兵. 用零件不等式证明一类带界分式不等式[J]. 数学通讯(华中师大),2004(5).

[2] 蒋明斌. 用零件不等式证明一类积式不等式[J]. 数学通讯(华中师大),2004(17).

# 用“零件不等式”证明一类积式不等式

文[1]介绍了用“零件不等式”证明一类含和式的分式不等式,本文通过构造“零件不等式”来证明一类积式不等式.

**例1** 设 $a_i > 0(i = 1,2,\cdots,n)$,$\sum_{i=1}^{n} a_i = 1$,求证

$$\left(1+\frac{1}{a_1}\right)\left(1+\frac{1}{a_2}\right)\cdots\left(1+\frac{1}{a_n}\right) \geqslant (n+1)^n$$

**证明** 由均值不等式

$$1+\frac{1}{a_1}=1+\underbrace{\frac{1}{na_1}+\frac{1}{na_1}+\cdots+\frac{1}{na_1}}_{n} \geqslant (n+1)\left(\frac{1}{na_1}\right)^{\frac{n}{n+1}}$$

同理,有

$$1+\frac{1}{a_2} \geqslant (n+1)\left(\frac{1}{na_2}\right)^{\frac{n}{n+1}},\cdots,1+\frac{1}{a_n} \geqslant (n+1)\left(\frac{1}{na_n}\right)^{\frac{n}{n+1}}$$

将这 $n$ 个“零件不等式”相乘,得

$$\left(1+\frac{1}{a_1}\right)\left(1+\frac{1}{a_2}\right)\cdots\left(1+\frac{1}{a_n}\right) \geqslant (n+1)^n\left(\frac{1}{n^n a_1 a_2\cdots a_n}\right)^{\frac{n}{n+1}}$$

又

$$a_1 a_2\cdots a_n \leqslant \left(\frac{a_1+a_2+\cdots+a_n}{n}\right)^n=\frac{1}{n^n}\Rightarrow$$

$$\frac{1}{n^n a_1 a_2\cdots a_n} \geqslant 1 \Rightarrow \left(\frac{1}{n^n a_1 a_2\cdots a_n}\right)^{\frac{n}{n+1}} \geqslant 1$$

故

$$\left(1+\frac{1}{a_1}\right)\left(1+\frac{1}{a_2}\right)\cdots\left(1+\frac{1}{a_n}\right) \geqslant (n+1)^n$$

**注** 例1可以推广为:设 $a_i > 0(i=1,2,\cdots,n)$,$\sum_{i=1}^{n} a_i = 1$,$k \in \mathbf{N}$,则

$$\left(1+\frac{1}{a_1^k}\right)\left(1+\frac{1}{a_2^k}\right)\cdots\left(1+\frac{1}{a_n^k}\right) \geqslant (n^k+1)^n$$

通过构造“零件不等式”

$$1+\frac{1}{a_i^k}=1+\underbrace{\frac{1}{n^k a_i^k}+\frac{1}{n^k a_i^k}+\cdots+\frac{1}{n^k a_i^k}}_{n^k} \geqslant (n^k+1)\left(\frac{1}{na_i}\right)^{\frac{kn}{n^k+1}}$$

即可得证(略).

**例2** 设 $a_i > 0(i=1,2,\cdots,n)$，$\sum_{i=1}^{n} a_i = 1$，求证

$$\left(\frac{1}{a_1}-1\right)\left(\frac{1}{a_2}-1\right)\cdots\left(\frac{1}{a_n}-1\right) \geqslant (n-1)^n$$

**证明** 因

$$1-a_1 = a_2+a_3+\cdots+a_n \geqslant (n-1)(a_2a_3\cdots a_n)^{\frac{1}{n-1}}$$

同理

$$1-a_2 \geqslant (n-1)(a_1a_3\cdots a_n)^{\frac{1}{n-1}},\cdots,1-a_n \geqslant (n-1)(a_1a_3\cdots a_{n-1})^{\frac{1}{n-1}}$$

将这 $n$ 个“零件不等式”相乘，得

$$(1-a_1)(1-a_2)\cdots(1-a_n) \geqslant (n-1)^n(a_1a_2\cdots a_n) \Leftrightarrow$$

$$\left(\frac{1}{a_1}-1\right)\left(\frac{1}{a_2}-1\right)\cdots\left(\frac{1}{a_n}-1\right) =$$

$$\frac{(1-a_1)(1-a_2)\cdots(1-a_n)}{a_1a_2\cdots a_n} \geqslant (n-1)^n$$

**例3** 设 $a_i > 0(i=1,2,\cdots,n)$，$\sum_{i=1}^{n} a_i = 1$，$k \in \mathbf{N}$，求证

$$\left(a_1^k+\frac{1}{a_1^k}\right)\left(a_2^k+\frac{1}{a_2^k}\right)\cdots\left(a_n^k+\frac{1}{a_n^k}\right) \geqslant \left(n^k+\frac{1}{n^k}\right)^n$$

**证明** 因为

$$a_1^k+\frac{1}{a_1^k} = a_1^k + \underbrace{\frac{1}{n^{2k}a_1^k}+\frac{1}{n^{2k}a_1^k}+\cdots+\frac{1}{n^{2k}a_1^k}}_{n^{2k}} \geqslant$$

$$(n^{2k}+1)\left[\frac{a_1^k}{(n^{2k}a_1^k)^{n^{2k}}}\right]^{\frac{1}{n^{2k}+1}} =$$

$$\left(n^k+\frac{1}{n^k}\right)\left(\frac{1}{na_1}\right)^{\frac{k(n^{2k}-1)}{n^{2k}+1}}$$

同理

$$a_2^k+\frac{1}{a_2^k} \geqslant \left(n^k+\frac{1}{n^k}\right)\left(\frac{1}{na_2}\right)^{\frac{k(n^{2k}-1)}{n^{2k}+1}}$$

$$\vdots$$

$$a_n^k+\frac{1}{a_n^k} \geqslant \left(n^k+\frac{1}{n^k}\right)\left(\frac{1}{na_n}\right)^{\frac{k(n^{2k}-1)}{n^{2k}+1}}$$

将这 $n$ 个“零件不等式”相乘，得

$$\left(a_1^k+\frac{1}{a_1^k}\right)\left(a_2^k+\frac{1}{a_2^k}\right)\cdots\left(a_n^k+\frac{1}{a_n^k}\right) \geqslant \left(n^k+\frac{1}{n^k}\right)^n\left(\frac{1}{n^n a_1a_2\cdots a_n}\right)^{\frac{k(n^{2k}-1)}{n^{2k}+1}}$$

又 $$\frac{1}{n^n a_1 a_2 \cdots a_n} \geqslant 1 \text{ 且 } \frac{k(n^{2k}-1)}{n^{2k}+1} > 0 \Rightarrow \left(\frac{1}{n^n a_1 a_2 \cdots a_n}\right)^{\frac{k(n^{2k}-1)}{n^{2k}+1}} \geqslant 1$$

故 $$\left(a_1^k + \frac{1}{a_1^k}\right)\left(a_2^k + \frac{1}{a_2^k}\right)\cdots\left(a_n^k + \frac{1}{a_n^k}\right) \geqslant \left(n^k + \frac{1}{n^k}\right)^n$$

**注** 取 $k=1$,得到 $\left(a_1 + \frac{1}{a_1}\right)\left(a_2 + \frac{1}{a_2}\right)\cdots\left(a_n + \frac{1}{a_n}\right) \geqslant \left(n + \frac{1}{n}\right)^n$. 文[2],[3]曾先后讨论过此不等式的证明,文[2]用的整体方法,证明引入了三个引理,用了较长篇幅,足见其繁难程度;文[3]用的逐步调整法,过程并不简单. 而用上面的“零件不等式”法则十分简单.

**例4** 设 $a_i > 0(i=1,2,\cdots,n)$, $\sum_{i=1}^{n} a_i = 1, k \in \mathbf{N}$,求

$$\left(1 + a_1^k + \frac{1}{a_1^k}\right)\left(1 + a_2^k + \frac{1}{a_2^k}\right)\cdots\left(1 + a_n^k + \frac{1}{a_n^k}\right) \geqslant \left(1 + n^k + \frac{1}{n^k}\right)^n$$

**证明** 因为

$$1 + a_1^k + \frac{1}{a_1^k} = \underbrace{\frac{1}{n^k} + \frac{1}{n^k} + \cdots + \frac{1}{n^k}}_{n^k} + a_1^k + \underbrace{\frac{1}{n^{2k}a_1^k} + \frac{1}{n^{2k}a_1^k} + \cdots + \frac{1}{n^{2k}a_1^k}}_{n^{2k}} \geqslant$$

$$(n^{2k} + n^k + 1)\left[\left(\frac{1}{n^k}\right)^{n^k} \frac{a_1^k}{(n^{2k}a_1^k)^{n^{2k}}}\right]^{\frac{1}{n^{2k}+n^k+1}} =$$

$$\left(1 + n^k + \frac{1}{n^k}\right)\left(\frac{1}{na_1}\right)^{\frac{k(n^{2k}-1)}{n^{2k}+n^k+1}}$$

同理

$$1 + a_2^k + \frac{1}{a_2^k} \geqslant \left(1 + n^k + \frac{1}{n^k}\right)\left(\frac{1}{na_2}\right)^{\frac{k(n^{2k}-1)}{n^{2k}+n^k+1}}$$

$$\vdots$$

$$1 + a_n^k + \frac{1}{a_n^k} \geqslant \left(1 + n^k + \frac{1}{n^k}\right)\left(\frac{1}{na_n}\right)^{\frac{k(n^{2k}-1)}{n^{2k}+n^k+1}}$$

将这 $n$ 个“零件不等式”相乘,得

$$\left(1 + a_1^k + \frac{1}{a_1^k}\right)\left(1 + a_2^k + \frac{1}{a_2^k}\right)\cdots\left(1 + a_n^k + \frac{1}{a_n^k}\right) \geqslant$$

$$\left(1 + n^k + \frac{1}{n^k}\right)^n \left(\frac{1}{n^n a_1 a_2 \cdots a_n}\right)^{\frac{k(n^{2k}-1)}{n^{2k}+n^k+1}} \geqslant \left(1 + n^k + \frac{1}{n^k}\right)^n$$

后一式成立是因为

$$\frac{1}{n^n a_1 a_2 \cdots a_n} \geqslant 1 \text{ 且 } \frac{k(n^{2k}-1)}{n^{2k}+n^k+1} > 0 \Rightarrow \left(\frac{1}{n^n a_1 a_2 \cdots a_n}\right)^{\frac{k(n^{2k}-1)}{n^{2k}+n^k+1}} \geqslant 1$$

故 $\left(1+a_1^k+\frac{1}{a_1^k}\right)\left(1+a_2^k+\frac{1}{a_2^k}\right)\cdots\left(1+a_n^k+\frac{1}{a_n^k}\right)\geqslant\left(1+n^k+\frac{1}{n^k}\right)^n$

**例5** 设 $a_i>0(i=1,2,\cdots,n)$，$\sum\limits_{i=1}^{n}a_i=1$，求证

$$\left(\frac{1}{a_1}-a_1\right)\left(\frac{1}{a_2}-a_2\right)\cdots\left(\frac{1}{a_n}-a_n\right)\geqslant\left(\frac{1}{n}-n\right)^n$$

**注** 本例为文[4]的一个猜想，文[5]用逐步调整法给出了一个初等证明，下面用“零件不等式”法给出一个证明.

**证明** 注意到

$$\left(\frac{1}{a_1}-a_1\right)\left(\frac{1}{a_2}-a_2\right)\cdots\left(\frac{1}{a_n}-a_n\right)=$$

$$\frac{(1+a_1)(1+a_2)\cdots(1+a_n)(1-a_1)(1-a_2)\cdots(1-a_n)}{a_1a_2\cdots a_n}=$$

$$\left(1+\frac{1}{a_1}\right)\left(1+\frac{1}{a_2}\right)\cdots\left(1+\frac{1}{a_n}\right)(1-a_1)(1-a_2)\cdots(1-a_n)$$

而
$$1+\frac{1}{a_1}=1+\underbrace{\frac{1}{na_1}+\frac{1}{na_1}+\cdots+\frac{1}{na_1}}_{n}\geqslant(n+1)\left(\frac{1}{na_1}\right)^{\frac{n}{n+1}}$$

同理

$$1+\frac{1}{a_2}\geqslant(n+1)\left(\frac{1}{na_2}\right)^{\frac{n}{n+1}},\cdots,1+\frac{1}{a_n}\geqslant(n+1)\left(\frac{1}{na_n}\right)^{\frac{n}{n+1}}$$

将这 $n$ 个“零件不等式”相乘，得

$$\left(1+\frac{1}{a_1}\right)\left(1+\frac{1}{a_2}\right)\cdots\left(1+\frac{1}{a_n}\right)\geqslant(n+1)^n\left(\frac{1}{n^na_1a_2\cdots a_n}\right)^{\frac{n}{n+1}}\qquad(1)$$

又由 $a_i>0(i=1,2,\cdots,n)$，$\sum\limits_{i=1}^{n}a_i=1$，有

$$(1-a_1)(1-a_2)=1-a_1-a_2+a_1a_2=a_1a_2+a_3+a_4+\cdots+a_n=$$

$$a_1a_2+\underbrace{\frac{a_3}{n}+\frac{a_3}{n}+\cdots+\frac{a_3}{n}}_{n}+\underbrace{\frac{a_4}{n}+\frac{a_4}{n}+\cdots+\frac{a_4}{n}}_{n}+\cdots+\underbrace{\frac{a_n}{n}+\frac{a_n}{n}+\cdots+\frac{a_n}{n}}_{n}\geqslant$$

$$[n(n-2)+1]\left[a_1a_2\left(\frac{a_3}{n}\right)^n\left(\frac{a_4}{n}\right)^n\cdots\left(\frac{a_n}{n}\right)^n\right]^{\frac{1}{n(n-2)+1}}=$$

$$(n-1)^2\left[\left(\frac{1}{n}\right)^{n(n-2)}a_1a_2\,(a_3a_4\cdots a_n)^n\right]^{\frac{1}{(n-1)^2}}$$

所以

$$(1-a_1)(1-a_2)\geqslant(n-1)^2\left(\frac{1}{n}\right)^2(n^na_1a_2\cdots a_n)^{\frac{n}{(n-1)^2}}\left(\frac{1}{n^2a_1a_2}\right)^{\frac{1}{n-1}}$$

同理

$$(1-a_2)(1-a_3)\geqslant(n-1)^2\left(\frac{1}{n}\right)^2(n^na_1a_2\cdots a_n)^{\frac{n}{(n-1)^2}}\left(\frac{1}{n^2a_2a_3}\right)^{\frac{1}{n-1}}$$

$$\vdots$$

$$(1-a_{n-1})(1-a_n)\geqslant(n-1)^2\left(\frac{1}{n}\right)^2(n^na_1a_2\cdots a_n)^{\frac{n}{(n-1)^2}}\left(\frac{1}{n^2a_{n-1}a_n}\right)^{\frac{1}{n-1}}$$

$$(1-a_n)(1-a_1)\geqslant(n-1)^2\left(\frac{1}{n}\right)^2(n^na_1a_2\cdots a_n)^{\frac{n}{(n-1)^2}}\left(\frac{1}{n^2a_na_1}\right)^{\frac{1}{n-1}}$$

将这 $n$ 个“零件不等式”两边分别相乘并取算术根,得

$$(1-a_1)(1-a_2)\cdots(1-a_n)\geqslant(n-1)^n\left(\frac{1}{n}\right)^n(n^na_1a_2\cdots a_n)^{\frac{n^2}{2(n-1)^2}-\frac{1}{n-1}}\quad(2)$$

将式(1),(2) 两边分别相乘,得

$$\left(\frac{1}{a_1}-a_1\right)\left(\frac{1}{a_2}-a_2\right)\cdots\left(\frac{1}{a_n}-a_n\right)=$$

$$\left(1+\frac{1}{a_1}\right)\left(1+\frac{1}{a_2}\right)\cdots\left(1+\frac{1}{a_n}\right)(1-a_1)(1-a_2)\cdots(1-a_n)\geqslant$$

$$(n^2-1)^n\left(\frac{1}{n}\right)^n\left(\frac{1}{n^na_1a_2\cdots a_n}\right)^{\frac{n}{n+1}}(n^na_1a_2\cdots a_n)^{\frac{n^2-2n+2}{2(n-1)^2}}=$$

$$\left(n-\frac{1}{n}\right)^n\left(\frac{1}{n^na_1a_2\cdots a_n}\right)^{\frac{n^2(n-3)+2(n-1)}{2(n-1)^2(n+1)}}\geqslant\left(n-\frac{1}{n}\right)^n$$

最后一步成立是因为 $\frac{1}{n^na_1a_2\cdots a_n}\geqslant\frac{1}{n^n\left(\frac{a_1+a_2+\cdots+a_n}{n}\right)^n}=1$,及 $\frac{n^2(n-3)+2(n-1)}{2(n-1)^2(n+1)}>0$,则

$$\left(\frac{1}{n^na_1a_2\cdots a_n}\right)^{\frac{n^2(n-3)+2(n-1)}{2(n-1)^2(n+1)}}>1$$

故

$$\left(\frac{1}{a_1}-a_1\right)\left(\frac{1}{a_2}-a_2\right)\cdots\left(\frac{1}{a_n}-a_n\right)\geqslant\left(n-\frac{1}{n}\right)^n$$

**注记 1** 本例构造了两类“零件不等式”

$$1+\frac{1}{a_i}\geqslant(n+1)\left(\frac{1}{na_i}\right)^{\frac{n}{n+1}}$$

$$(1-a_i)(1-a_{i+1})\geqslant(n-1)^2\left(\frac{1}{n}\right)^2(n^na_1a_2\cdots a_n)^{\frac{n}{(n-1)^2}}\left(\frac{1}{n^2a_ia_{i+1}}\right)^{\frac{1}{n-1}}$$

其证明的技巧也在于后一类“零件不等式”的构造.

**注记2**　类比例5我们有：

**猜想**　设 $a_i > 0(i=1,2,\cdots,n)$，$\sum_{i=1}^{n} a_i = 1, k \in \mathbf{N}$，则有

$$\left(\frac{1}{a_1^k}-a_1^k\right)\left(\frac{1}{a_2^k}-a_2^k\right)\cdots\left(\frac{1}{a_n^k}-a_n^k\right) \geqslant \left(n^k-\frac{1}{n^k}\right)^n$$

我们已经知道，当 $k=2^m, k=3\cdot 2^m, m \in \mathbf{N}$ 时上述猜想成立.

## 参考文献


[1] 徐文兵. 用“零件不等式”证明一类带界的分式不等式[J]. 数学通讯，2004(5).

[2] 黄汉生. $\prod\left(x_i+\frac{1}{x_i}\right) \geqslant \left(n+\frac{1}{n}\right)^n$ 的证明[J]. 数学通讯，1987(5).

[3] 胡进新. 也谈 $\prod\left(x_i+\frac{1}{x_i}\right) \geqslant \left(n+\frac{1}{n}\right)^n$ 的证明[J]. 数学通讯，1989(2).

[4] 杨先义. 一个不等式的推广[J]. 数学通讯，2002(19).

[5] 戴承鸿，刘天兵. 一个猜想的证明[J]. 数学通讯，2002(23).

# 应用待定系数法构造“零件不等式”证明一类条件不等式

文[1] 用初等方法证明了不等式:若 $x_i > 0, i = 1,2,3$,且 $x_1 + x_2 + x_3 = 1$,则

$$\frac{1}{1+x_1^2}+\frac{1}{1+x_2^2}+\frac{1}{1+x_3^2} \leqslant \frac{27}{10} \tag{1}$$

证明的关键是先证明:对任意 $0 < x < 1$,有

$$\frac{1}{1+x^2} \leqslant \frac{27}{50}(2-x) \tag{2}$$

不等式(2) 被称为“零件不等式” 或“局部不等式”,这一不等式是如何构造出来的呢? 最近文[2] 给出了解释:是用曲线 $f(x)=\frac{1}{1+x^2}$ 在 $x=\frac{1}{3}$ 处的切线来估计 $f(x)$ 的值. 由于求曲线的切线方程,需要用到导数,而高二的同学还没学导数,并且对于有些函数,求导的过程并不简单. 一个很自然的想法是,可否不用导数,用另外的方法来构造“零件不等式”,这时我们想到了待定系数法,下面就介绍应用待定系数法构造“零件不等式” 证明一类条件不等式.

先来构造不等式(2):设 $A$ 为待定常数,使

$$\frac{1}{1+a^2}-\frac{9}{10} \leqslant A\left(a-\frac{1}{3}\right) \tag{3}$$

显然式(3) 等价于

$$-\frac{(3a-1)(3a+1)}{10(1+a^2)} \leqslant \frac{A}{3}(3a-1)$$

考虑此式等号成立,应有

$$-\frac{(3a-1)(3a+1)}{10(1+a^2)} = \frac{A}{3}(3a-1)$$

约去 $3a-1$,并令 $a=\frac{1}{3}$,得 $A=-\frac{27}{50}$,代入式(3) 有

$$\frac{1}{1+a^2}-\frac{9}{10} \leqslant -\frac{27}{50}\left(a-\frac{1}{3}\right)$$

这就是式(2). 值得注意的是用待定系数法得出不等式(2) 后,还需对式(2) 作出证明. 这里顺便指出,文[2] 对命题的证明中第 2) 部分,即 $x > \frac{1}{m}$ 时的证明

是错误的.

下面再举几例,它们都是近年来国内外各类竞赛题.

**例1** (第二届北方数学奥林匹克(2006年)第5题)已知 $a,b,c>0$,且 $a+b+c=3$,求证

$$\frac{a^2+9}{2a^2+(b+c)^2}+\frac{b^2+9}{2b^2+(c+a)^2}+\frac{c^2+9}{2c^2+(a+b)^2}\leqslant 5$$

**证明** 设

$$\frac{a^2+9}{2a^2+(b+c)^2}-\frac{5}{3}\leqslant A(a-1)$$

(其中 $A$ 为待定常数),整理得

$$\frac{-2(2a-3)(a-1)}{3(a^2-2a+3)}\leqslant A(a-1)$$

考虑此式等号成立,应有

$$\frac{-2(2a-3)(a-1)}{3(a^2-2a+3)}\leqslant A(a-1)$$

约去 $a-1$,并令 $a=1$ 得 $A=\frac{1}{3}$. 下面先证明

$$\frac{a^2+9}{2a^2+(b+c)^2}-\frac{5}{3}\leqslant\frac{1}{3}(a-1)$$

事实上,此式等价于

$$\frac{a^2+9}{2a^2+(3-a)^2}-\frac{5}{3}\leqslant\frac{1}{3}(a-1)\Leftrightarrow(a-1)^2(a+3)\geqslant 0$$

显然成立. 所以

$$\frac{a^2+9}{2a^2+(b+c)^2}\leqslant\frac{5}{3}+\frac{1}{3}(a-1)$$

同理,有

$$\frac{b^2+9}{2b^2+(c+a)^2}\leqslant\frac{5}{3}+\frac{1}{3}(b-1),\frac{c^2+9}{2c^2+(a+b)^2}\leqslant\frac{5}{3}+\frac{1}{3}(c-1)$$

三式相加,得

$$\frac{a^2+9}{2a^2+(b+c)^2}+\frac{b^2+9}{2b^2+(c+a)^2}+\frac{c^2+9}{2c^2+(a+b)^2}\leqslant$$

$$5+\frac{1}{3}(a+b+c-3)=5$$

**例2** (第三届(2006年)东南数学奥林匹克第6题)求最小的实数 $m$,使不等式 $m(a^3+b^3+c^3)\geqslant 6(a^2+b^2+c^2)+1$ 对满足 $a+b+c=1$ 的任意正实数 $a,b,c$ 恒成立.

**解** 取 $a=b=c=\frac{1}{3}$,得 $m\geqslant 27$,下面证明,当 $a+b+c=1$ 且 $a,b,c>0$ 时,有

$$27(a^3+b^3+c^3)\geqslant 6(a^2+b^2+c^2)+1 \tag{4}$$

设 $f(x)=27x^3-6x^2$,则

$$f(a)+f(b)+f(c)\geqslant 1$$

设 $\lambda$ 为待定系数,使

$$f(x)-\frac{1}{3}=27x^3-6x^2-\frac{1}{3}\geqslant \lambda\left(x-\frac{1}{3}\right)$$

此式等价于

$$(3x-1)(27x^2+3x+1)\geqslant \lambda(3x-1)$$

考虑此式等号成立,应有

$$(3x-1)(27x^2+3x+1)=\lambda(3x-1)$$

约去 $3x-1$ 并令 $x=\frac{1}{3}$,得 $\lambda=5$. 下面先证明

$$f(x)-\frac{1}{3}=27x^3-6x^2-\frac{1}{3}\geqslant 5\left(x-\frac{1}{3}\right)$$

它等价于

$$(3x-1)(27x^2+3x+1)\geqslant 5(3x-1)\Leftrightarrow(3x-1)^2(9x+4)\geqslant 0$$

显然成立,所以

$$f(x)\geqslant\frac{1}{3}+5\left(x-\frac{1}{3}\right)$$

于是

$$f(a)+f(b)+f(c)\geqslant 1+5(a+b+c-1)=1$$

故所求最小值为27.

**例3** (2003年第32届美国数学奥林匹克题第5题) 设 $a,b,c>0$,求证

$$\frac{(2a+b+c)^2}{2a^2+(b+c)^2}+\frac{(2b+c+a)^2}{2b^2+(c+a)^2}+\frac{(2c+a+b)^2}{2c^2+(a+b)^2}\leqslant 8$$

**证明** 因为不等式左边各项分子、分母均为齐次的,不妨设 $a+b+c=3$,则原不等式等价于

$$\frac{(a+3)^2}{2a^2+(3-a)^2}+\frac{(b+3)^2}{2b^2+(3-b)^2}+\frac{(c+3)^2}{2c^2+(3-c)^2}\leqslant 8 \tag{5}$$

因为当 $a=b=c=1$ 时,式(8)取等号,可设待定常数 $\lambda$ 使

$$\frac{(a+3)^2}{2a^2+(3-a)^2}-\frac{8}{3}\leqslant\lambda(a-1)\Leftrightarrow\frac{-(a-1)(7a-15)}{3a^2-6a+9}\leqslant\lambda(a-1)$$

考虑此式等号成立,应有

$$\frac{-(a-1)(7a-15)}{3a^2-6a+9}=\lambda(a-1)$$

约去 $a-1$,并令 $a=1$,得 $\lambda=\frac{4}{3}$. 下面先证明

$$\frac{(a+3)^2}{2a^2+(3-a)^2}-\frac{8}{3}\leqslant\frac{4}{3}(a-1) \tag{6}$$

事实上

$$式(6)\Leftrightarrow\frac{-(a-1)(7a-15)}{3a^2-6a+9}\leqslant\frac{4}{3}(a-1)\Leftrightarrow(a-1)^2(4a+3)\geqslant 0$$

显然成立.

同理,有

$$\frac{(b+3)^2}{2b^2+(3-b)^2}-\frac{8}{3}\leqslant\frac{4}{3}(b-1),\frac{(c+3)^2}{2c^2+(3-c)^2}-\frac{8}{3}\leqslant\frac{4}{3}(c-1)$$

三式相加,得

$$\frac{(a+3)^2}{2a^2+(3-a)^2}+\frac{(b+3)^2}{2b^2+(3-b)^2}+\frac{(c+3)^2}{2c^2+(3-c)^2}-8\leqslant$$

$$\frac{4}{3}(a+b+c-3)=0$$

即式(6)成立,故原不等式成立.

**例4** (2003年中国西部数学奥林匹克第7题)设 $x_i>0(i=1,2,3,4,5)$ 且 $\sum\limits_{i=1}^{5}\frac{1}{1+x_i}=1$,求证 $\sum\limits_{i=1}^{5}\frac{x_i}{4+x_i^2}\leqslant 1$.

**证明** 设待定常数 $\lambda$,使

$$\frac{x}{4+x^2}-\frac{1}{5}\leqslant\lambda\left(\frac{1}{1+x}-\frac{1}{5}\right)\Leftrightarrow\frac{-(x-4)(x-1)}{x^2+4}\leqslant-\lambda\frac{(x-4)}{x+1}$$

考虑此式等号成立,应有

$$\frac{-(x-4)(x-1)}{x^2+4}=-\lambda\frac{(x-4)}{x+1}$$

约去 $x-4$,并令 $x=4$,得 $\lambda=\frac{3}{4}$,下面先证明

$$\frac{x}{4+x^2}-\frac{1}{5}\leqslant\frac{3}{4}\left(\frac{1}{1+x}-\frac{1}{5}\right) \tag{7}$$

事实上,式(7)$\Leftrightarrow\frac{-(x-4)(x-1)}{x^2+4}\leqslant-\frac{3}{4}\frac{(x-4)}{x+1}\Leftrightarrow(x-4)^2(x+4)\geqslant 0$,显然成立. 在式(7)中分别取 $x=x_i(i=1,2,3,4,5)$,并将这些不等式相加,得

$$\sum_{i=1}^{5}\frac{x_i}{4+x_i^2}\leqslant 5\times\frac{1}{5}+\frac{3}{4}\sum_{i=1}^{5}\left(\frac{1}{1+x_i}-\frac{1}{5}\right)=1$$

**例 5** （2003 年湖南高中数学竞赛）设 $x,y,z>0$ 且 $x+y+z=1$，求

$$f(x,y,z)=\frac{3x^2-x}{1+x^2}+\frac{3y^2-y}{1+y^2}+\frac{3z^2-z}{1+z^2}$$

的最小值.

**解** 由 $x,y,z>0$ 且 $x+y+z=1$ 知 $0<x,y,z\leqslant 1$，因为 $x=y=z=\frac{1}{3}$ 时，$f(x,y,z)=0$，只需证明

$$f(x,y,z)=\frac{3x^2-x}{1+x^2}+\frac{3y^2-y}{1+y^2}+\frac{3z^2-z}{1+z^2}\geqslant 0$$

设待定常数 $\lambda$，使

$$\frac{3x^2-x}{1+x^2}\geqslant\lambda\left(x-\frac{1}{3}\right)\Leftrightarrow 3x(3x-1)\geqslant\lambda(1+x^2)(3x-1)$$

考虑此式等号成立，应有

$$3x(3x-1)=\lambda(1+x^2)(3x-1)$$

约去 $3x-1$，并令 $x=\frac{1}{3}$，得 $\lambda=\frac{9}{10}$，因

$$\frac{3x^2-x}{1+x^2}\geqslant\frac{9}{10}x-\frac{3}{10}\Leftrightarrow 3x(3x-1)\geqslant\frac{9}{10}(1+x^2)(3x-1)\Leftrightarrow$$

$$(3x-1)^2(x-3)\leqslant 0$$

显然成立，所以

$$\frac{3x^2-x}{1+x^2}\geqslant\frac{9}{10}x-\frac{3}{10}$$

当且仅当 $x=\frac{1}{3}$ 时取等号. 同理，有

$$\frac{3y^2-y}{1+y^2}\geqslant\frac{9}{10}y-\frac{3}{10},\frac{3z^2-z}{1+z^2}\geqslant\frac{9}{10}z-\frac{3}{10}$$

三式相加，得

$$f(x,y,z)=\frac{3x^2-x}{1+x^2}+\frac{3y^2-y}{1+y^2}+\frac{3z^2-z}{1+z^2}\geqslant$$

$$\frac{9}{10}(x+y+z)-\frac{3}{10}\times 3=\frac{9}{10}-\frac{9}{10}=0$$

当且仅当 $x=y=z=\frac{1}{3}$ 取等号. 故当 $x=y=z=\frac{1}{3}$ 时，$f(x,y,z)$ 取最小值 0.

**例 6** （1996 年第 47 届波兰数学奥林匹克第二轮）$a,b,c\geqslant-\frac{3}{4}$，且 $a+b+c=1$，求证

$$\frac{a}{a^2+1}+\frac{b}{b^2+1}+\frac{c}{c^2+1}\leqslant\frac{9}{10}$$

**证明**　设待定常数 $\lambda$,使

$$\frac{a}{a^2+1}-\frac{3}{10}\leqslant\lambda\left(a-\frac{1}{3}\right)\Leftrightarrow\frac{-(3a-1)(a-3)}{10(a^2+1)}\leqslant\frac{\lambda}{3}(3a-1)$$

考虑此式等号成立,应有

$$\frac{-(3a-1)(a-3)}{10(a^2+1)}=\frac{\lambda}{3}(3a-1)$$

约去 $3a-1$,并令 $a=\frac{1}{3}$,得 $\lambda=\frac{18}{25}$,而

$$\frac{a}{a^2+1}-\frac{3}{10}\leqslant\frac{18}{25}\left(a-\frac{1}{3}\right)\Leftrightarrow$$

$$\frac{-(3a-1)(a-3)}{10(a^2+1)}\leqslant\frac{1}{3}\times\frac{18}{25}(3a-1)\Leftrightarrow$$

$$(3a-1)^2(4a+3)\geqslant 0$$

当 $a\geqslant-\frac{3}{4}$ 时显然成立,所以

$$\frac{a}{a^2+1}-\frac{3}{10}\leqslant\frac{18}{25}\left(a-\frac{1}{3}\right)$$

同理,有

$$\frac{b}{b^2+1}-\frac{3}{10}\leqslant\frac{18}{25}\left(b-\frac{1}{3}\right),\frac{c}{c^2+1}-\frac{3}{10}\leqslant\frac{18}{25}\left(c-\frac{1}{3}\right)$$

三式相加,得

$$\frac{a}{a^2+1}+\frac{b}{b^2+1}+\frac{c}{c^2+1}-\frac{9}{10}\leqslant\frac{18}{25}(a+b+c-1)=0$$

故原不等式成立.

**例7**　(2005年摩尔多瓦国家队选拔赛)设 $a,b,c>0$,且 $a^4+b^4+c^4=3$,求证

$$\frac{1}{4-ab}+\frac{1}{4-bc}+\frac{1}{4-ca}\leqslant 1$$

**证明**　由已知有 $a^4<4\Leftrightarrow 0<a<\sqrt{2}\Rightarrow 4-ab>0,4-a^2>0,4-b^2>0$,因为

$$\frac{1}{4-ab}\leqslant\frac{1}{2}\left(\frac{1}{4-a^2}+\frac{1}{4-b^2}\right)\Leftrightarrow$$

$$2(4-a^2)(4-b^2)\leqslant(4-ab)(8-a^2-b^2)\Leftrightarrow$$

$$(ab+4)(a-b)^2\geqslant 0$$

则

$$\frac{1}{4-ab}\leqslant\frac{1}{2}\left(\frac{1}{4-a^2}+\frac{1}{4-b^2}\right)$$

同理,有

$$\frac{1}{4-bc}\leqslant\frac{1}{2}\left(\frac{1}{4-b^2}+\frac{1}{4-c^2}\right),\frac{1}{4-ca}\leqslant\frac{1}{2}\left(\frac{1}{4-c^2}+\frac{1}{4-a^2}\right)$$

所以

$$\frac{1}{4-ab}+\frac{1}{4-bc}+\frac{1}{4-ca}\leqslant\frac{1}{4-a^2}+\frac{1}{4-b^2}+\frac{1}{4-c^2}$$

要证明原不等式成立,只需证

$$\frac{1}{4-a^2}+\frac{1}{4-b^2}+\frac{1}{4-c^2}\leqslant 1 \tag{8}$$

设待定常数 $\lambda$,使

$$\frac{1}{4-a^2}-\frac{1}{3}\leqslant\lambda(a^4-1)\Leftrightarrow\frac{a^2-1}{3(4-a^2)}\leqslant\lambda(a^4-1)$$

由

$$\frac{a^2-1}{3(4-a^2)}=\lambda(a^4-1)$$

约去,并令 $a=1$,有 $\lambda=\frac{1}{18}$,而

$$\frac{1}{4-a^2}-\frac{1}{3}\leqslant\frac{1}{18}(a^4-1)\Leftrightarrow\frac{a^2-1}{3(4-a^2)}\leqslant\frac{1}{18}(a^4-1)\Leftrightarrow$$
$$(a^2-1)^2(a^2-2)\leqslant 0$$

注意到 $a<2$,知后一式显然成立. 所以

$$\frac{1}{4-a^2}-\frac{1}{3}\leqslant\frac{1}{18}(a^4-1)$$

同理,有

$$\frac{1}{4-b^2}-\frac{1}{3}\leqslant\frac{1}{18}(b^4-1)$$
$$\frac{1}{4-c^2}-\frac{1}{3}\leqslant\frac{1}{18}(c^4-1)$$

三式相加得

$$\frac{1}{4-a^2}+\frac{1}{4-b^2}+\frac{1}{4-c^2}-1\leqslant\frac{a^4+b^4+c^4-3}{18}=0$$

即式(8) 成立,故原不等式成立.

## 练习题

1.(2005 年第 8 届香港数学奥林匹克第 3 题) 设 $a,b,c,d>0$ 且 $a+b+c+d=1$, 证明

$$6(a^3+b^3+c^3+d^3)\geqslant a^2+b^2+c^2+d^2+\frac{1}{8}$$

2.（第 32 届 IMO 预选题）设 $x,y,z>0$ 且 $x+y+z=1$,求证

$$\frac{x}{1-x^2}+\frac{y}{1-y^2}+\frac{z}{1-z^2}\geqslant\frac{3\sqrt{3}}{2}$$

3. 设 $a,b,c>1$ 且 $\frac{1}{a^2-1}+\frac{1}{b^2-1}+\frac{1}{c^2-1}=1$,证明

$$\frac{1}{a+1}+\frac{1}{b+1}+\frac{1}{c+1}\leqslant 1$$

4.（1997 年日本数学奥林匹克第 2 题）设 $a,b,c>0$,求证

$$\frac{(b+c-a)^2}{(b+c)^2+a^2}+\frac{(c+a-b)^2}{(c+a)^2+b^2}+\frac{(a+b-c)^2}{(a+b)^2+c^2}\geqslant\frac{3}{5}$$

## 参考文献

[1] 刘宜兵. 一个不等式的初等证明[J]. 数学通讯,2006(17).

[2] 汪飞,陈传喜. 初等证明不初等[J]. 数学通讯,2007(3).

# 哈尔滨工业大学出版社刘培杰数学工作室已出版(即将出版)图书目录

| 书　　名 | 出版时间 | 定　价 | 编号 |
|---|---|---|---|
| 新编中学数学解题方法全书(高中版)上卷 | 2007—09 | 38.00 | 7 |
| 新编中学数学解题方法全书(高中版)中卷 | 2007—09 | 48.00 | 8 |
| 新编中学数学解题方法全书(高中版)下卷(一) | 2007—09 | 42.00 | 17 |
| 新编中学数学解题方法全书(高中版)下卷(二) | 2007—09 | 38.00 | 18 |
| 新编中学数学解题方法全书(高中版)下卷(三) | 2010—06 | 58.00 | 73 |
| 新编中学数学解题方法全书(初中版)上卷 | 2008—01 | 28.00 | 29 |
| 新编中学数学解题方法全书(初中版)中卷 | 2010—07 | 38.00 | 75 |
| 新编中学数学解题方法全书(高考复习卷) | 2010—01 | 48.00 | 67 |
| 新编中学数学解题方法全书(高考真题卷) | 2010—01 | 38.00 | 62 |
| 新编中学数学解题方法全书(高考精华卷) | 2011—03 | 68.00 | 118 |
| 新编平面解析几何解题方法全书(专题讲座卷) | 2010—01 | 18.00 | 61 |
| 新编中学数学解题方法全书(自主招生卷) | 2013—08 | 88.00 | 261 |

| 书　　名 | 出版时间 | 定　价 | 编号 |
|---|---|---|---|
| 数学眼光透视 | 2008—01 | 38.00 | 24 |
| 数学思想领悟 | 2008—01 | 38.00 | 25 |
| 数学应用展观 | 2008—01 | 38.00 | 26 |
| 数学建模导引 | 2008—01 | 28.00 | 23 |
| 数学方法溯源 | 2008—01 | 38.00 | 27 |
| 数学史话览胜 | 2008—01 | 28.00 | 28 |
| 数学思维技术 | 2013—09 | 38.00 | 260 |

| 书　　名 | 出版时间 | 定　价 | 编号 |
|---|---|---|---|
| 从毕达哥拉斯到怀尔斯 | 2007—10 | 48.00 | 9 |
| 从迪利克雷到维斯卡尔迪 | 2008—01 | 48.00 | 21 |
| 从哥德巴赫到陈景润 | 2008—05 | 98.00 | 35 |
| 从庞加莱到佩雷尔曼 | 2011—08 | 138.00 | 136 |

| 书　　名 | 出版时间 | 定　价 | 编号 |
|---|---|---|---|
| 数学解题中的物理方法 | 2011—06 | 28.00 | 114 |
| 数学解题的特殊方法 | 2011—06 | 48.00 | 115 |
| 中学数学计算技巧 | 2012—01 | 48.00 | 116 |
| 中学数学证明方法 | 2012—01 | 58.00 | 117 |
| 数学趣题巧解 | 2012—03 | 28.00 | 128 |
| 三角形中的角格点问题 | 2013—01 | 88.00 | 207 |
| 含参数的方程和不等式 | 2012—09 | 28.00 | 213 |

# 哈尔滨工业大学出版社刘培杰数学工作室已出版(即将出版)图书目录

| 书　名 | 出版时间 | 定　价 | 编号 |
|---|---|---|---|
| 数学奥林匹克与数学文化(第一辑) | 2006—05 | 48.00 | 4 |
| 数学奥林匹克与数学文化(第二辑)(竞赛卷) | 2008—01 | 48.00 | 19 |
| 数学奥林匹克与数学文化(第二辑)(文化卷) | 2008—07 | 58.00 | 36 |
| 数学奥林匹克与数学文化(第三辑)(竞赛卷) | 2010—01 | 48.00 | 59 |
| 数学奥林匹克与数学文化(第四辑)(竞赛卷) | 2011—08 | 58.00 | 87 |

| 书　名 | 出版时间 | 定　价 | 编号 |
|---|---|---|---|
| 发展空间想象力 | 2010—01 | 38.00 | 57 |
| 走向国际数学奥林匹克的平面几何试题诠释(上、下)(第1版) | 2007—01 | 68.00 | 11,12 |
| 走向国际数学奥林匹克的平面几何试题诠释(上、下)(第2版) | 2010—02 | 98.00 | 63,64 |
| 平面几何证明方法全书 | 2007—08 | 35.00 | 1 |
| 平面几何证明方法全书习题解答(第1版) | 2005—10 | 18.00 | 2 |
| 平面几何证明方法全书习题解答(第2版) | 2006—12 | 18.00 | 10 |
| 平面几何天天练上卷·基础篇(直线型) | 2013—01 | 58.00 | 208 |
| 平面几何天天练中卷·基础篇(涉及圆) | 2013—01 | 28.00 | 234 |
| 平面几何天天练下卷·提高篇 | 2013—01 | 58.00 | 237 |
| 平面几何专题研究 | 2013—07 | 98.00 | 258 |
| 最新世界各国数学奥林匹克中的平面几何试题 | 2007—09 | 38.00 | 14 |
| 数学竞赛平面几何典型题及新颖解 | 2010—07 | 48.00 | 74 |
| 初等数学复习及研究(平面几何) | 2008—09 | 58.00 | 38 |
| 初等数学复习及研究(立体几何) | 2010—06 | 38.00 | 71 |
| 初等数学复习及研究(平面几何)习题解答 | 2009—01 | 48.00 | 42 |
| 世界著名平面几何经典著作钩沉——几何作图专题卷(上) | 2009—06 | 48.00 | 49 |
| 世界著名平面几何经典著作钩沉——几何作图专题卷(下) | 2011—01 | 88.00 | 80 |
| 世界著名平面几何经典著作钩沉(民国平面几何老课本) | 2011—03 | 38.00 | 113 |
| 世界著名解析几何经典著作钩沉——平面解析几何卷 | 2014—01 | 38.00 | 273 |
| 世界著名数论经典著作钩沉(算术卷) | 2012—01 | 28.00 | 125 |
| 世界著名数学经典著作钩沉——立体几何卷 | 2011—02 | 28.00 | 88 |
| 世界著名三角学经典著作钩沉(平面三角卷Ⅰ) | 2010—06 | 28.00 | 69 |
| 世界著名三角学经典著作钩沉(平面三角卷Ⅱ) | 2011—01 | 38.00 | 78 |
| 世界著名初等数论经典著作钩沉(理论和实用算术卷) | 2011—07 | 38.00 | 126 |
| 几何学教程(平面几何卷) | 2011—03 | 68.00 | 90 |
| 几何学教程(立体几何卷) | 2011—07 | 68.00 | 130 |
| 几何变换与几何证题 | 2010—06 | 88.00 | 70 |
| 计算方法与几何证题 | 2011—06 | 28.00 | 129 |
| 立体几何技巧与方法 | 2014—05 |  | 293 |
| 几何瑰宝——平面几何500名题暨1000条定理(上、下) | 2010—07 | 138.00 | 76,77 |
| 三角形的解法与应用 | 2012—07 | 18.00 | 183 |
| 近代的三角形几何学 | 2012—07 | 48.00 | 184 |
| 一般折线几何学 | 即将出版 | 58.00 | 203 |
| 三角形的五心 | 2009—06 | 28.00 | 51 |
| 三角形趣谈 | 2012—08 | 28.00 | 212 |
| 解三角形 | 2014—01 | 28.00 | 265 |
| 圆锥曲线习题集(上) | 2013—06 | 68.00 | 255 |

# 哈尔滨工业大学出版社刘培杰数学工作室 已出版(即将出版)图书目录

| 书　　名 | 出版时间 | 定　价 | 编号 |
|---|---|---|---|
| 俄罗斯平面几何问题集 | 2009－08 | 88.00 | 55 |
| 俄罗斯立体几何问题集 | 2014－03 | 58.00 | 283 |
| 俄罗斯几何大师——沙雷金论数学及其他 | 2014－01 | 48.00 | 271 |
| 来自俄罗斯的 5000 道几何习题及解答 | 2011－03 | 58.00 | 89 |
| 俄罗斯初等数学问题集 | 2012－05 | 38.00 | 177 |
| 俄罗斯函数问题集 | 2011－03 | 38.00 | 103 |
| 俄罗斯组合分析问题集 | 2011－01 | 48.00 | 79 |
| 俄罗斯初等数学万题选——三角卷 | 2012－11 | 38.00 | 222 |
| 俄罗斯初等数学万题选——代数卷 | 2013－08 | 68.00 | 225 |
| 俄罗斯初等数学万题选——几何卷 | 2014－01 | 68.00 | 226 |
| 463 个俄罗斯几何老问题 | 2012－01 | 28.00 | 152 |
| 近代欧氏几何学 | 2012－03 | 48.00 | 162 |
| 罗巴切夫斯基几何学及几何基础概要 | 2012－07 | 28.00 | 188 |
| 超越吉米多维奇——数列的极限 | 2009－11 | 48.00 | 58 |
| Barban Davenport Halberstam 均值和 | 2009－01 | 40.00 | 33 |
| 初等数论难题集(第一卷) | 2009－05 | 68.00 | 44 |
| 初等数论难题集(第二卷)(上、下) | 2011－02 | 128.00 | 82,83 |
| 谈谈素数 | 2011－03 | 18.00 | 91 |
| 平方和 | 2011－03 | 18.00 | 92 |
| 数论概貌 | 2011－03 | 18.00 | 93 |
| 代数数论(第二版) | 2013－08 | 58.00 | 94 |
| 代数多项式 | 2014－05 |  | 289 |
| 初等数论的知识与问题 | 2011－02 | 28.00 | 95 |
| 超越数论基础 | 2011－03 | 28.00 | 96 |
| 数论初等教程 | 2011－03 | 28.00 | 97 |
| 数论基础 | 2011－03 | 18.00 | 98 |
| 数论基础与维诺格拉多夫 | 2014－03 | 18.00 | 292 |
| 解析数论基础 | 2012－08 | 28.00 | 216 |
| 解析数论基础(第二版) | 2014－01 | 48.00 | 287 |
| 数论入门 | 2011－03 | 38.00 | 99 |
| 数论开篇 | 2012－07 | 28.00 | 194 |
| 解析数论引论 | 2011－03 | 48.00 | 100 |
| 复变函数引论 | 2013－10 | 68.00 | 269 |
| 无穷分析引论(上) | 2013－04 | 88.00 | 247 |
| 无穷分析引论(下) | 2013－04 | 98.00 | 245 |

# 哈尔滨工业大学出版社刘培杰数学工作室<br>已出版(即将出版)图书目录

| 书　　名 | 出版时间 | 定　价 | 编号 |
| --- | --- | --- | --- |
| 数学分析中的一个新方法及其应用 | 2013－01 | 38.00 | 231 |
| 数学分析例选:通过范例学技巧 | 2013－01 | 88.00 | 243 |
| 三角级数论(上册)(陈建功) | 2013－01 | 38.00 | 232 |
| 三角级数论(下册)(陈建功) | 2013－01 | 48.00 | 233 |
| 三角级数论(哈代) | 2013－06 | 48.00 | 254 |
| 基础数论 | 2011－03 | 28.00 | 101 |
| 超越数 | 2011－03 | 18.00 | 109 |
| 三角和方法 | 2011－03 | 18.00 | 112 |
| 谈谈不定方程 | 2011－05 | 28.00 | 119 |
| 整数论 | 2011－05 | 38.00 | 120 |
| 随机过程(Ⅰ) | 2014－01 | 78.00 | 224 |
| 随机过程(Ⅱ) | 2014－01 | 68.00 | 235 |
| 整数的性质 | 2012－11 | 38.00 | 192 |
| 初等数论 100 例 | 2011－05 | 18.00 | 122 |
| 初等数论经典例题 | 2012－07 | 18.00 | 204 |
| 最新世界各国数学奥林匹克中的初等数论试题(上、下) | 2012－01 | 138.00 | 144,145 |
| 算术探索 | 2011－12 | 158.00 | 148 |
| 初等数论(Ⅰ) | 2012－01 | 18.00 | 156 |
| 初等数论(Ⅱ) | 2012－01 | 18.00 | 157 |
| 初等数论(Ⅲ) | 2012－01 | 28.00 | 158 |
| 组合数学 | 2012－04 | 28.00 | 178 |
| 组合数学浅谈 | 2012－03 | 28.00 | 159 |
| 同余理论 | 2012－05 | 38.00 | 163 |
| 丢番图方程引论 | 2012－03 | 48.00 | 172 |
| 平面几何与数论中未解决的新老问题 | 2013－01 | 68.00 | 229 |

| 书　　名 | 出版时间 | 定　价 | 编号 |
| --- | --- | --- | --- |
| 历届美国中学生数学竞赛试题及解答(第一卷)1950－1954 | 2014－05 |  | 277 |
| 历届美国中学生数学竞赛试题及解答(第二卷)1955－1959 | 2014－05 |  | 278 |
| 历届美国中学生数学竞赛试题及解答(第三卷)1960－1964 | 2014－05 |  | 279 |
| 历届美国中学生数学竞赛试题及解答(第四卷)1965－1969 | 2014－05 |  | 280 |
| 历届美国中学生数学竞赛试题及解答(第五卷)1970－1972 | 2014－05 |  | 281 |

# 哈尔滨工业大学出版社刘培杰数学工作室已出版(即将出版)图书目录

| 书　　名 | 出版时间 | 定　价 | 编号 |
|---|---|---|---|
| 历届 IMO 试题集(1959—2005) | 2006—05 | 58.00 | 5 |
| 历届 CMO 试题集 | 2008—09 | 28.00 | 40 |
| 历届加拿大数学奥林匹克试题集 | 2012—08 | 38.00 | 215 |
| 历届美国数学奥林匹克试题集:多解推广加强 | 2012—08 | 38.00 | 209 |
| 历届国际大学生数学竞赛试题集(1994—2010) | 2012—01 | 28.00 | 143 |
| 全国大学生数学夏令营数学竞赛试题及解答 | 2007—03 | 28.00 | 15 |
| 全国大学生数学竞赛辅导教程 | 2012—07 | 28.00 | 189 |
| 历届美国大学生数学竞赛试题集 | 2009—03 | 88.00 | 43 |
| 前苏联大学生数学奥林匹克竞赛题解(上编) | 2012—04 | 28.00 | 169 |
| 前苏联大学生数学奥林匹克竞赛题解(下编) | 2012—04 | 38.00 | 170 |
| 历届美国数学邀请赛试题集 | 2014—01 | 48.00 | 270 |

| | | | |
|---|---|---|---|
| 整函数 | 2012—08 | 18.00 | 161 |
| 多项式和无理数 | 2008—01 | 68.00 | 22 |
| 模糊数据统计学 | 2008—03 | 48.00 | 31 |
| 模糊分析学与特殊泛函空间 | 2013—01 | 68.00 | 241 |
| 受控理论与解析不等式 | 2012—05 | 78.00 | 165 |
| 解析不等式新论 | 2009—06 | 68.00 | 48 |
| 反问题的计算方法及应用 | 2011—11 | 28.00 | 147 |
| 建立不等式的方法 | 2011—03 | 98.00 | 104 |
| 数学奥林匹克不等式研究 | 2009—08 | 68.00 | 56 |
| 不等式研究(第二辑) | 2012—02 | 68.00 | 153 |
| 初等数学研究(Ⅰ) | 2008—09 | 68.00 | 37 |
| 初等数学研究(Ⅱ)(上、下) | 2009—05 | 118.00 | 46,47 |
| 中国初等数学研究　2009 卷(第 1 辑) | 2009—05 | 20.00 | 45 |
| 中国初等数学研究　2010 卷(第 2 辑) | 2010—05 | 30.00 | 68 |
| 中国初等数学研究　2011 卷(第 3 辑) | 2011—07 | 60.00 | 127 |
| 中国初等数学研究　2012 卷(第 4 辑) | 2012—07 | 48.00 | 190 |
| 中国初等数学研究　2014 卷(第 5 辑) | 2014—02 | 48.00 | 288 |
| 数阵及其应用 | 2012—02 | 28.00 | 164 |
| 绝对值方程—折边与组合图形的解析研究 | 2012—07 | 48.00 | 186 |
| 不等式的秘密(第一卷) | 2012—02 | 28.00 | 154 |
| 不等式的秘密(第一卷)(第 2 版) | 2014—02 | 38.00 | 286 |
| 不等式的秘密(第二卷) | 2014—01 | 38.00 | 268 |

# 哈尔滨工业大学出版社刘培杰数学工作室已出版(即将出版)图书目录

| 书　名 | 出版时间 | 定　价 | 编号 |
|---|---|---|---|
| 初等不等式的证明方法 | 2010－06 | 38.00 | 123 |
| 数学奥林匹克问题集 | 2014－01 | 38.00 | 267 |
| 数学奥林匹克不等式散论 | 2010－06 | 38.00 | 124 |
| 数学奥林匹克不等式欣赏 | 2011－09 | 38.00 | 138 |
| 数学奥林匹克超级题库(初中卷上) | 2010－01 | 58.00 | 66 |
| 数学奥林匹克不等式证明方法和技巧(上、下) | 2011－08 | 158.00 | 134,135 |
| 近代拓扑学研究 | 2013－04 | 38.00 | 239 |
| 新编 640 个世界著名数学智力趣题 | 2014－01 | 88.00 | 242 |
| 500 个最新世界著名数学智力趣题 | 2008－06 | 48.00 | 3 |
| 400 个最新世界著名数学最值问题 | 2008－09 | 48.00 | 36 |
| 500 个世界著名数学征解问题 | 2009－06 | 48.00 | 52 |
| 400 个中国最佳初等数学征解老问题 | 2010－01 | 48.00 | 60 |
| 500 个俄罗斯数学经典老题 | 2011－01 | 28.00 | 81 |
| 1000 个国外中学物理好题 | 2012－04 | 48.00 | 174 |
| 300 个日本高考数学题 | 2012－05 | 38.00 | 142 |
| 500 个前苏联早期高考数学试题及解答 | 2012－05 | 28.00 | 185 |
| 546 个早期俄罗斯大学生数学竞赛题 | 2014－03 | 38.00 | 285 |
| 博弈论精粹 | 2008－03 | 58.00 | 30 |
| 数学 我爱你 | 2008－01 | 28.00 | 20 |
| 精神的圣徒　别样的人生——60 位中国数学家成长的历程 | 2008－09 | 48.00 | 39 |
| 数学史概论 | 2009－06 | 78.00 | 50 |
| 数学史概论(精装) | 2013－03 | 158.00 | 272 |
| 斐波那契数列 | 2010－02 | 28.00 | 65 |
| 数学拼盘和斐波那契魔方 | 2010－07 | 38.00 | 72 |
| 斐波那契数列欣赏 | 2011－01 | 28.00 | 160 |
| 数学的创造 | 2011－02 | 48.00 | 85 |
| 数学中的美 | 2011－02 | 38.00 | 84 |
| 王连笑教你怎样学数学——高考选择题解题策略与客观题实用训练 | 2014－01 | 48.00 | 262 |
| 最新全国及各省市高考数学试卷解法研究及点拨评析 | 2009－02 | 38.00 | 41 |
| 高考数学的理论与实践 | 2009－08 | 38.00 | 53 |
| 中考数学专题总复习 | 2007－04 | 28.00 | 6 |
| 向量法巧解数学高考题 | 2009－08 | 28.00 | 54 |
| 高考数学核心题型解题方法与技巧 | 2010－01 | 28.00 | 86 |
| 高考思维新平台 | 2014－03 | 38.00 | 259 |
| 数学解题——靠数学思想给力(上) | 2011－07 | 38.00 | 131 |
| 数学解题——靠数学思想给力(中) | 2011－07 | 48.00 | 132 |
| 数学解题——靠数学思想给力(下) | 2011－07 | 38.00 | 133 |
| 我怎样解题 | 2013－01 | 48.00 | 227 |

# 哈尔滨工业大学出版社刘培杰数学工作室已出版(即将出版)图书目录

| 书　　名 | 出版时间 | 定　价 | 编号 |
| --- | --- | --- | --- |
| 2011年全国及各省市高考数学试题审题要津与解法研究 | 2011－10 | 48.00 | 139 |
| 2013年全国及各省市高考数学试题解析与点评 | 2014－01 | 48.00 | 282 |
| 新课标高考数学——五年试题分章详解(2007～2011)(上、下) | 2011－10 | 78.00 | 140,141 |
| 30分钟拿下高考数学选择题、填空题 | 2012－01 | 48.00 | 146 |
| 全国中考数学压轴题审题要津与解法研究 | 2013－04 | 78.00 | 248 |
| 高考数学压轴题解题诀窍(上) | 2012－02 | 78.00 | 166 |
| 高考数学压轴题解题诀窍(下) | 2012－03 | 28.00 | 167 |

| 书　　名 | 出版时间 | 定　价 | 编号 |
| --- | --- | --- | --- |
| 格点和面积 | 2012－07 | 18.00 | 191 |
| 射影几何趣谈 | 2012－04 | 28.00 | 175 |
| 斯潘纳尔引理——从一道加拿大数学奥林匹克试题谈起 | 2014－01 | 18.00 | 228 |
| 李普希兹条件——从几道近年高考数学试题谈起 | 2012－10 | 18.00 | 221 |
| 拉格朗日中值定理——从一道北京高考试题的解法谈起 | 2012－10 | 18.00 | 197 |
| 闵科夫斯基定理——从一道清华大学自主招生试题谈起 | 2014－01 | 28.00 | 198 |
| 哈尔测度——从一道冬令营试题的背景谈起 | 2012－08 | 28.00 | 202 |
| 切比雪夫逼近问题——从一道中国台北数学奥林匹克试题谈起 | 2013－04 | 38.00 | 238 |
| 伯恩斯坦多项式与贝齐尔曲面——从一道全国高中数学联赛试题谈起 | 2013－03 | 38.00 | 236 |
| 卡塔兰猜想——从一道普特南竞赛试题谈起 | 2013－06 | 18.00 | 256 |
| 麦卡锡函数和阿克曼函数——从一道前南斯拉夫数学奥林匹克试题谈起 | 2012－08 | 18.00 | 201 |
| 贝蒂定理与拉姆贝克莫斯尔定理——从一个拣石子游戏谈起 | 2012－08 | 18.00 | 217 |
| 皮亚诺曲线和豪斯道夫分球定理——从无限集谈起 | 2012－08 | 18.00 | 211 |
| 平面凸图形与凸多面体 | 2012－10 | 28.00 | 218 |
| 斯坦因豪斯问题——从一道二十五省市自治区中学数学竞赛试题谈起 | 2012－07 | 18.00 | 196 |
| 纽结理论中的亚历山大多项式与琼斯多项式——从一道北京市高一数学竞赛试题谈起 | 2012－07 | 28.00 | 195 |
| 原则与策略——从波利亚"解题表"谈起 | 2013－04 | 38.00 | 244 |
| 转化与化归——从三大尺规作图不能问题谈起 | 2012－08 | 28.00 | 214 |
| 代数几何中的贝祖定理(第一版)——从一道IMO试题的解法谈起 | 2013－08 | 38.00 | 193 |
| 成功连贯理论与约当块理论——从一道比利时数学竞赛试题谈起 | 2012－04 | 18.00 | 180 |
| 磨光变换与范·德·瓦尔登猜想——从一道环球城市竞赛试题谈起 | 即将出版 |  |  |
| 素数判定与大数分解 | 即将出版 | 18.00 | 199 |
| 置换多项式及其应用 | 2012－10 | 18.00 | 220 |
| 椭圆函数与模函数——从一道美国加州大学洛杉矶分校(UCLA)博士资格考题谈起 | 2012－10 | 38.00 | 219 |
| 差分方程的拉格朗日方法——从一道2011年全国高考理科试题的解法谈起 | 2012－08 | 28.00 | 200 |

# 哈尔滨工业大学出版社刘培杰数学工作室已出版(即将出版)图书目录

| 书　　名 | 出版时间 | 定　价 | 编号 |
|---|---|---|---|
| 力学在几何中的一些应用 | 2013－01 | 38.00 | 240 |
| 高斯散度定理、斯托克斯定理和平面格林定理——从一道国际大学生数学竞赛试题谈起 | 即将出版 | | |
| 康托洛维奇不等式——从一道全国高中联赛试题谈起 | 2013－03 | 28.00 | 337 |
| 西格尔引理——从一道第 18 届 IMO 试题的解法谈起 | 即将出版 | | |
| 罗斯定理——从一道前苏联数学竞赛试题谈起 | 即将出版 | | |
| 拉克斯定理和阿廷定理——从一道 IMO 试题的解法谈起 | 2014－01 | 58.00 | 246 |
| 毕卡大定理——从一道美国大学数学竞赛试题谈起 | 即将出版 | | |
| 贝齐尔曲线——从一道全国高中联赛试题谈起 | 即将出版 | | |
| 拉格朗日乘子定理——从一道 2005 年全国高中联赛试题谈起 | 即将出版 | | |
| 雅可比定理——从一道日本数学奥林匹克试题谈起 | 2013－04 | 48.00 | 249 |
| 李天岩－约克定理——从一道波兰数学竞赛试题谈起 | 即将出版 | | |
| 整系数多项式因式分解的一般方法——从克朗耐克算法谈起 | 即将出版 | | |
| 布劳维不动点定理——从一道前苏联数学奥林匹克试题谈起 | 2014－01 | 38.00 | 273 |
| 压缩不动点定理——从一道高考数学试题的解法谈起 | 即将出版 | | |
| 伯恩赛德定理——从一道英国数学奥林匹克试题谈起 | 即将出版 | | |
| 布查特－莫斯特定理——从一道上海市初中竞赛试题谈起 | 即将出版 | | |
| 数论中的同余数问题——从一道普特南竞赛试题谈起 | 即将出版 | | |
| 范·德蒙行列式——从一道美国数学奥林匹克试题谈起 | 即将出版 | | |
| 中国剩余定理——从一道美国数学奥林匹克试题的解法谈起 | 即将出版 | | |
| 牛顿程序与方程求根——从一道全国高考试题解法谈起 | 即将出版 | | |
| 库默尔定理——从一道 IMO 预选试题谈起 | 即将出版 | | |
| 卢丁定理——从一道冬令营试题的解法谈起 | 即将出版 | | |
| 沃斯滕霍姆定理——从一道 IMO 预选试题谈起 | 即将出版 | | |
| 卡尔松不等式——从一道莫斯科数学奥林匹克试题谈起 | 即将出版 | | |
| 信息论中的香农熵——从一道近年高考压轴题谈起 | 即将出版 | | |
| 约当不等式——从一道希望杯竞赛试题谈起 | 即将出版 | | |
| 拉比诺维奇定理 | 即将出版 | | |
| 刘维尔定理——从一道《美国数学月刊》征解问题的解法谈起 | 即将出版 | | |
| 卡塔兰恒等式与级数求和——从一道 IMO 试题的解法谈起 | 即将出版 | | |
| 勒让德猜想与素数分布——从一道爱尔兰竞赛试题谈起 | 即将出版 | | |
| 天平称重与信息论——从一道基辅市数学奥林匹克试题谈起 | 即将出版 | | |

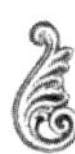

# 哈尔滨工业大学出版社刘培杰数学工作室已出版(即将出版)图书目录

| 书　　名 | 出版时间 | 定　价 | 编号 |
| --- | --- | --- | --- |
| 艾思特曼定理——从一道 CMO 试题的解法谈起 | 即将出版 | | |
| 一个爱尔特希问题——从一道西德数学奥林匹克试题谈起 | 即将出版 | | |
| 有限群中的爱丁格尔问题——从一道北京市初中二年级数学竞赛试题谈起 | 即将出版 | | |
| 贝克码与编码理论——从一道全国高中联赛试题谈起 | 即将出版 | | |
| 帕斯卡三角形 | 2014－01 | 18.00 | 294 |
| 蒲丰投针问题——从 2009 年清华大学的一道自主招生试题谈起 | 2014－01 | 38.00 | 295 |
| 斯图姆定理——从一道"华约"自主招生试题的解法谈起 | 2014－01 | | 296 |
| 许瓦兹引理——从一道加利福尼亚大学伯克利分校数学系博士生试题谈起 | 2014－01 | | 297 |
| 拉格朗日中值定理——从一道北京高考试题的解法谈起 | 2014－01 | | 298 |
| 拉姆塞定理——从王诗宬院士的一个问题谈起 | 2014－01 | | 299 |

| 书　　名 | 出版时间 | 定　价 | 编号 |
| --- | --- | --- | --- |
| 中等数学英语阅读文选 | 2006－12 | 38.00 | 13 |
| 统计学专业英语 | 2007－03 | 28.00 | 16 |
| 统计学专业英语(第二版) | 2012－07 | 48.00 | 176 |
| 幻方和魔方(第一卷) | 2012－05 | 68.00 | 173 |
| 尘封的经典——初等数学经典文献选读(第一卷) | 2012－07 | 48.00 | 205 |
| 尘封的经典——初等数学经典文献选读(第二卷) | 2012－07 | 38.00 | 206 |

| 书　　名 | 出版时间 | 定　价 | 编号 |
| --- | --- | --- | --- |
| 实变函数论 | 2012－06 | 78.00 | 181 |
| 非光滑优化及其变分分析 | 2014－01 | 48.00 | 230 |
| 疏散的马尔科夫链 | 2014－01 | 58.00 | 266 |
| 初等微分拓扑学 | 2012－07 | 18.00 | 182 |
| 方程式论 | 2011－03 | 38.00 | 105 |
| 初级方程式论 | 2011－03 | 28.00 | 106 |
| Galois 理论 | 2011－03 | 18.00 | 107 |
| 古典数学难题与伽罗瓦理论 | 2012－11 | 58.00 | 223 |
| 伽罗华与群论 | 2014－01 | 28.00 | 290 |
| 代数方程的根式解及伽罗瓦理论 | 2011－03 | 28.00 | 108 |
| 线性偏微分方程讲义 | 2011－03 | 18.00 | 110 |
| $N$ 体问题的周期解 | 2011－03 | 28.00 | 111 |
| 代数方程式论 | 2011－05 | 18.00 | 121 |
| 动力系统的不变量与函数方程 | 2011－07 | 48.00 | 137 |
| 基于短语评价的翻译知识获取 | 2012－02 | 48.00 | 168 |
| 应用随机过程 | 2012－04 | 48.00 | 187 |
| 概率论导引 | 2012－04 | 18.00 | 179 |
| 矩阵论(上) | 2013－06 | 58.00 | 250 |
| 矩阵论(下) | 2013－06 | 48.00 | 251 |

# 哈尔滨工业大学出版社刘培杰数学工作室已出版(即将出版)图书目录

| 书　　名 | 出版时间 | 定　价 | 编号 |
|---|---|---|---|
| 抽象代数:方法导引 | 2013－06 | 38.00 | 257 |
| 闵嗣鹤文集 | 2011－03 | 98.00 | 102 |
| 吴从炘数学活动三十年(1951～1980) | 2010－07 | 99.00 | 32 |
| 吴振奎高等数学解题真经(概率统计卷) | 2012－01 | 38.00 | 149 |
| 吴振奎高等数学解题真经(微积分卷) | 2012－01 | 68.00 | 150 |
| 吴振奎高等数学解题真经(线性代数卷) | 2012－01 | 58.00 | 151 |
| 高等数学解题全攻略(上卷) | 2013－06 | 58.00 | 252 |
| 高等数学解题全攻略(下卷) | 2013－06 | 58.00 | 253 |
| 高等数学复习纲要 | 2014－01 | 18.00 | 384 |
| 钱昌本教你快乐学数学(上) | 2011－12 | 48.00 | 155 |
| 钱昌本教你快乐学数学(下) | 2012－03 | 58.00 | 171 |
| 数贝偶拾——高考数学题研究 | 2014－01 | 28.00 | 274 |
| 数贝偶拾——初等数学研究 | 2014－01 | 38.00 | 275 |
| 数贝偶拾——奥数题研究 | 2014－01 | 48.00 | 276 |
| 集合、函数与方程 | 2014－01 | 28.00 | 300 |
| 数列与不等式 | 2014－01 | 38.00 | 301 |
| 三角与平面向量 | 2014－01 | 28.00 | 302 |
| 平面解析几何 | 2014－01 | 38.00 | 303 |
| 立体几何与组合 | 2014－01 | 28.00 | 304 |
| 极限与导数、数学归纳法 | 2014－01 | 38.00 | 305 |
| 趣味数学 | 即将出版 |  | 306 |
| 教材教法 | 即将出版 |  | 307 |
| 自主招生 | 即将出版 |  | 308 |
| 高考压轴题(上) | 即将出版 |  | 309 |
| 高考压轴题(下) | 即将出版 |  | 310 |
| 从费马到怀尔斯——费马大定理的历史 | 2013－10 | 198.00 | Ⅰ |
| 从庞加莱到佩雷尔曼——庞加莱猜想的历史 | 2013－10 | 298.00 | Ⅱ |
| 从切比雪夫到爱尔特希(上)——素数定理的初等证明 | 2013－07 | 48.00 | Ⅲ |
| 从切比雪夫到爱尔特希(下)——素数定理 100 年 | 2012－12 | 98.00 | Ⅲ |
| 从高斯到盖尔方特——虚二次域的高斯猜想 | 2013－10 | 198.00 | Ⅳ |
| 从库默尔到朗兰兹——朗兰兹猜想的历史 | 2014－01 | 98.00 | Ⅴ |
| 从比勃巴赫到德布朗斯——比勃巴赫猜想的历史 | 2014－02 | 298.00 | Ⅵ |
| 从麦比乌斯到陈省身——麦比乌斯变换与麦比乌斯带 | 2014－02 | 298.00 | Ⅶ |
| 从布尔到豪斯道夫——布尔方程与格论漫谈 | 2013－10 | 198.00 | Ⅷ |
| 从开普勒到阿诺德——三体问题的历史 | 2014－05 | 298.00 | Ⅸ |
| 从华林到华罗庚——华林问题的历史 | 2013－10 | 298.00 | Ⅹ |

# 哈尔滨工业大学出版社刘培杰数学工作室已出版(即将出版)图书目录

| 书　　名 | 出版时间 | 定　价 | 编号 |
|---|---|---|---|
| 三角函数 | 2014－01 | 38.00 | 311 |
| 不等式 | 2014－01 | 28.00 | 312 |
| 方程 | 2014－01 | 28.00 | 314 |
| 数列 | 2014－01 | 38.00 | 313 |
| 排列和组合 | 2014－01 | 28.00 | 315 |
| 极限与导数 | 2014－01 | 28.00 | 316 |
| 向量 | 2014－01 | 38.00 | 317 |
| 复数及其应用 | 2014－01 | 28.00 | 318 |
| 函数 | 2014－01 | 38.00 | 319 |
| 集合 | 即将出版 | | 320 |
| 直线与平面 | 2014－01 | 28.00 | 321 |
| 立体几何 | 2014－01 | 28.00 | 322 |
| 解三角形 | 即将出版 | | 323 |
| 直线与圆 | 2014－01 | 18.00 | 324 |
| 圆锥曲线 | 2014－01 | 38.00 | 325 |
| 解题通法(一) | 2014－01 | 38.00 | 326 |
| 解题通法(二) | 2014－01 | 38.00 | 327 |
| 解题通法(三) | 2014－01 | 38.00 | 328 |
| 概率与统计 | 2014－01 | 28.00 | 329 |
| 信息迁移与算法 | 即将出版 | | 330 |

| | | | |
|---|---|---|---|
| 第19～23届“希望杯”全国数学邀请赛试题审题要津详细评注(初一版) | 2014－03 | 28.00 | |
| 第19～23届“希望杯”全国数学邀请赛试题审题要津详细评注(初二、初三版) | 2014－03 | 38.00 | |
| 第19～23届“希望杯”全国数学邀请赛试题审题要津详细评注(高一版) | 2014－03 | 28.00 | |
| 第19～23届“希望杯”全国数学邀请赛试题审题要津详细评注(高二版) | 2014－03 | 38.00 | |

**联系地址:**哈尔滨市南岗区复华四道街10号　哈尔滨工业大学出版社刘培杰数学工作室
**网　　址:**http://lpj.hit.edu.cn/
**邮　　编:**150006
**联系电话:**0451－86281378　　13904613167
E-mail:lpj1378@163.com